土木工程施工组织与计价

主　编　刘根强

副主编　刘武成

参　编　李香花

中南大学出版社

www.csupress.com.cn

图书在版编目(CIP)数据

土木工程施工组织与计价/刘根强主编.
—长沙:中南大学出版社,2014.10
ISBN 978 - 7 - 5487 - 1198 - 8

Ⅰ.土… Ⅱ.刘… Ⅲ.①土木工程 - 施工组织②土木工程 -
工程造价 Ⅳ.①TU721②TU723.3

中国版本图书馆 CIP 数据核字(2014)第 222984 号

土木工程施工组织与计价

刘根强 主编

□责任编辑	刘颖维
□责任印制	易红卫
□出版发行	中南大学出版社
	社址:长沙市麓山南路 邮编:410083
	发行科电话:0731-88876770 传真:0731-88710482
□印　装	长沙印通印刷有限公司

□开　本	787×1092 1/16 □印张 16 □字数 403 千字
□版　次	2014 年 10 月第 1 版 □2014 年 10 月第 1 次印刷
□书　号	ISBN 978 - 7 - 5487 - 1198 - 8
□定　价	38.00 元

普通高校土木工程专业系列精品规划教材

编审委员会

总 序

土木工程是促进我国国民经济发展的重要支柱产业。近 30 年来，我国公路、铁路、城市轨道交通等基础设施以及城市建筑进入了高速发展阶段，以高速、重载和超高层为特征的建设工程的安全性、经济性和耐久性等高标准要求向传统的土木工程设计、施工技术提出了严峻挑战。面对新挑战，国内、外土木工程行业的设计、施工、养护技术人员和科研工作者在工程实践和科学研究工作中，不断提出创新理念，积极开展基础理论和技术创新，研发了大量的新技术、新材料和新设备，形成了成套设计、施工和养护的新规范和技术手册，并在工程实践中大范围应用。

土木工程行业日新月异的发展，对现代土木工程专业技术人才培养提出了迫切需求。教材建设和教学内容是人才培养的重要环节。为面向普通高校本科生全面、系统和深入阐述公路、铁路、城市轨道交通以及建筑结构等土木工程领域的基础理论和工程技术成果，由中南大学出版社、中南大学土木工程学院组织国内土木工程领域一批专家、学者组成"普通高校上木工程专业系列精品规划教材"编审委员会，共同编写这套系列教材。通过多次研讨，确定了这套土木工程专业系列教材的编写原则：

1. 系统性

本系列教材以《土木工程指导性专业规范》为指导，教材内容满足城乡建筑、公路、铁路以及城市轨道交通等领域的建筑工程、桥梁工程、道路工程、铁道工程、隧道与地下工程和土木工程管理等方向的需求。

2. 先进性

本系列教材与 21 世纪土木工程专业人才培养模式的研究成果密切结合，既突出土木工程专业理论知识的传承，又尽可能全面反映土木工程领域的新理论、新技术和新方法，注重各门内容的充实与更新。

3. 实用性

本系列教材针对 90 后学生的知识与素质特点，以应用性人才培养为目标，注重理论知识与案例分析相结合，传统教学方式与基于现代信息技术的教学手段相结合，重点培养学生的工程实践能力，提高学生的创新素质。这套教材不仅是面向普通高校土木工程专业本科生的课程教材，还可作为其他层次学历教育和短期培训的教材和广大土木工程技术人员的专业参考书。

4. 严谨性

本系列教材的编写出版要求严格按国家相关规范和标准执行，认真把好编写人员遴选关、教材大纲评审关、教材内容主审关和教材编辑出版关，尽最大努力提高教材编写质量，力求出精品教材。

根据本套系列教材的编写原则，我们邀请了一批长期从事土木工程专业教学的一线教师负责本系列教材的编写工作。但是，由于我们的水平和经验所限，这套教材的编写肯定有不尽人意的地方，敬请读者朋友们不吝赐教。编委会将根据读者意见、土木工程发展趋势和教学手段的提升，对教材进行认真修订，以期保持这套教材的时代性和实用性。

最后，衷心感谢全套教材的参编同仁，由于他们的辛勤劳动，编撰工作才能顺利完成。真诚感谢中南大学校领导、中南大学出版社领导和编辑们，由于他们的大力支持和辛勤工作，本套教材才能够如期与读者见面。

2014 年 7 月

前　言

　　《土木工程施工组织与计价》是土木工程专业重要的专业基础课。本教材依据《建筑施工组织设计规范》(GB/T 50502—2009)、《工程施工及验收规范》、《工程网络计划技术规程》(JGJ/T121—1999)、《施工现场临时建筑物技术规范》(JGJ/T188—2009)、"住房城乡建设部财政部关于印发《建筑安装工程费用项目组成》的通知"、建标[2013]44号文等最新的规范及文件编写而成。

　　全书包括施工组织设计与工程计价两大部分，总结吸收了近些年来我国工程建设中新的先进的施工组织技术和管理方法，依据最新的计价文件"住房城乡建设部财政部关于印发《建筑安装工程费用项目组成》的通知"建标[2013]44号文讲解了建筑安装工程费用的组成及计算方法。全书有10章，主要包括：土木工程施工组织概论，流水施工原理，网络计划技术，施工组织总设计，单位工程施工组织设计，建设工程计价原理，建设工程投资费用构成，建设工程决策和设计阶段计价，建设工程招投标阶段计价，建设工程价款结算和竣工决算等内容。

　　参加本书编写的有：刘根强(第1、6、7、8、10章)，刘武成(第2、3、4、5章)，李香花(第9章)。全书由刘根强主编并统稿。

　　本书内容由浅入深，并以我国现行法规、规范与定额为依据进行编写，辅以实例解析，既有先进适用的理论知识，又有灵活多变的使用技巧与方法。可作为土木工程专业、工程管理专业及相关土木工程专业成人教育教材或参考书，也可作为工程技术人员学习参考用书。

　　本书在编写过程中，撷取了一些专家、学者的论著和有关文件资料的精华，在此谨向他们表示衷心的感谢。

　　限于编者水平，书中难免存在缺点和错误，敬请读者批评指正。

编者

2014 年 8 月

目　录

第 1 章

土木工程施工组织概论

1.1　施工组织设计概念、任务及作用

1.1.1　施工组织设计概念

土木工程施工组织是以一定的生产关系为前提，以施工技术为基础，着重研究一个或几个土木工程产品生产过程中各生产要素之间的合理组织问题。

进行土木工程生产，要有建筑材料、施工机具和具有一定生产经验和劳动技能的劳动者；要遵照建筑生产规律，遵守生产的技术规范以及设计文件的规定，在空间上按照一定的位置，时间上按照一定的先后顺序，数量上按照一定的比例将这些材料、机具和劳动者合理地组织起来，使生产者在统一的指挥下行动。

施工组织设计是指在施工前计划安排生产诸要素、选择施工方案；在施工过程中指挥和协调劳动资源等。使这些生产要素在空间和时间上都实现科学合理的配置，以求取得最佳的质量、进度、费用、安全效果。

1.1.2　施工组织设计的任务

施工组织设计是根据业主对拟建工程的各项要求、设计图纸和编制施工组织设计的基本原则，从拟建项目施工全过程的人力、物力和空间三要素入手，在人力与物力、主体与辅助、供应与消耗、生产与储存、专业与协作、使用与维修、空间布置与时间排列等方面进行科学合理的部署，制订出最优方案，以确保全面优质高效地完成最终建筑产品。其具体任务如下：

①确定开工前必须完成的各项准备工作。

②计算工程数量、合理布置施工力量，确定劳动力、机具台班、各种材料、构件等的需要量和供应方案。

③确定施工方案，选择施工机具。

④确定施工顺序，编制施工进度计划。

⑤确定工地上各种临时设施的平面布置。

⑥制定确保工程质量及安全生产的有效技术措施。

此外，工程项目的施工方案可以是多种多样的，我们应依据工程建设的具体任务特点、工期要求、劳动力数量及技术水平、机械装备能力、材料供应及构件生产、运输能力、地质、

气候等自然条件及技术经济条件进行综合分析，从众多方案中选择出最理想的方案。

将上述各项任务加以综合考虑，并做出合理决定，就形成了指导施工生产的技术经济文件——施工组织设计。该文件本身是施工准备工作，而且是指导全面安排施工生产、规划施工全过程活动、控制施工进度、进行劳动力和机械调配的基本依据，对于能否多快好省地完成土木工程的施工生产任务起着决定性的作用。

1.1.3　施工组织设计的作用

施工组织设计是建设项目管理中项目规划的主要文件，在项目管理中具有重要的规划作用、组织作用和指导作用，具体表现在以下几个方面：

①施工组织设计是拟建工程项目施工准备工作的一项重要内容，同时又是指导各项施工准备工作的依据。

②施工组织设计体现基本建设计划和设计的要求，可进一步验证设计方案的合理性与可行性。

③施工组织设计为拟建工程项目确定施工方案、施工进度和施工顺序等，是指导有秩序施工活动的技术依据。

④施工组织设计为拟建工程项目计划各项资源的需要量，为物资组织供应工作提供数据。

⑤施工组织设计所作的规划和布置，为现场施工创造了条件，并为现场平面管理提供依据。

⑥施工组织设计对施工计划起决定和控制作用。施工计划是根据施工企业对建筑市场所作的科学预测和中标结果，结合本专业的具体情况，制定出的企业不同时期应完成的生产计划和各项技术经济指标。而施工组织设计是按具体的拟建工程项目开、竣工时间编制的指导性施工文件。因此，施工组织设计与施工企业的施工计划二者之间有着极为密切、不可分割的关系。施工组织设计是编制企业施工计划的基础，反过来，制定施工组织设计又应服从企业的施工计划，两者相辅相成、互为依据。

⑦通过编制施工组织设计，能合理地确定各种临时设施的数量、规模和用途。

⑧通过编制施工组织设计，可充分考虑施工中可能遇到的困难与障碍，主动调整施工中的薄弱环节，事先予以解决或排除，从而提高了施工的预见性，减少了盲目性，使管理者和生产者做到心中有数，为实现建设目标提供技术保证。

施工组织设计除具有以上作用外，还是上级主管部门督促检查工作及工程造价计价的依据。

1.1.4　施工生产的特点

土木工程的施工生产不同于一般的工矿企业生产，有着自身的特点。这些特点决定了每一个工程项目都必须根据项目独特的自然环境、施工条件、施工企业情况等因地制宜地编制施工组织设计。

1. 施工作业流动性大

工程建设产品地点的固定性决定了施工企业工程建设的流动性。由于工程建设产品的固定性和严格的施工顺序，因而要组织各类工作人员和各种机械围绕这一固定产品，在同一工作面不同时间，或同一时间不同工作面上进行施工活动，这就需要科学地解决这种空间布置和时间安排上两者之间的矛盾。此外，当某一工程建设项目竣工后，还要解决施工队伍向新的施工现场转移的问题。

2. 施工的单件性

工程建设类型多、施工环节多、工序复杂，每项工程又具有不同的功能、不同的施工条件，不仅要进行个别设计，而且要个别组织施工。即使选用标准设计、通用构件或配件，由于工程建设产品所在地区的自然、技术、经济条件不同，使工程建设产品的结构和构造、建筑材料、施工组织和施工方法等也要因地制宜加以修改，因而会使各建筑产品施工具有单件性。

3. 施工周期长

工程建设产品的固定性和形体的庞大性决定了工程建设产品施工周期长。工程建设产品形体庞大，工程建设产品的建成必然要消耗大量的人力、物力和财力。同时，工程建设产品的施工全过程还要受到工艺流程和施工程序的制约，各专业、各工种之间必须按照合理的施工顺序进行配合和衔接。又由于工程建设产品的固定性，使施工活动的空间具有局限性，从而导致工程建设产品施工具有周期长、占用资金大的特点。

4. 受外界干扰及自然因素影响大

工程建设产品露天施工作业多。因此，受自然条件的影响较大，如气候冷暖、地势高低、洪水、雨雪等。设计变更、地质情况、物资供应条件、环境因素等对工程进度、工程质量、成本等都有很大的影响。

5. 施工协作性高

由上述工程建设产品施工的特点可以看出，工程建设产品施工涉及面广。每项工程都涉及建设、设计、施工等单位的密切配合，需要材料、动力、运输等各个部门的通力协作。因此，施工过程中综合平衡和调度、严密计划和科学管理就显得尤为重要。

工程建设的这些特点，决定了工程建设施工活动的特有规律，研究和遵循这些规律，对科学组织和管理工程建设，提高工程建设的经济效益具有重要意义。

1.2 施工组织设计的分类和基本内容

1.2.1 施工组织设计的分类

施工组织设计是一个综合概念，根据建设项目的类别、工程规模、工程建设阶段、编制对象和范围以及编制施工组织设计目的的不同，在编制深度和广度上都有所不同。

1. 按编制单位和不同建设阶段分类

具体分类如表 1-1 所示。

2. 按编制对象范围不同分类

施工组织设计按编制对象范围的不同分为施工组织总设计、单位工程施工组织设计、分部分项工程施工组织设计三种。

（1）施工组织总设计

施工组织总设计是以一个建筑群或一个建设项目为编制对象，用以指导整个建筑群或建设项目施工全过程的各项施工活动的技术、经济和组织的综合性文件。

表 1-1　施工组织设计分类表

编制单位	编制阶段		分类名称		
			铁路工程	公路工程	房屋建筑工程
设计单位	预可行性研究阶段		概略施工组织方案意见		
	可行性研究阶段		施工组织方案意见		
	三阶段设计	初步设计		施工方案	施工组织设计大纲
		技术设计		修正施工方案	施工组织总设计
		施工图设计		施工组织计划	单位工程施工组织设计
	两阶段设计	初步设计	施工组织设计	施工方案	施工组织总设计
		施工图设计		施工组织计划	单位工程施工组织设计
	一阶段施工图设计		施工组织设计	施工方案	单位工程施工组织设计
施工单位	投标阶段		投标施工组织设计（综合指导性施工组织设计）		
	中标后施工阶段		标后施工组织设计（实施性施工组织设计）		

（2）单位工程施工组织设计

单位工程施工组织设计是以一个单位工程（一个建筑物或构筑物，一个交工系统）为编制对象，用以指导其施工全过程各项施工活动的技术、经济和组织的综合性文件。

（3）分部分项工程施工组织设计

分部分项工程施工组织设计又称为分部分项工程生产作业设计。它是以分部（分项）工程为编制对象，由单位工程的技术人员负责编制，用以具体实施其分部（分项）工程施工全过程的各项施工活动的技术、经济和组织的综合性文件。一般对于工程规模大、技术复杂或施工难度大的建筑物或构筑物，在编制单位工程施工组织设计之后，常需对某些重要的又缺乏经验的分部（分项）工程再深入编制生产作业设计。例如深基础工程、大型结构安装工程、高层钢筋混凝土主体结构工程、地下防水工程等。

施工组织总设计、单位工程施工组织设计和分部分项工程施工组织设计，是同一建设项目，不同广度、深度和作用的三个层次。施工组织总设计是对整个建设项目的全局性战略部署；单位工程施工组织设计是在施工组织总设计的控制下，以施工组织总设计和企业施工计划为依据，针对具体的单位工程，把施工组织总设计的内容具体化；分部分项工程施工组织设计是以施工组织总设计、单位工程施工组织设计和企业施工计划为依据编制的，针对具体的分部分项工程，把单位工程施工组织设计进一步具体化，它是专业工程具体的组织施工的设计。

1.2.2　施工组织设计的基本内容

虽然施工组织设计因用途不同而有多种类型，但基本内容主要包括：

①工程概况。

②施工部署和施工方案。

③施工准备工作计划。

④施工进度计划。

⑤劳动力、主要材料和机械需要量计划。

⑥施工现场平面布置图。

⑦保证质量、安全生产、文明施工、环境保护、降低消耗的技术组织措施。

⑧主要技术经济指标。

1.3　组织施工的基本原则

在编制施工组织设计或组织施工时，应根据工程建设的特点及以往的经验，遵循以下原则。

1.3.1　认真执行工程建设程序

工程建设必须遵循的总程序是计划、设计和施工三个阶段。施工阶段应在设计阶段结束和施工准备完成之后方可正式开始进行。如果违背工程建设程序，就会给施工带来混乱，造成时间上的浪费、资源上的损失和质量上的低劣等后果。

1.3.2　合理安排施工顺序

工程施工有其本身的客观规律，按照反映这种规律的工作程序组织施工，就能保证各施工过程相互促进，加快施工进度：

①施工顺序随工程性质、施工条件和使用要求会有所不同，但一般应遵循先做准备工作，后正式施工的规律。准备工作是一切正常施工活动的必要条件，且准备工作必须有计划、分阶段地完成。

②先进行全场性工作，后进行各个工程项目施工。平整场地、管网铺设、道路修筑等全场性工作，应在正式施工前完成。

③对于单位工程，既要考虑空间顺序，也要考虑各工种之间的顺序。空间顺序解决施工流向问题，它是根据工程使用要求、工期和工程质量来决定的。工种顺序解决时间上的搭接问题，必须做到保证质量、充分利用工作面、争取时间。

1.3.3　采用先进的技术，进行科学的组织和管理

采用先进的技术和科学的组织管理方法是提高劳动生产率、改善工程质量、加快工程进度、降低工程成本的主要途径。在选择施工方案时，要积极采用新技术、新工艺、新设备，以便获得最大的经济效益。同时，也要防止片面地追求先进性而忽视经济效益的做法。

1.3.4 采用流水施工方法和网络计划技术组织施工

实践证明，采用流水施工方法组织施工，不仅能使工程的施工有节奏、均衡、连续地进行，而且还会带来显著的技术、经济效益。

网络计划技术是应用网络的形式表示计划中各项工作的相互关系，具有逻辑严密、层次清晰的特点，可进行计划方案的优化、控制和调整，有利于计算机在计划管理中的应用。实践证明，管理中采用网络技术，可有效地缩短工期和节约成本。

1.3.5 合理布置施工平面图，尽量减少临时工程和施工用地

尽量利用正式工程、原有或就近已有设施，以减少各种临时设施；尽量利用当地资源，合理安排运输、装卸与存储作业，减少物资运输量，避免二次搬运；精心进行现场布置，节约现场用地，不占或少占农田；做到文明施工。

1.3.6 科学安排冬、雨季施工项目，保证生产的均衡性和连续性

由于工程建设产品露天作业的特点，因此拟建工程项目的施工必然要受到气候和季节的影响，冬季严寒和夏季多雨，都不利于工程项目施工的正常进行。如果不采取相应的、可靠的技术组织措施，全年施工的均衡性、连续性就不能得到保障。因此，在安排施工进度计划时应认真地对待，恰当地安排冬、雨季施工的项目。

1.3.7 保证施工质量和施工安全

要贯彻"百年大计、质量第一"和"预防为主"的方针，严格执行施工操作规程、施工验收规范和质量检验评定标准，加强安全措施、安全教育，确保施工安全，建造满足用户要求的优质工程。

1.3.8 降低工程成本，提高工程经济效益

施工项目要建立、健全经济核算制度，制定各种人工、材料、机械的消耗量标准，编制施工成本计划和实施各种降低成本的技术组织措施，以便成本的测算和控制。

1.4 施工准备工作

施工准备工作是为了保证工程顺利开展和施工活动正常进行所必须事先做好的各项准备工作。它是生产经营管理的重要组成部分，是施工程序中的重要环节。

1.4.1 原始资料的调查收集

1. 自然条件资料的调查收集

自然条件资料调查的主要内容有建设项目所在地的气象、地形、地貌、工程地质、水文地质、场地周围环境及障碍物。资料可以通过向气象部门、设计单位等有关部门调查了解获得，主要用作确定施工方法和技术措施、编制施工进度计划和进行施工平面图布置设计的依据。

2. 交通运输资料的调查收集

工程建设中，通常采用铁路、公路和航运等三种主要交通运输方式。资料来源主要是当地铁路、公路、水运和航运管理部门，主要用作决定选用材料和设备的运输方式、组织运输业务的依据。

3. 工程给排水、供电等资料的调查收集

水、电和蒸汽是施工中不可缺少的条件。资料来源主要是当地建设、电业、电信等管理部门。水、电、汽等资料主要用作选用施工用水、用电和供热、供汽方式的依据。

4. 建筑材料资料的调查收集

工程建设会消耗大量的建筑材料，主要有钢材、木材、水泥、地方材料(砖、瓦、石灰、砂、石)、装饰材料、构件制作、商品混凝土、工程机械等。资料来源主要是当地主管部门、业主及各建材生产厂家、供货商，主要用作选择建筑材料和施工机械的依据。

5. 社会劳动力和生活条件资料的调查收集

工程建设是劳动密集型的生产活动。社会劳动力是工程施工劳动力的主要来源。资料来源是当地劳动、商业、卫生和教育主管部门，主要用作为劳动力安排计划、布置临时设施和确定施工力量提供依据。

6. 工程计价相关资料的调查收集

工程所在地省、市、自治区工程建设主管部门关于工程计价的相关规定，省、市、自治区环保、国土、社会劳动保障等部门的地方性文件。

1.4.2　技术资料的准备工作

技术资料的准备是施工准备工作的核心，是现场施工准备工作的基础。任何技术上的差错或隐患都可能引起人身安全和质量事故，造成生命、财产和经济上的巨大损失，因此必须认真做好技术准备工作。具体有以下内容：

1. 熟悉、审查施工图纸及有关设计资料

①审查拟建工程的地点、建筑总平面图同国家、城市或地区规划是否一致，以及建筑物或构筑物的设计功能和使用要求是否符合环境卫生、防火及美化城市等方面的要求。

②审查设计图纸是否完整、齐全，以及是否符合国家有关工程建设的设计、施工方面的方针和政策。

③审查设计图纸与说明书在内容上是否一致，以及设计图纸与其各组成部分之间有无矛盾和错误。

④审查建筑总平面图与其他结构图在几何尺寸、坐标、标高、说明等方面是否一致，技术要求是否正确。

⑤审查工业项目的生产工艺流程和技术要求，掌握配套投产的先后顺序和相互关系，以及设备安装图纸与其相配套的土建施工图纸上的坐标、标高是否一致，掌握土建施工质量是否满足设备安装的要求。

⑥审查地基处理与基础设计同拟建工程地点的工程水文、地质等条件是否一致，以及建筑物或构筑物与地下建筑物或构筑物、管线之间的关系。

⑦明确拟建工程的结构形式和特点，复核主要承重结构的强度、刚度和稳定性是否满足要求，审查设计图纸中复杂、施工难度大和技术要求高的分部分项工程或新结构、新材料、

新工艺。

⑧明确建设期限、分期分批投产或交付使用的顺序和时间，以及工程所用的主要材料、设备的数量、规格、来源和供货日期。

⑨明确建设、设计和施工等单位之间的协作、配合关系，以及建设单位可以提供的施工条件。

2. 编制实施性施工组织设计

实施性施工组织设计是指导施工现场全部生产活动的技术经济文件。它既是施工准备工作的重要组成部分，又是做好其他施工准备工作的依据；它既要体现建设计划和设计的要求，又要符合施工活动的客观规律，对建设项目的全过程起到战略部署和战术安排的双重作用。

由于工程建设产品及工程建设的特点，决定了工程建设种类繁多、施工方法多变，没有一个通用的、一成不变的施工方法。每个工程建设项目都需要分别确定施工组织方法，作为组织和指导施工的重要依据。

3. 编制施工预算，进行"两算"对比

施工预算是承包人根据施工图纸、施工组织设计或施工方案、企业定额等文件，综合企业和工程实际情况编制的。施工预算在工程确定承包关系以后进行。它是企业内部加强管理进行经济核算的依据，是企业内部使用的一种预算。

施工图预算是按照施工图确定的工程量、施工组织设计所拟定的施工方法、工程建设预算定额及其取费标准，设计单位编制的确定建筑安装工程造价的经济文件。

"两算"对比是指施工预算与施工图预算的对比。进行"两算"对比，是促进工程承包企业降低物资消耗、增加积累的重要手段。

1.4.3　施工现场准备工作

施工现场准备工作是为工程施工创造有利的施工条件，应按施工组织设计的要求和安排进行，其主要内容为"三通一平"、测量放线、临时设施的搭设等。

1. 现场"三通一平"

"三通一平"是指工程用地范围内，接通施工用水、用电、道路和平整场地的总称。而工程实际需要的往往不止水通、电通、路通，有些工地还要求有热通(供蒸汽)、气通(供煤气)、话通(通信)、网络通等，但最基本的仍然是"三通"。

（1）平整施工场地

通过测量，按建筑总平面图中确定的标高，计算出挖土及填土的数量，设计土方调配方案，组织人力或机械进行平整工作。若拟建场内有旧建筑物，则须拆迁房屋。其次，要清理地面下的各种障碍物，对地下管道、电缆等要采取拆除或保护措施。

（2）修通道路

施工现场的道路是组织大量物资进场的运输动脉。为了保证各种建筑材料、施工机械、生产设备和构件按计划到场，必须按施工总平面图要求修通道路。为了节省工程费用，应尽可能利用已有道路或结合正式工程的永久性道路。在利用正式工程的永久性道路时，为使施工时不损坏路面，可先做路基，施工完毕后再做路面。

（3）通水

施工现场的通水包括给水与排水。施工用水包括生产、生活和消防用水，其布置应按施工总平面图的规划进行安排。施工用水设施应尽量利用永久性给水线路。临时管线的铺设，既要满足用水点的需要和使用方便，又要尽量缩短管线。施工现场要做好有组织的排水系统，否则将会影响施工的顺利进行。

（4）通电

施工现场的通电包括生产用电和生活用电。根据生产、生活用电的电量，选择配电变压器，与供电部门或业主联系，按施工组织要求布设线路和通电设备。当供电系统供电不足时，应考虑在现场建立发电系统，以保证施工的顺利进行。

2. 测量放线

测量放线的任务是把图纸上所设计好的建筑物、构筑物及管线等测设到地面或实物上，并用各种标志表现出来，作为施工的依据。在土方开挖前，按设计单位提供的总平面图及给定的永久性经、纬坐标控制网和水准控制基桩，进行场区施工测量，设置场区永久性坐标、水准基桩和建立场区工程测量控制网。在进行测量放线前，应做好以下几项准备工作：

①了解设计意图，熟悉并校核施工图纸。

②对测量仪器进行检验和校正。

③校核红线桩与水准点。

④制定测量放线方案。

测量放线方案主要包括平面控制、标高控制、±0.00 以下施测、±0.00 以上施测、沉降观测和竣工测量等项目，该方案依据设计图纸要求和施工方案来确定。

建筑物定位放线是确定整个工程平面位置的关键环节，施测中必须保证精度，杜绝错误，否则其后果将难以处理。建筑物的定位放线，一般通过设计图中平面控制轴线来确定建筑物的轮廓位置，经自检合格后，提交有关部门和业主（监理人员）验线，以保证定位的准确性。沿红线的建筑物，还要由规划部门验线，以防止建筑物超、压红线。

3. 搭设临时设施

现场所需临时设施，应报请规划、市政、消防、交通、环保等有关部门审查批准，按施工组织设计和审查情况来实施。

对于指定的施工用地周围，应用围墙（栏）围挡起来。围栏的形式和材料应符合市容管理的有关规定和要求，并在主要出、入口设置标牌，标明工程名称、施工单位、工地负责人、监理单位等。

各种生产（仓库、混凝土搅拌站、预制构件厂、机修站、生产作业棚等）、生活（办公室、宿舍、食堂等）用的临时设施，应严格按批准的施工组织设计规定的数量、标准、面积、位置等来组织实施，不得乱搭乱建，并尽可能做到以下几点：

①利用原有建筑物，减少临时设施的数量，以节省投资。

②适用、经济、就地取材，尽量采用移动式、装配式临时建筑。

③节约用地，少占农田。

1.4.4　物资资料的准备工作

物资资料的准备是指对工程施工中必需的劳动手段（施工机械、机具等）和劳动对象（材料、构件、配件等）的准备。该项工作应根据施工组织设计的各种资源需要量计划，分别落实货源、组织运输和储备。

物资资料的准备工作是工程连续施工的基本保证，主要内容有以下三方面：

1.建筑材料的准备

建筑材料的准备包括对"三材"（钢材、木材、水泥）、地方材料（砖、瓦、石灰、砂、石等）、装饰构料（面砖、地砖等）、特殊材料（防腐、防射线、防爆材料）等的准备。为保证工程顺利施工，材料准备工作应按如下要求进行。

（1）编制材料需要量计划，签订供货合同

根据预算的工料分析，按施工进度计划的使用要求、材料储备定额和消耗定额，分别按材料名称、规格、使用时间进行汇总，编制材料需用量计划。同时，根据不同材料的供应情况，随时注意市场行情，及时组织货源，签订供货合同，保证采购供应计划的准确可靠。

（2）材料的储备和运输

材料的储备和运输要按工程进度分期、分批进场。现场储备过多会增加保管费用、占用流动资金，过少则难以保证施工的连续进行。对于使用量少的材料，尽可能一次进场。

（3）材料的堆放和保管

现场材料的堆放应按施工平面布置图的位置，按材料的性质、种类，选取不同的堆放方式，合理堆放，避免材料的混淆及二次搬运。进场后的材料要依据材料的性质妥善保管，避免材料变质或损坏，以保持材料的原有数量和原有的使用价值。

2.施工机具和周转材料的准备

施工机具包括施工中所确定选用的各种土方机械、木工机械、钢筋加工机械、混凝土机械、砂浆机械、垂直与水平运输机械、吊装机械等。在进行施工机具的准备工作时，应根据采用的施工方案和施工进度计划，确定施工机械的数量和进场时间，确定施工机具的供应方法和进场后的存放地点和方式，并提出施工机具需要量计划，以便企业内部平衡或对外签约租借机械。

周转材料主要指模板和脚手架等。此类材料施工现场使用量大、堆放场地面积大、规格多、对堆放场地的要求高，应按施工组织设计的要求分规格、型号整齐码放，以便使用和维修。

3.预制构件和配件的加工准备

工程施工中使用的大量的钢筋混凝土构件、木构件、金属构件、水泥制品、塑料制品、卫生洁具等，应在图纸会审后提出预制加工单，确定加工方案、供应渠道及进场后的储备地点和方式，现场预制的大型构件，应依施工组织设计做好规划，提前加工预制。

此外，对采用商品混凝土的现浇工程，要根据施工进度计划要求确定需用量计划，主要内容有商品混凝土的品种、规格、数量、需要时间、送货方式、交货地点，并提前与生产单位签订供货合同，以保证施工顺利进行。

1.4.5 劳动组织的准备工作

1.建立项目经理部

项目管理机构的建立应遵循以下原则：根据拟建工程项目的规模、结构特点和复杂程度，确定拟建工程项目的领导机构人选和名额；坚持合理分工与密切协作相结合；把有施工经验、有创业精神、有工作效率的人选入项目管理班子；认真执行因目标设事，因事设机构定编制，按编制设岗位定人员，以职责定制度授权力的原则。

2. 建立精干的施工队组

施工队组的建立要考虑专业、工种的合理配合，技工、普工的比例要满足合理的劳动组织，要符合流水施工组织方式的要求，确定建立施工队组（是专业施工队组，或是混合施工队组），要坚持合理、精干的原则。在施工过程中，以工程实际进度需要，动态管理劳动力数量。

3. 组织劳动力进场

工地的领导机构确定后，按照开工日期和劳动力需要量计划，组织劳动力进场。同时要进行安全、防火和文明施工等方面的教育，并做好职工生活后勤保障工作。

4. 向施工队组进行施工组织设计和技术交底

施工组织设计和技术交底的目的是把拟建工程的设计内容、施工计划和施工技术等内容，详尽地向施工队组和工人讲解交代。它是落实计划和技术责任的有效方法。

交底工作应按照管理系统逐级进行，由上而下直到工人队组。交底的方式有书面形式、口头形式和现场示范等。

5. 建立健全各项管理制度

工地的各项管理制度是否建立、健全，直接影响其各项施工活动的顺利进行。通常内容包括：工程质量检查与验收制度；工程技术档案管理制度；建筑材料（构件、配件、制品）的检查验收制度；技术责任制度；施工图纸学习与会审制度；技术交底制度；职工考勤、考核制度；工地及班组经济核算制度；材料出入库制度；安全操作制度；机具使用保养制度等等。

1.4.6　冬、雨季施工的准备工作

1. 冬季施工准备工作

（1）合理安排冬季施工项目

工程建设周期长，且多为露天作业，冬季施工条件差、技术要求高。因此，在施工组织设计中应合理安排冬季施工项目，尽可能保证工程连续施工。一般情况下，尽量安排费用增加少、易保证质量、对施工条件要求低的项目在冬季施工。

（2）落实各种热源的供应工作

提前落实供热渠道，准备热源设备，储备和供应冬季施工用的保温材料，做好司炉培训工作。

（3）做好保温防冻工作

①临时设施的保温防冻。包括：给水管道的保温，防止管道冻裂；防止道路积水、积雪成冰，保证运输顺利进行。

②已完工部分的保温保护。如基础完成后及时回填至基础顶面同一高度，砌完一层墙后及时将楼板安装到位等。

③冬季施工部分的保温防冻。如凝结硬化尚未达到强度要求的砂浆、混凝土要及时测温，加强保温，防止遭受冻结；将要进行的室内施工项目，先完成供热系统，安装好门、窗、玻璃等。

（4）加强安全教育

要有冬季施工的防火、安全措施，加强安全教育，做好职工培训工作，避免火灾、安全事故的发生。

2. 雨季施工准备工作

（1）合理安排雨季施工项目

在施工组织设计中要充分考虑雨季对施工的影响。一般情况下，雨季到来之前，多安排土方、基础、室外及屋面等不宜在雨季施工的项目，多留一些室内工作在雨季进行，以避免雨季窝工。

（2）做好现场的排水工作

施工现场雨季来临前，应做好排水沟，准备好抽水设备，防止场地积水，最大限度地减少因泡水而造成的损失。

（3）做好运输道路的维护和物资储备

雨季前检查道路边坡排水情况，适当提高路面，防止路面凹陷，保证运输道路的畅通。多储备一些物资，减少雨季运输量，节约施工费用。

（4）做好机具设备等的保护

对现场各种机具、电器、工棚都要加强检查，特别是脚手架、塔吊、井架等，要采取防倒塌、防雷击、防漏电等一系列技术措施。

（5）加强施工安全管理

认真编制雨季施工的安全措施，加强对职工的教育，防止各种事故的发生。

重点与难点

重点：①施工组织的概念；②组织施工的基本原则；③施工准备工作的内容。

难点：施工准备工作。

思考与练习

---

1. 什么是施工组织设计？

2. 施工组织设计的任务有哪些？

3. 土木工程施工生产有哪些特点？

4. 简述施工组织设计的基本内容。

5. 组织施工的基本原则有哪些？

6. 原始资料的调查收集包括哪些内容？

7. 技术资料的准备工作包括哪些内容？

8. 冬、雨季施工的准备工作内容有哪些？

第 2 章

流水施工原理

2.1　流水施工的基本概念

工程建设产品的生产过程非常复杂，往往需要几十个、上百个甚至更多的施工过程以及多个不同专业的施工班组的相互配合才能完成。由于施工组织方法不同、施工班组不同、工作程序不同等，使得工程的工期、造价、质量有所不同。这就需要找到一种较好的施工组织方法，使得工程在工期、成本、质量等几个方面都较优。

流水施工是一种科学、有效的工程项目施工组织方法之一，它可以充分地利用工作时间和操作空间，减少非生产性劳动消耗，提高劳动生产率，保证施工连续、均衡、有节奏地进行，从而对提高工程质量、降低工程造价、缩短工期有着显著的作用。

2.1.1　组织施工的基本方式

在工程建设实践中，通常有三种基本施工组织方式：顺序施工组织方式、平行施工组织方式和流水施工组织方式。其中以流水施工组织方式最为经济合理。为说明这三种施工组织方式的概念和特点，现以 4 座小桥的下部建筑为例进行对比与分析。

【例 2-1】　拟修建 4 座同类型的钢筋混凝土小桥，其编号分别为①、②、③、④。假定各桥的基础工程数量相等，而且都划分为挖基坑、砌基础、砌墩台、墩台镶面 4 个施工过程。组织了 4 个专业工作队，分别完成上述 4 个施工过程的任务。把每座小桥看作一个施工段，各专业工作队在每个施工段上完成各自施工过程上的任务均按 4 天完成的估计配备专业队劳动力和机具，则各专业队的人员分别由 6 人、5 人、12 人、3 人组成。

1. 顺序施工组织方式

顺序施工组织方式是将拟建工程项目的整个建造过程分解成若干个施工过程，按照一定的施工顺序，前一个施工过程完成后，后一个施工过程才开始施工；或前一个工程项目完成后，后一个工程项目才开始施工。它是一种最基本、最原始的施工组织方式。对上述 4 座小桥的下部建筑施工如采用顺序施工组织方式建造，其施工进度计划如图 2-1"顺序施工"栏所示。

从图 2-1"顺序施工"栏可以看出，顺序施工组织方式具有以下特点：

①工期长。

②各专业队(组)不能连续工作，产生窝工现象。

③工作面闲置多,空间不连续。

④若由一个工作队完成全部施工任务,不能实现专业化生产。

⑤单位时间内投入的资源量的种类较少,有利于组织资源供应。

⑥施工现场的组织管理较简单。

2.平行施工组织方式

在拟建工程任务十分紧迫、工作面允许以及资源保证供应的条件下,可以组织几个相同的工作队,在同一时间、不同的空间上进行施工,这种施工组织方式称为平行施工组织方式。在例2-1中如采用平行施工组织方式,其施工进度计划如图2-1"平行施工"栏所示。

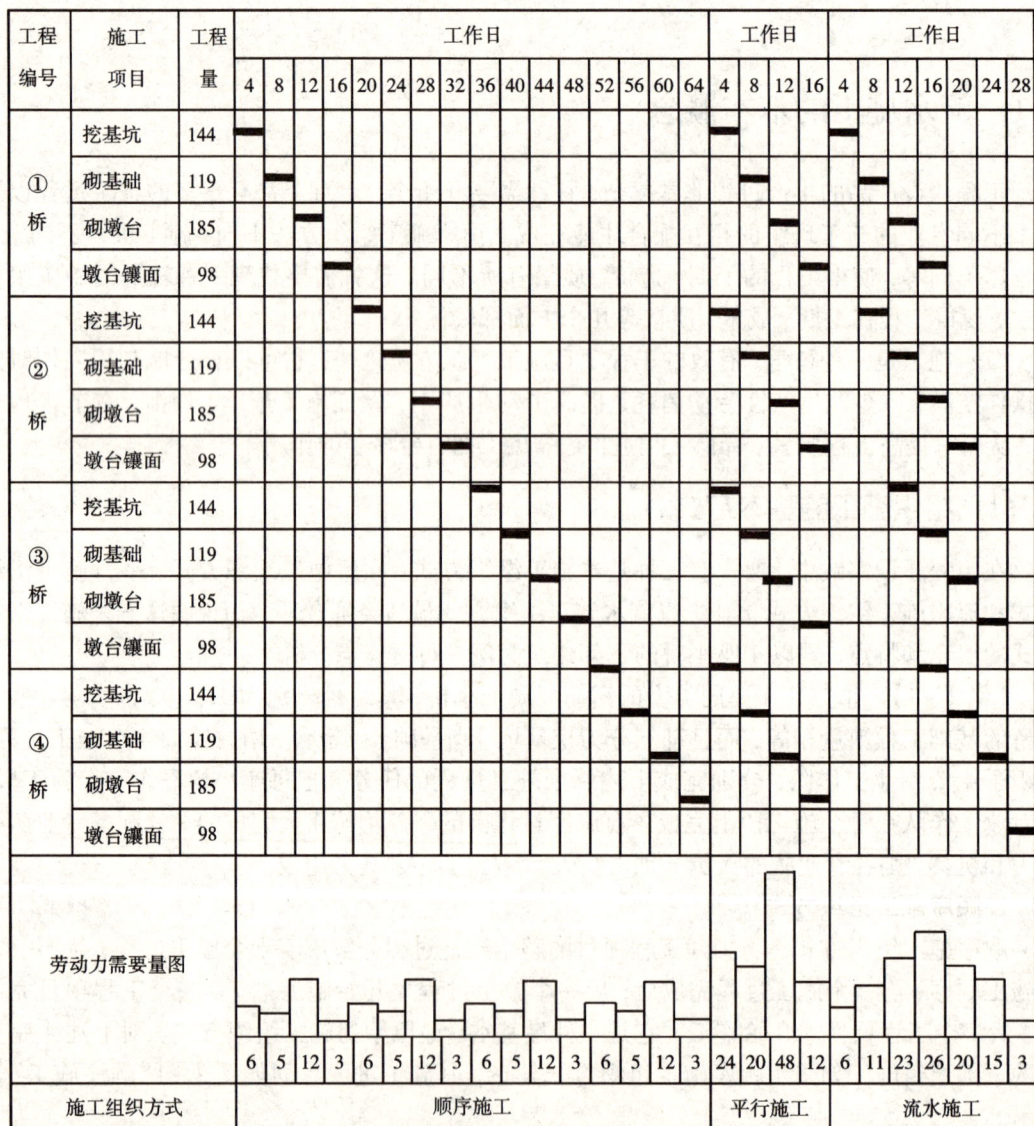

图2-1 工程进度横道图

从图 2 - 1 可以看出，平行施工组织方式具有以下特点：

①工期短。

②工作面能充分利用，施工段上无闲置。

③若由一个工作队完成全部施工任务，不能实现专业化生产。

④单位时间内投入的资源数量成倍增加，不利于资源供应组织。

⑤施工现场的组织管理较复杂。

3. 流水施工组织方式

流水施工组织方式是将拟建工程项目的整个建造过程分解成若干个施工过程，也就是划分成若干个工作性质相同的分部、分项工程或工序；同时将拟建工程项目在平面上划分成若干个劳动量大致相等的施工段；在竖向上划分成若干个施工层，按照施工过程分别建立相应的专业工作队；各专业工作队以按照一定的施工顺序投入施工，在完成第一个施工段的施工任务后，在专业工作队的人数、使用的机具和材料不变的情况下，依次地、连续地投入到第二、第三……直到最后一个施工段的施工，在规定的时间内，完成相同的施工任务，不同的专业工作队在工作时间上最大限度地、合理地搭接起来；当第一施工层各个施工段上的相应施工任务全部完成后，专业工作队依次地、连续地投入到第二、第三……施工层，保证拟建工程项目的施工全过程在时间上、空间上，有节奏、连续、均衡地进行下去，直到完成全部施工任务。在例 2 - 1 中，如采用流水施工组织方式，施工进度计划如图 2 - 1 "流水施工" 栏所示。

从图 2 - 1 可以看出，流水施工综合了顺序施工和平行施工的优点，克服了它们的缺点，与它们相比较，流水施工组织方式具有以下特点：

①科学地利用了工作面，争取了时间，工期比较合理。

②工作队及其工人实现了专业化施工，可使工人的操作技术熟练，更好地保证工程质量，提高劳动生产率。

③专业工作队及其工人能够连续作业，相邻的专业工作队之间实现了最大限度的、合理的搭接。

④单位时间投入施工的资源量较为均衡，有利于资源供应的组织工作。

⑤为文明施工和进行现场的科学管理创造了有利条件。

2.1.2　流水施工的组织条件和技术经济效果

1. 流水施工的组织条件

（1）划分施工过程

根据工程项目特点、施工要求、工艺要求、工程量大小，将建造过程分解为若干个施工过程。这是组织专业化施工和分工协作的前提。

（2）划分施工段

根据组织流水施工的需要，将拟建工程在平面上或空间上划分为工程量大致相等的若干个施工段。它是将工程建设单件产品变成多件产品，以便成批生产，形成流水作业的前提。

（3）每个施工过程组织独立的施工班组

在一个流水组织中，每一个施工过程尽可能组织独立的施工班组。根据施工需要，其形式可以是专业班组，也可以是混合班组。这样可使每个施工班组按施工顺序，依次地、连续地、均衡地从一个施工段转移到另一施工段进行相同的操作。它是提高质量、增加效益的重要手段。

（4）主导施工过程必须连续、均衡地施工

主导施工过程是指工程量较大、施工时间较长、对总工期有决定性影响的施工过程，对主导施工过程必须组织连续、均衡施工。对次要施工过程，可考虑与相邻的施工过程合并。如不能合并，为缩短工期，可安排间断施工。

（5）不同的施工过程尽可能组织平行搭接施工

根据施工顺序和不同施工过程之间的关系，在工作面允许的条件下，除去必要的技术和组织间歇时间外，力求在工作时间上和工作空间上有搭接，从而使工作面的使用与工期安排更加合理。

2. 流水施工的技术经济效果

流水施工组织方式是一种先进的、科学的施工组织方式，它在工艺划分、时间排列和空间布置上的统筹安排，必然会对施工带来优越的技术经济效果。具体可归纳为以下几方面：

（1）缩短施工工期

由于流水施工具有连续性，减少了时间间歇，加快了各专业队的施工进度，相邻工作队在开工时间上最大限度地、合理地搭接，充分利用了工作面，从而可以大大地缩短施工工期。

（2）提高劳动生产率，保证质量

各个施工过程均采用专业班组操作，可提高工人的熟练程度和操作技能，从而提高工人的劳动生产率。同时，工程质量也易于保证和提高。

（3）方便资源调配、供应和运输

采用流水施工，使得劳动力和其他资源的使用比较均衡，从而可避免出现劳动力和资源的使用大起大落的现象，减轻了施工组织者的压力，为资源的调配、供应和运输带来方便。

（4）降低工程成本

由于组织流水施工缩短了工期，提高了工作效率，资源消耗均衡，便于物资供应，用工少，因此减少了人工费、机械使用费、临时工程费、施工管理费等有关费用支出，降低了工程成本。

2.1.3　流水施工的分类及表达方式

1. 流水施工的分类

根据流水施工组织的范围不同，流水施工通常可分为以下几种类型。

（1）分项工程流水施工

分项工程流水施工也称为细部流水施工。它是在一个专业工种内部组织起来的流水施工。在项目施工进度计划表上，它是一组标有施工段或工作队编号的水平进度指示线段或斜向进度指示线段。

（2）分部工程流水施工

分部工程流水施工也称为专业流水施工。它是在一个分部工程内部各分项工程之间组织起来的流水施工。在项目施工进度计划表上，它由一组标有施工段或工作队编号的水平进度指示线段或斜向进度指示线段来表示。

（3）单位工程流水施工

单位工程流水施工也称为综合流水施工。它是在一个单位工程内部各分部工程之间组织起来的流水施工。在项目施工进度计划表上，它是若干组分部工程的进度指示线段，并由此构成一张单位工程施工进度计划。

（4）群体工程流水施工

群体工程流水施工亦称为大流水施工。它是在若干个单位工程之间组织起来的流水施工。反映在项目施工进度计划上，是一张项目施工总进度计划。

前两种流水施工是基本形式。在实际施工中，分项工程流水的效果不大，只有把若干个分项工程流水组织成分部工程流水，才能得到良好的效果。后两种流水施工实际上是分部工程流水的扩充应用。

2. 流水施工进度计划的表达方式

流水施工进度计划的表达方式主要有横道图和网络图两种。

（1）流水施工的横道图表示法

横道图即甘特图（Gantt chart），它是 19 世纪中叶，美国 Fran kford 兵工厂顾问 H. L. Gantt 设计的一种表示工作计划和进度的图示方法，是工程建设中安排施工进度计划和组织流水施工常用的一种表达方式。横道图中的横向表示时间进度，纵向表示施工过程，表中横道线条的长度表示计划中各项工作（施工过程、工序或分部工程、工程项目等）的作业持续时间和进度，表中横道线条所处的位置则表示各项工作的作业开始和结束时刻以及它们之间相互配合的关系。

利用横道图形式绘制进度计划比较简单，它所表达的计划内容（工作项目）排列整齐有序，标注具体详细（可以在横道图中加入各分部、分项工程量、机械需要量、劳动力需求量等，使横道图所表示的内容更加丰富），各项工作的进度形象直观，计划工期一目了然，对人力等资源的计算也便于据图叠加。但是横道图所提供的手段严格地说还没有构成完整的计划方法，它既没有一套协调整体计划方案的技术，也没有判断计划方案优劣的完善方法，实质上横道图只是计划工作者表达施工组织计划思想的一种简单工具，当计划内容比较复杂时，横道图不容易分辨计划内部工作的相互依存关系，不能反映出计划任务内在矛盾和关键。但由于横道图具有简单形象、易学易用等优点，所以至今仍是工程实践中应用最普遍的计划表达方式之一。

在土木工程施工实践中，横道图通常有以下几种表达方式：

①水平指示图表。在流水施工水平指示图表的表达方式中，横坐标表示流水施工的持续时间，纵坐标表示开展流水施工的施工过程、专业工作队的名称、编号和数目；呈梯形分布的水平线段表示流水施工的开展情况，如图 2 - 2 所示。

②垂直指示图表。在流水施工垂直指示图表的表达方式中，横坐标表示流水施工的持续时间；纵坐标表示开展流水施工所划分的施工段编号；几条斜线段表示各专业工作队或施工过程开展流水施工的情况，如图 2 - 3 所示。图中符号的含义同前图。

施工过程编号	施工进度（天）							
	2	4	6	8	10	12	14	16
Ⅰ	①	②	③	④				
Ⅱ	K	①	②	③	④			
Ⅲ		K	①	②	③	④		
Ⅳ			K	①	②	③	④	
Ⅴ				K	①	②	③	④

$(n-1)\cdot K$　　　　　$T_1=mt_i=m\cdot K$

$T=(m+n-1)\cdot K$

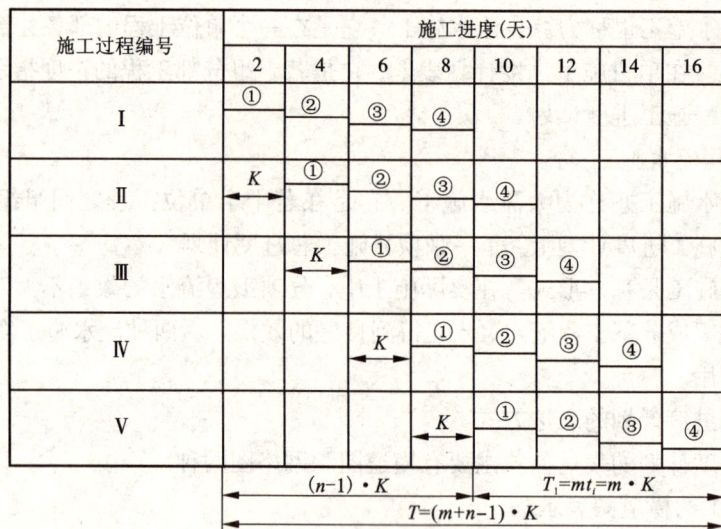

图 2-2　水平指示图表

T—流水施工计划总工期；T_1—各个专业工作队或施工过程完成其全部施工段的持续时间；n—专业工作队数或施工过程数；m—施工段数；K—流水步距；t_i—流水节拍，本图中$t_i=K$；Ⅰ、Ⅱ、Ⅲ、Ⅳ、Ⅴ—表示专业工作队或施工过程的编号；①、②、③、④—表示施工段的编号。

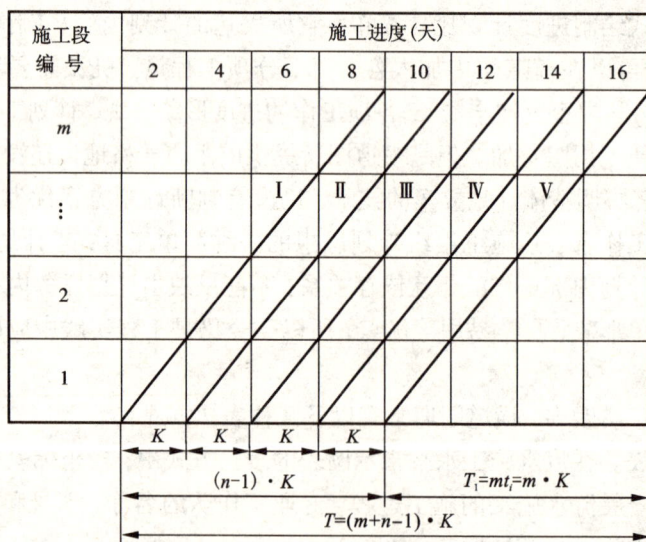

施工段编号	施工进度（天）							
	2	4	6	8	10	12	14	16
m								
⋮			Ⅰ	Ⅱ	Ⅲ	Ⅳ	Ⅴ	
2								
1								

K　K　K　K

$(n-1)\cdot K$　　　　$T_1=mt_i=m\cdot K$

$T=(m+n-1)\cdot K$

图 2-3　垂直指示图表

（2）流水施工的网络图表示法

有关流水施工进度网络图的表达方式，详见本书第 3 章。

2.1.4　流水施工参数

在组织拟建工程项目流水施工时,用以表达流水施工在工艺流程、空间布置和时间排列等方面开展状态的参数,称为流水参数。

流水施工参数按其性质不同,一般分为工艺参数、空间参数和时间参数三类。

1. 工艺参数

在组织流水施工时,用以表达流水施工在施工工艺上开展顺序及其特征的参数,称为工艺参数。具体地说是指在组织流水施工时,将拟建工程项目的整个建造过程可分解为施工过程的种类、性质和数目的总称。通常,工艺参数包括施工过程数流水强度两种。

(1)施工过程数

施工过程数是指一组流水施工的施工过程数目,用 n 表示。施工过程既可以是分项工程、分部工程,也可以是单位工程,甚至单项工程。施工过程划分的数目多少、粗细程度与下列因素有关。

①施工进度计划的对象范围和作用。编制控制性流水施工的进度计划时,划分的施工过程通常较粗,数目要少,一般情况下,施工过程最多分解到分部工程;编制实施性进度计划时,划分的施工过程通常较细,数目要多,绝大多数施工过程要分解到分项工程。

②工程建筑和结构的复杂程度。工程建筑和结构越复杂,相应的施工过程数目就越多。

③工程施工方案。不同的施工方案,其施工顺序和施工方法也不相同,因此施工过程数也不相同。

④劳动组织及劳动量大小。劳动量小的施工过程,当组织流水施工有困难时,可与其他施工过程合并。如垫层劳动量较小时可与挖土合并成一个施工过程。这样可以使各个施工过程的劳动量大致相等,便于组织流水施工。

此外,施工过程的划分与施工班组及施工习惯有关。如安装玻璃、油漆施工可分可合,因为有的是混合班组,有的是单一专业的班组。

划分施工过程数目时要适量,分得过多、过细,会使施工班组多、进度计划烦琐,指导施工时,抓不住重点;分得过少、过粗,则会使计划过于笼统,而失去指导施工的作用。

对一单位工程而言,其流水进度计划中不一定包括全部施工过程数。因为有些过程并非都按流水方式组织施工,如制备类、运输类施工过程。

(2)流水强度

流水强度又称流水能力、生产能力,某一施工过程在单位时间内所完成的工程量,称为该施工过程的流水强度,一般用 V_i 表示。

①机械操作流水强度。

$$V_i = \sum_{i=1}^{x} R_i \cdot S_i \qquad (2-1)$$

式中:R_i——某种施工机械台数;

S_i——该种施工机械台班产量定额;

x——用于同一施工过程的主导施工机械种类数。

②人工操作流水强度。

$$V_i = R_i \cdot S_i \qquad (2-2)$$

式中：R_i——投入施工过程 i 的专业工作队工人数；

　　　S_i——投入施工过程 i 的专业工作队平均产量定额。

2. 空间参数

在组织流水施工时，用以表达流水施工在空间布置上所处状态的参数，称为空间参数。空间参数主要有工作面和施工段两种。

（1）工作面

工作面又称工作前线，一般用 a 表示，是指某种专业工种的工人在从事施工生产活动中，所必须具备的活动空间。它的大小可表明施工对象能安置多少工人操作和布置机械地段的大小，即反映施工过程在空间布置上的可能性。在确定一个施工过程必需的工作面时，不仅要考虑前一施工过程为这个施工过程可能提供的工作面大小，也要遵守安全技术规程和施工技术规范的规定。工作面过大或过小都会影响工人的工作效率。

（2）施工段数

为了有效地组织流水施工，通常把拟建工程项目在平面上划分成若干个劳动量大致相等的施工段落，这些施工段落称为施工段。施工段的数目，通常用 m 表示，它是流水施工的基本参数之一。一般情况下，一个施工段内只能安排一个施工过程的专业工作队进行施工。在一个施工段上，只有前一个施工过程的工作队提供足够的工作面，后一个施工过程的工作队才能进入该段从事下一个施工过程的施工。

1）划分施工段的原则

划分施工段是组织流水施工的基础。施工段的划分，在不同的流水线中，可采用不同的划分方法，但在同一流水线中最好采用统一的划分办法。在划分时应注意施工段数要适当，过多，势必要减少工人人数而延长工期；过少，又会造成资源供应过分集中，不利于组织流水施工。因此，为了使施工段划分得更科学、更合理，通常应遵循以下原则：

①为了保证拟建工程项目的结构整体完整性，不能破坏结构的力学性能，不能在不允许留施工缝的结构构件部位分段，应尽可能利用伸缩缝、沉降缝等自然分界线。

②为了充分发挥工人、主导施工机械的效率，每个施工段要有足够的工作面，使其所容纳的劳动力人数或机械台数，能满足合理劳动组织的要求。

③尽量使主导施工过程的工作队能连续施工。由于施工过程的工程量不同，所需最小工作面不同，以及施工工艺上的要求不同等原因，如要求所有工作队都能连续作业，所有施工段上都连续有工作队在工作，有时往往是不可能的，这时应组织主导施工过程能连续施工。例如多层砖混结构的房屋，主体工程施工的主导过程是砌砖墙，确定施工段数时，应使砌砖墙的工作队能连续施工。

④对于多层的拟建工程项目，既要划分施工段，又要划分施工层，以保证相应的专业工作队在施工段与施工层之间，组织有节奏、连续、均衡的施工。施工层的划分要按照工程项目的具体情况，根据建筑物的高度、楼层来确定。如砌筑工程的施工高度一般为 1.2 m，室内抹灰、木装饰、油漆、玻璃和水电安装等，可按楼层进行施工层划分。

⑤对于多层或高层建筑物，施工段的数目，要满足合理流水施工组织的要求，应使 $m \geqslant n$。

2）在循环施工（即含有施工层时）中，施工段数（m）与施工过程数（n）的关系

①当 $m > n$ 时。

【例 2 - 2】　某局部二层现浇钢筋混凝土结构的建筑物，按照划分施工段的原则，在平面上将它分成 4 个施工段，即 $m=4$；在竖向上划分成两个施工层，即结构层与施工层相一致；现浇结构的施工过程为支模板、绑扎钢筋和浇注混凝土，即 $n=3$；各个施工过程在各施工段上的持续时间均为 3 天，即 $t_i=3$；则流水施工的开展状况，如图 2 - 4 所示。

施工层	施工过程名称	施工进度(天)									
		3	6	9	12	15	18	21	24	27	30
I	支模板	①	②	③	④						
	绑扎钢筋		①	②	③	④					
	浇混凝土			①	②	③	④				
II	支模板					①	②	③	④		
	绑扎钢筋						①	②	③	④	
	浇混凝土							①	②	③	④

图 2 - 4　$m > n$ 时流水施工开展状况

由图 2 - 4 可知，当 $m > n$ 时，各专业工作队能够连续作业，但施工段有空闲。图中各施工段在第一层浇完混凝土后，均空闲 3 天，即工作面空闲 3 天。这种空闲，可用于弥补由于技术间歇、组织管理间歇和备料等要求所必需的时间。

在项目实际施工中，若某些施工过程需要考虑技术间歇等，则可用式(2 - 3)确定每层的最少施工段数：

$$m_{\min} = n + \frac{\sum Z}{K} \tag{2-3}$$

式中：$m_{\min}$——每层需划分的最少施工段数；

n——施工过程或专业工作队数；

$\sum Z$——某些施工过程要求的技术间歇时间的总和；

K——流水步距。

【例 2 - 3】　在例 2 - 2 中，如果流水步距 $K=3$，当第一层浇注混凝土结束后，要养护 6 天才能进行第二层的施工。为了保证专业工作队连续作业，至少应划分多少个施工段？

解：依题意，由式(2 - 3)可求得：

$$m_{\min} = n + \frac{\sum Z}{K} = 3 + \frac{6}{3} = 5 \ 段$$

按 $m=5$，$n=3$ 绘制的流水施工进度图表如图 2 - 5 所示。

②当 $m=n$ 时。

施工层	施工过程名称	3	6	9	12	15	18	21	24	27	30	33	36
I	支模板	①	②	③	④	⑤							
I	绑扎钢筋		①	②	③	④	⑤						
I	浇混凝土			①	②	③	④	⑤					
II	支模板					Z=6天	①	②	③	④	⑤		
II	绑扎钢筋							①	②	③	④	⑤	
II	浇混凝土								①	②	③	④	⑤

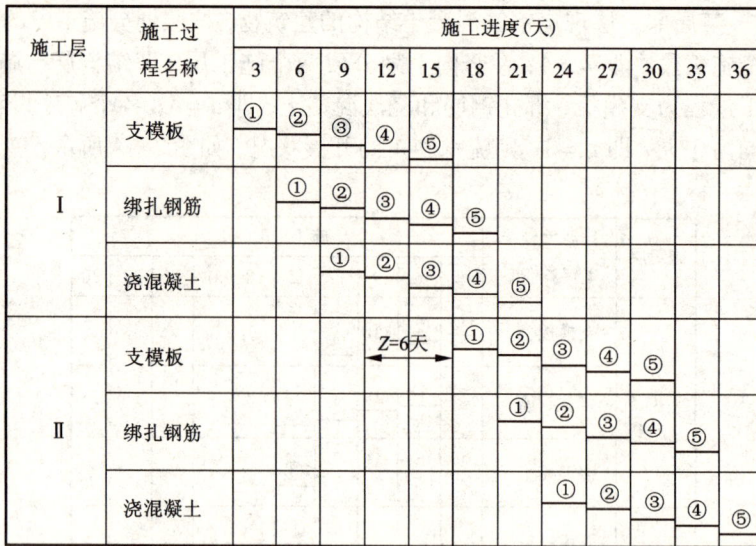

图 2-5　流水施工进度图

【例 2-4】 在例 2-2 中，如果将该建筑物在平面上划分成 3 个施工段，即 $m=3$，其余不变，则此时的流水施工开展状况，如图 2-6 所示。

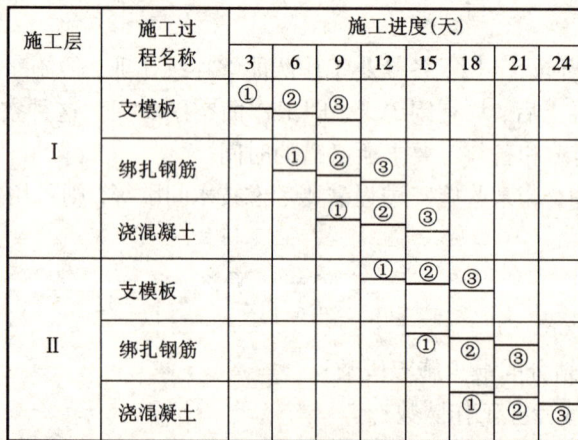

施工层	施工过程名称	3	6	9	12	15	18	21	24
I	支模板	①	②	③					
I	绑扎钢筋		①	②	③				
I	浇混凝土			①	②	③			
II	支模板				①	②	③		
II	绑扎钢筋					①	②	③	
II	浇混凝土						①	②	③

图 2-6　$m=n$ 时流水施工开展状况

由图 2-6 可知：当 $m=n$ 时，各专业工作队能连续施工，施工段没有空闲。这是理想化的流水施工方案，此时要求项目管理者，提高管理水平，只能进取，不能回旋、后退。

③当 $m<n$ 时。

【例 2-5】 上例中，如果将其在平面上划分成两个施工段，即 $m=2$，其他不变，则流水施工开展的状况，如图 2-7 所示。

由图 2-7 可知：当 $m<n$ 时，专业工作队不能连续作业，施工段没有空闲；但特殊情况下，施工段也会出现空闲，以致造成大多数专业工作队停工。因一个施工段只供一个专业工

施工层	施工过程名称	施工进度(天)						
		3	6	9	12	15	18	21
I	支模板	①	②					
	绑扎钢筋		①	②				
	浇混凝土			①	②			
II	支模板				①	②		
	绑扎钢筋					①	②	
	浇混凝土						①	②

图 2-7　$m<n$ 时流水施工开展状况

作队施工,这样,超过施工段数的专业工作队因无工作面而停工。在图 2-7 中,支模板工作队完成第一层的施工任务后,要停工 3 天才能进行第二层第一段的施工,其他队组同样也要停工 3 天。因此,工期延长了。这种情况对有多个同类型的建筑物,可组织各建筑物之间的大流水施工,以弥补上述停工现象;但对单一建筑物的流水施工是不适宜的,应加以杜绝。

从上面的三种情况可以看出:施工段数的多少,直接影响工期的长短,而且要想保证专业工作队能够连续施工,必须满足式(2-4):

$$m \geqslant n \tag{2-4}$$

应指出,当无层间关系或无施工层(如某些单层建筑物、基础工程等)时,则施工段数不受式(2-3)和式(2-4)的限制,可按前面所述划分施工段的原则进行确定。

3. 时间参数

在组织流水施工时,用以表达流水施工在时间排列上所处状态的参数,称为时间参数。它主要包括流水节拍和流水步距两种。

(1)流水节拍

在组织流水施工时,每个专业工作队在各个施工段上完成相应的施工任务所需要的工作持续时间,称为流水节拍,通常用 t_i 表示,它是流水施工的基本参数之一。流水节拍的大小,可以反映出流水施工速度的快慢、节奏感的强弱和资源消耗的多少。

1)流水节拍的确定

流水节拍的确定通常有两种方法,一种是根据工期要求来确定;另一种是根据现有能投入的资源(劳动力、机具台班数和材料量)来确定。流水节拍可按下式计算:

$$t_i = \frac{Q_i}{C \cdot R} = \frac{P_i}{R} \tag{2-5}$$

式中:Q_i——某施工段的工程量($i=1,2,3,\cdots,m$);

　　　C——每一工日(或台班)的计划产量(产量定额);

　　　R——施工人数(或机械台数);

　　　P_i——某施工段所需的劳动量(或机械台班量)。

2)确定流水节拍应注意的问题

①流水节拍的取值必须考虑到专业工作队组织方面的限制和要求,尽可能不过多地改变原来劳动组织的状况,以便对施工队进行领导。专业工作队的人数应有起码的要求,以使他们具备集体协作的能力。

②流水节拍的确定,应考虑到工作面条件的限制,必须保证有关专业工作队有足够的施工操作空间,保证施工操作安全和能充分发挥专业工作队的劳动效率。

③流水节拍的确定,应考虑到机械设备的实际负荷能力和可能提供的机械设备数量。也要考虑机械设备操作场所安全和质量的要求。

④有特殊技术限制的工程,如有防水要求的钢筋混凝土工程、受潮汐影响的水工作业、受交通条件影响的道路改造工程、铺管工程,以及设备检修工程等,都受技术操作和安全质量等方面的限制,对作业时间长度和连续性都有限制和要求,在安排其流水节拍时,应当满足这些限制要求。

⑤必须考虑材料和构配件供应能力和水平对进度的影响和限制,合理确定有关施工过程的流水节拍。

⑥首先应确定主导施工过程的流水节拍,并以它为依据确定其他施工过程的流水节拍。主导施工过程的流水节拍应是各施工过程流水节拍的最大值,应尽可能是有节奏的,以便组织节奏流水。

(2)流水步距

在组织流水施工时,相邻两个专业工作队在保证施工顺序、满足连续施工、最大限搭接和保证工程质量要求的条件下,相继投入施工的最小时间间隔,称为流水步距。通常以$K_{j,j+1}$表示,它是流水施工的基本参数之一。

1)确定流水步距的原则

图 2-8 所示的基础工程施工,挖土与垫层相继投入第一段开始施工的时间间隔为 2 天,即流水步距 $K=2$(本图 $K_{j,j+1}=K$),其他相邻两个施工过程的流水步距均为 2 天。

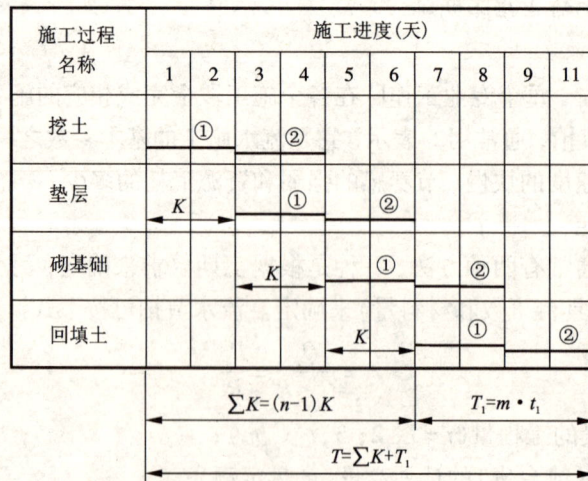

施工过程名称	施工进度(天)									
	1	2	3	4	5	6	7	8	9	11
挖土		①		②						
垫层	K			①		②				
砌基础			K			①		②		
回填土					K			①		②

$\sum K=(n-1)K$ $T_1=m \cdot t_1$

$T=\sum K+T_1$

图 2-8 流水步距与工期的关系

从图 2-8 可知：当施工段确定后，流水步距的大小直接影响着工期的长短。如果施工段不变，流水步距越大，则工期越长；反之，工期就越短。

图 2-9 表示流水步距与流水节拍的关系。图 2-9(a)图表示 A、B 两个施工过程，分两段施工，流水节拍均为 2 天的情况，此时 $K=2$；图 2-9(b)图表示在工作面允许条件下，各增加一倍的工人，使流水节拍缩小，流水步距的变化情况。

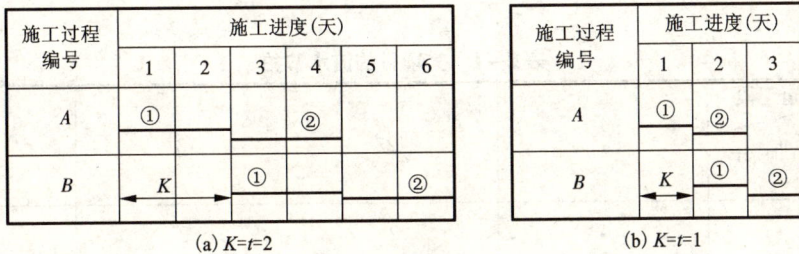

施工过程编号	施工进度(天)					
	1	2	3	4	5	6
A	①			②		
B	K		①			②

(a) $K=t=2$

施工过程编号	施工进度(天)		
	1	2	3
A	①	②	
B	K	①	②

(b) $K=t=1$

图 2-9　流水步距与流水节拍的关系

从图 2-9 可知，当施工段不变时，流水步距随流水节拍的增大而增大，随流水节拍的缩小而缩小。如果人数不变，增加施工段数，使每段人数达到饱和，而该段施工持续时间总和不变，则流水节拍和流水步距都相应地会缩小，但工期拖长了，如图 2-10 所示。

施工过程编号	施工进度(天)				
	1	2	3	4	5
A	①	②	③	④	
B		①	②	③	④

图 2-10　流水步距、流水节拍与施工段的关系

从上述几种情况的分析，我们可以得知确定流水步距的原则如下：

①流水步距应满足相邻两个专业工作队，在施工顺序上的相互制约关系。

②流水步距要保证各专业工作队都能连续作业。

③流水步距要保证相邻两个专业工作队，在开工时间上最大限度地、合理地搭接。

④流水步距的确定要保证工程质量，满足安全生产。

2)确定流水步距的方法

流水步距的确定方法很多，而简捷实用的方法主要有图上分析法、分析计算法和潘特考夫斯基法等。本书仅介绍潘特考夫斯基法。

潘特考夫斯基法也称为"最大差法"，简称累加数列法。此法通常在计算等节拍、无节奏的专业流水中，较为简捷、准确。其计算步骤如下：

①根据专业工作队在各施工段上的流水节拍，求累加数列。

②根据施工顺序，对所求相邻的两累加数列，错位相减。

③根据错位相减的结果确定相邻专业工作队之间的流水步距，即相减结果中数值最大者。

【例2-6】　某项目由4个施工过程组成，分别由 A、B、C、D 4 个专业工作队完成，在平面上划分成4个施工段，每个专业工作队在各施工段上的流水节拍如表2-1所示，试确定相邻专业工作队之间的流水步距。

表2-1　某项目的流水节拍

施工段 流水节拍(天) 工作队	①	②	③	④
A	4	2	3	2
B	3	4	3	4
C	3	2	2	3
D	2	2	1	2

解　①求各专业工作队的累加数列。

A：4，6，9，11。

B：3，7，10，14。

C：3，5，7，10。

D：2，4，5，7。

②错位相减。

A 与 B：

$$
\begin{array}{rrrrr}
4, & 6, & 9, & 11, & \\
-)\quad & 3, & 7, & 10, & 14 \\
\hline
4, & 3, & 2, & 1, & -14
\end{array}
$$

B 与 C：

$$
\begin{array}{rrrrr}
3, & 7, & 10, & 14, & \\
-)\quad & 3, & 5, & 7, & 10 \\
\hline
3, & 4, & 5, & 7, & -10
\end{array}
$$

C 与 D：

$$
\begin{array}{rrrrr}
3, & 5, & 7, & 10 & \\
-)\quad & 2, & 4, & 5, & 7 \\
\hline
3, & 3, & 3, & 5, & -7
\end{array}
$$

③求流水步距。

因流水步距等于错位相减所得结果中数值最大者，故有

$K_{A,B} = \max\{4, 3, 2, 1, -14\} = 4$ 天；

$K_{B,C} = \max\{3, 4, 5, 7, -10\} = 7$ 天；

$K_{C,D} = \max\{3, 3, 3, 5, -7\} = 5$ 天。

此外，在组织流水施工，确定计划总工期时，项目管理人员还应根据本项目的具体情况，考虑要确定以下几个时间参数的值。

①平行搭接时间。在组织流水施工时，有时为了缩短工期，在工作面允许的条件下，如果前一个专业工作队完成部分施工任务后，能够提前为后一个专业工作队提供工作面，使后者提前进入前一个施工段，两者在同一施工段上平行搭接施工，这个搭接的时间称为平行搭接时间，通常以 $C_{j,j+1}$ 表示。

②技术间歇时间。在组织流水施工时，除要考虑相邻专业工作队之间的流水步距外，有时根据建筑材料或现浇构件等的工艺性质，还要考虑合理的工艺等待间歇时间，这个等待时间称为技术间歇时间。如混凝土浇注后的养护时间、砂浆抹面和油漆面的干燥时间等。技术间歇时间以 $Z_{j,j+1}$ 表示。

③组织间歇时间。在流水施工中，由于施工技术或施工组织的原因，造成的在流水步距以外增加的间歇时间，称为组织间歇时间。如墙体砌筑前的墙身位置弹线，施工人员、机械转移，回填土前地下管道检查验收等等。组织间歇时间以 $G_{j,j+1}$ 表示。

在组织流水施工时，项目经理部对技术间歇和组织间歇时间，可根据项目施工中的具体情况分别考虑或统一考虑，但二者的概念、作用和内容是不同的，必须结合具体情况灵活处理。

2.1.5　流水施工的基本组织方式

在流水施工中，由于流水节拍的规律不同，决定了流水步距、流水施工工期的计算方法等也不同，甚至影响到各个施工过程的专业工作队数目。因此，有必要按照流水节拍的特征将流水施工进行分类，其分类情况如图 2-11 所示。

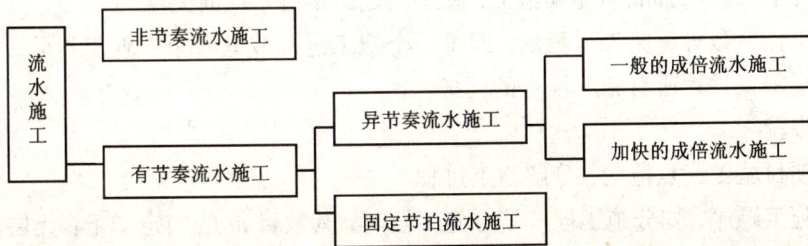

图 2-11　流水施工分类

1. 有节奏流水施工

有节奏流水施工是指在组织流水施工时，每一个施工过程在各个施工段上的流水节拍各自相等的流水施工，分为等节奏流水施工和异节奏流水施工。

（1）等节奏流水施工

等节奏流水施工是指在有节奏流水施工中，各施工过程的流水节拍都相等的流水施工，又称为固定节拍流水施工或全等节拍流水施工。

（2）异节奏流水施工

异节奏流水施工是指在有节奏流水施工中，各施工过程的流水节拍各自相等而不同施工过程之间的流水节拍不尽相等的流水施工。在组织异节奏流水施工时，又可以采用等步距和异步距两种方式。

等步距异节奏流水施工是指在组织异节奏流水施工时，按每个施工过程流水节拍之间的比例关系，成立相应数量的专业工作队而进行的施工，也称为加快的成倍节拍流水施工。

异步距节奏流水施工是指在组织异节奏流水施工时，每个施工过程成立一个专业工作队，由其完成各施工段任务的流水施工，也称为一般的成倍节拍流水施工。

2. 非节奏流水施工

非节奏流水施工是指在组织流水施工时，全部或部分施工过程在各个施工段上的流水节拍不尽相等的流水施工。这种施工是流水施工中最常见的一种。

2.2 有节奏流水施工

2.2.1 固定节拍流水施工

1. 基本特点

固定节拍流水施工是一种最理想的流水施工方式，其特点如下：

①流水节拍彼此相等。如有 n 个施工过程，流水节拍为 t_i，则：$t_1 = t_2 = \cdots = t_{n-1} = t_n = t$（常数）。

②流水步距彼此相等，而且等于流水节拍，即：$K_{1,2} = K_{2,3} = \cdots = K_{n-1,n} = K = t$（常数）。

③每个专业工作队都能够连续施工，施工段之间没有空闲时间。

④专业工作队数等于施工过程数，即每一个施工过程成立一个专业工作队，由该专业工作队完成相应施工过程所有施工段上的任务。

2. 组织步骤

①确定项目施工起点流向，分解施工过程。

②确定施工顺序，划分施工段。划分施工段时，其数目 m 的确定如下：无层间关系或无施工层时，取 $m = n$。有层间关系或有施工层时，施工段数目 m 分两种情况确定（无技术和组织间歇时，取 $m = n$；有技术和组织间歇时，为了保证各专业工作队能连续施工，应取 $m > n$）。

若一个楼层内各施工过程间的技术、组织间歇时间之和为 $\sum Z_1$，楼层间技术、组织间歇时间为 $\sum Z_2$。则每层的施工段数 m 可按式（2-6）确定：

$$m = n + \frac{\sum Z_1}{K} + \frac{\sum Z_2}{K} \qquad (2-6)$$

③根据等节拍专业流水要求,计算流水节拍数值。

④确定流水步距,$K = t$。

⑤计算流水施工的工期:

不分施工层时,可按式(2-7)进行计算:

$$T = (m+n-1) \cdot K + \sum Z_{j,j+1} + \sum G_{j,j+1} - \sum C_{j,j+1} \qquad (2-7)$$

式中:T——流水施工总工期;

　　　m——施工段数;

　　　n——施工过程数;

　　　K——流水步距;

　　　j——施工过程编号,$1 \leqslant j \leqslant n$;

　　　$Z_{j,j+1}$——j 与 $j+1$ 两个施工过程之间的技术间歇时间;

　　　$G_{j,j+1}$——j 与 $j+1$ 两个施工过程之间的组织间歇时间;

　　　$C_{j,j+1}$——j 与 $j+1$ 两个施工过程之间的平行搭接时间。

分施工层时,可按式(2-8)进行计算:

$$T = (m \cdot r + n - 1) \cdot K + \sum Z_1^1 - \sum C_{j,j+1} \qquad (2-8)$$

式中:r——施工层数;

　　　$\sum Z_1^1$——第一个施工层中各施工过程之间的技术与组织间歇时间之和;

其他符号含义同前。

⑥绘制流水施工进度图。

【例 2-7】　某项目由 Ⅰ、Ⅱ、Ⅲ、Ⅳ 等 4 个施工过程组成,划分 2 个施工层组织流水施工,施工过程 Ⅱ 完成后养护 1 天下一个施工过程才能施工,且层间技术间歇为 1 天,流水节拍均为 1 天。为了保证工作队连续作业,试确定施工段数,计算工期,绘制流水施工进度图。

解:①确定流水步距。

因为　$t_i = t = 1$ 天

所以　$K = t = 1$ 天

②确定施工段数。

因项目施工时分两个施工层,其施工段数可按式(2-6)确定。

$$m = n + \frac{\sum Z_1}{K} + \frac{\sum Z_2}{K} = 4 + \frac{1}{1} + \frac{1}{1} = 6 \text{(段)}$$

③计算工期。

由式(2-8)得:

$$T = (m \cdot r + n - 1) \cdot K + \sum Z_1^1 - \sum C_{j,j+1}$$
$$= (6 \times 2 + 4 - 1) \times 1 + 1 - 0 = 16 \text{(天)}$$

④绘制流水施工进度图,如图 2-12 所示。

施工层	施工过程名称	施工进度（天）															
		1	2	3	4	5	6	7	8	9	10	11	12	13	14	15	16
1	I	①	②	③	④	⑤	⑥										
	II		①	②	③	④	⑤	⑥									
	III			①	②	③	④	⑤	⑥								
	IV			①	②	③	④	⑤	⑥								
2	I							①	②	③	④	⑤	⑥				
	II								①	②	③	④	⑤	⑥			
	III									①	②	③	④	⑤	⑥		
	IV										①	②	③	④	⑤	⑥	

$$(n-1) \cdot K + Z_1 \qquad\qquad m \cdot r \cdot t$$

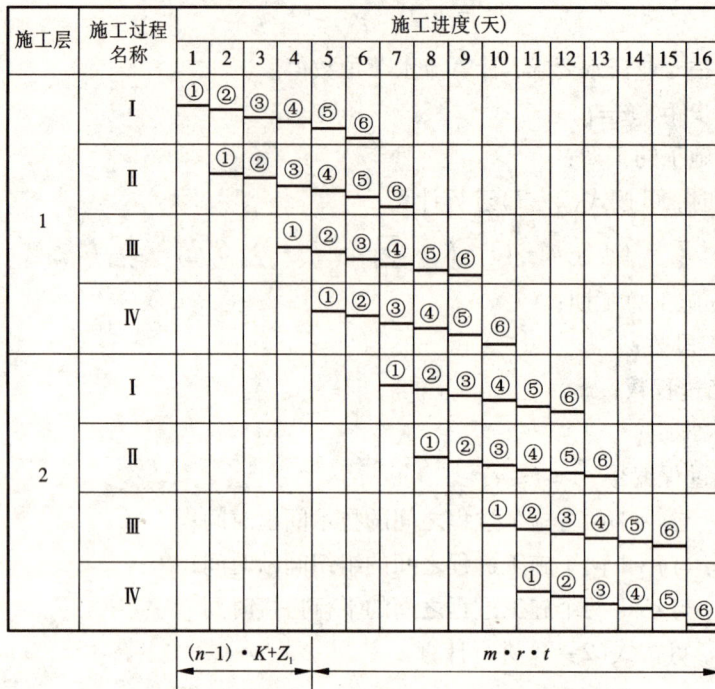

图 2－12　分层并有技术、组织间歇时间的等节拍专业流水

2.2.2　成倍节拍流水施工

在通常情况下，组织固定节拍的流水施工是比较困难的。因为在任一施工段上，不同的施工过程，其复杂程度不同，影响流水节拍的因素也各不相同，很难使各个施工段的流水节拍都彼此相等。但是，如果施工段划分得合适，保持同一施工过程各施工段的流水节拍相等是不难实现的。此外还可使某些施工过程的流水节拍成为其他施工过程流水节拍的倍数，即形成成倍节拍流水施工。成倍节拍流水施工包括一般的成倍节拍流水施工和加快的成倍节拍流水施工。为了缩短施工工期，一般均采用加快的成倍节拍流水施工方式。

1. 成倍节拍流水施工的基本特点

①同一施工过程在各施工段上的流水节拍彼此相等，不同的施工过程在同一施工段上的流水节拍彼此不同，但互为倍数关系。

②流水步距彼此相等，且等于流水节拍的最大公约数。

③各专业工作队都能够保证连续施工，施工段之间没有空闲时间。

④专业工作队数大于施工过程数，即有的施工过程只成立一个专业工作队，而对于流水节拍大的施工过程，可按其倍数增加相应专业工作队数目。

2. 组织步骤

①确定施工起点流向，分解施工过程。

②确定施工顺序，划分施工段。不分施工层时，可按划分施工段的原则确定施工段数；分施工层时，每层的段数可按式（2－9）确定：

$$m = n_1 + \frac{\sum Z_1}{K_b} + \frac{\sum Z_2}{K_b} \qquad (2-9)$$

式中：n_1——专业工作队总数；

　　　K_b——等步距的异节拍流水的流水步距；

　　　其他符号含义同前。

③按异节拍专业流水确定流水节拍。

④按式(2-10)确定流水步距：

$$K_b = 最大公约数\{t^1, t^2, \cdots, t^n\} \qquad (2-10)$$

⑤按式(2-11)和式(2-12)确定专业工作队数：

$$b_j = \frac{t_j}{K_b} \qquad (2-11)$$

$$n_1 = \sum_{j=1}^{n} b_j \qquad (2-12)$$

式中：t_j——施工过程 j 在各施工段上的流水节拍；

　　　b_j——施工过程 j 所要组织的专业工作队数；

　　　j——施工过程编号，$1 \leqslant j \leqslant n$。

⑥确定计划总工期，可按式(2-13)或式(2-14)进行计算：

$$T = (r \cdot n_1 - 1) \cdot K_b + m^{zh} \cdot t^{zh} + \sum Z_{j,j+1} + \sum G_{j,j+1} - C_{j,j+1} \qquad (2-13)$$

或

$$T = (m \cdot r + n_1 - 1) \cdot K_b + \sum Z_1^1 - \sum C_{j,j+1} \qquad (2-14)$$

式中：r——施工层数(不分层时，$r=1$；分层时，$r=$实际施工层数)；

　　　m^{zh}——最后一个施工过程的最后一个专业工作队所要完成的施工段数；

　　　t^{zh}——最后一个施工过程的流水节拍；

　　　其他符号含义同前。

⑦绘制流水施工进度图。

【例 2-8】　某项目由Ⅰ、Ⅱ、Ⅲ、Ⅳ 4 个施工过程组成，流水节拍分别为 $t_1=5$ 天，$t_2=10$ 天，$t_3=10$ 天，$t_4=5$ 天，试组织成倍节拍流水，并绘制流水施工进度图。

解：①求流水步距。

$K_b = 最大公约数\{5, 10, 10, 5\} = 5(天)$

②求专业工作队数。

$b_1 = 5/5 = 1$ 个

$b_2 = b_3 = 10/5 = 2$ 个

$b_4 = 5/5 = 1$ 个

所以　$n_1 = \sum_{j=1}^{4} b_j = 1 + 2 + 2 + 1 = 6(个)$

③计算工期。

$$T = (m + n_1 - 1) \cdot K_b = (4 + 6 - 1) \times 5 = 45(天)$$

④绘制流水施工进度表，如图 2-13 所示。

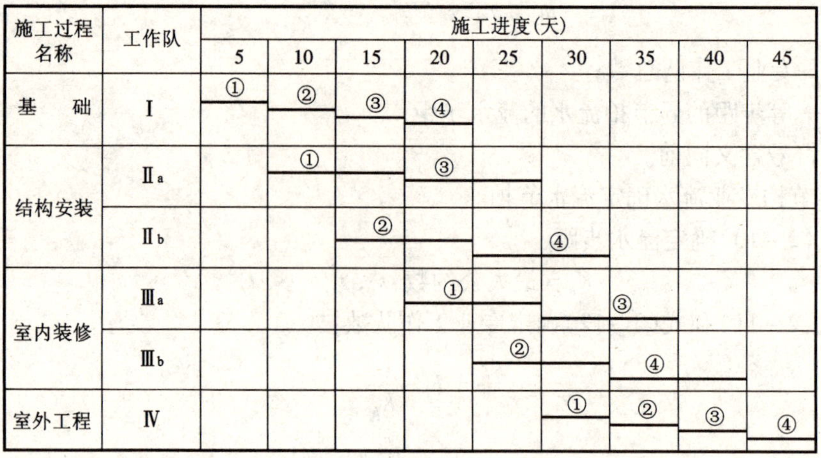

施工过程名称	工作队	施工进度(天)								
		5	10	15	20	25	30	35	40	45
基　础	Ⅰ	①	②	③	④					
结构安装	Ⅱa		①		③					
	Ⅱb			②			④			
室内装修	Ⅲa				①			③		
	Ⅲb					②		④		
室外工程	Ⅳ						①	②	③	④

图 2-13　流水施工进度图

2.3　非节奏流水施工

在工程项目实际施工中，通常每个施工过程在各个施工段上的工程量彼此不等，各专业工作队的劳动效率存在一定差异，导致大多数施工过程的流水节拍也彼此不相等，不可能组织全等节拍流水或成倍节拍流水。在这种情况下，往往利用流水施工的基本概念，在保证施工工艺、满足施工顺序要求的前提下，按照一定的计算方法，确定相邻专业工作队之间的流水步距，使其在开工时间上最大限度地、合理地搭接起来，形成每个专业工作队能连续作业的流水施工方式，称为非节奏专业流水。它是流水施工的普遍形式。

1. 基本特点

①各施工过程在各个施工段上的流水节拍不全相等。

②相邻施工过程的流水步距不尽相等。

③各专业工作队能够在施工段上连续施工，但有的施工段之间可能有空闲时间。

④专业工作队数等于施工过程数。

2. 组织步骤

①确定施工起点流向，分解施工过程。

②确定施工顺序，划分施工段。

③计算各施工过程在各个施工段上的流水节拍。

④按一定的方法确定相邻两个专业工作队之间的流水步距。

⑤按式(2-15)计算流水施工的计划工期：

$$T = \sum_{j=1}^{n-1} K_{j,j+1} + \sum_{i=1}^{m} t_i^{zh} + \sum Z + \sum G - \sum C_{j,j+1} \qquad (2-15)$$

式中：T——流水施工的计划工期；

$K_{j,j+1}$——j 与 $j+1$ 两专业工作队之间的流水步距；

t_i^{zh}——最后一个施工过程在第 i 个施工段上的流水节拍；

$\sum Z$——技术间歇时间总和；

$\sum G$——组织间歇时间之和；

$\sum C_{j,j+1}$——相邻两专业工作队 j 与 $j+1$ 之间的平行搭接时间之和 $(1 \leqslant j \leqslant n-1)$。

⑥绘制流水施工进度图。

【例 2-9】 某项目经理部拟建一工程，该工程有 Ⅰ、Ⅱ、Ⅲ、Ⅳ、Ⅴ 等 5 个施工过程。施工时在平面上划分成 4 个施工段，每个施工过程在各个施工段上的流水节拍如表 2-2 所示。规定施工过程 Ⅱ 完成后，其相应施工段至少要养护 2 天，施工过程 Ⅳ 完成后，其相应施工段要留有 1 天的准备时间。为了尽早完工，允许施工过程 Ⅰ 与 Ⅱ 之间搭接施工 1 天，试编制流水施工方案。

解　(1)根据题设条件，该工程只能组织无节奏专业流水

Ⅰ：3，5，7，11

Ⅱ：1，4，9，12

Ⅲ：2，3，6，11

Ⅳ：4，6，9，12

Ⅴ：3，7，9，10

表 2-2　某工程流水节拍

流水节拍(天) 施工段 \ 施工过程	Ⅰ	Ⅱ	Ⅲ	Ⅳ	Ⅴ
①	3	1	2	4	3
②	2	3	1	2	4
③	2	5	3	3	2
④	4	3	5	3	1

(2)确定流水步距

①$K_{Ⅰ,Ⅱ}$：

```
    3,  5,  7,  11
-)      1,  4,  9,  12
    3,  4,  3,  2,  -12
```

所以，$K_{Ⅰ,Ⅱ} = \max\{3,4,3,2,-12\} = 4$(天)

②$K_{Ⅱ,Ⅲ}$：

```
    1,  4,  9,  12
-)      2,  3,  6,  11
    1,  2,  6,  6,  -11
```

所以，$K_{Ⅱ,Ⅲ} = \max\{1,2,6,6,-11\} = 6$(天)

③$K_{Ⅲ,Ⅳ}$：

$$
\begin{array}{rrrr}
2, & 3, & 6, & 11 \\
-)\quad 4, & 6, & 9, & 12 \\
\hline
2, & -1, & 0, & 2, & -12
\end{array}
$$

所以，$K_{Ⅲ,Ⅳ} = \max\{2, -1, 0, 2, -12\} = 2$ 天

④$K_{Ⅳ,Ⅴ}$：

$$
\begin{array}{rrrr}
4, & 6, & 9, & 12 \\
-)\quad 3, & 7, & 9, & 10 \\
\hline
4, & 3, & 2, & 3, & -10
\end{array}
$$

所以，$K_{Ⅳ,Ⅴ} = \max\{4, 3, 2, 3, -10\} = 4$ 天

（3）确定计划工期

由题给条件可知：

$Z_{Ⅱ,Ⅲ} = 2$ 天，$G_{Ⅳ,Ⅴ} = 1$ 天，$C_{Ⅰ,Ⅱ} = 1$ 天，代入公式（2-15）得：

$$T = (4+6+2+4) + (3+4+2+1) + 2 + 1 - 1 = 28（天）$$

（4）绘制流水施工进度表，如图 2-14 所示

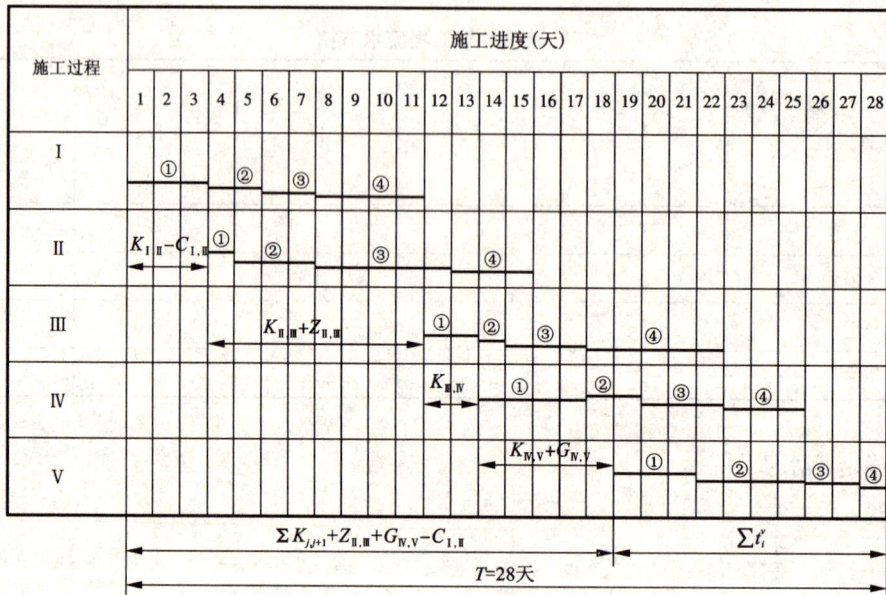

图 2-14 流水施工进度图

重点与难点

重点：①流水施工的概念；②流水施工时间参数的计算；③流水施工的组织安排。

难点：流水施工的组织安排。

思考与练习

1. 工程项目组织施工的方式有哪些？各有何特点？

2. 流水施工参数包括哪些内容？

3. 流水施工的基本方式有哪些？

4. 固定节拍流水施工、加快的成倍节拍流水施工、非节奏流水施工各具哪些特点？

5. 当组织非节奏流水施工时，如何确定其流水步距？

6. 某公路工程需在某一路段修建 4 个结构形式与规模完全相同的涵洞，施工过程包括基础开挖、预制涵管、安装涵管和回填压实。如果合同规定，工期不超过 50 天，则组织固定节拍流水施工时，流水节拍和流水步距是多少？试绘制流水施工进度计划。

7. 某粮库工程拟建 3 个结构形式与规模完全相同的粮库，施工过程主要包括：挖基槽、浇筑混凝土基础、墙板与屋面板吊装和防水。根据施工工艺要求，浇筑混凝土基础 1 周后才能进行墙板与屋面板吊装。各施工过程的流水节拍如表 2 – 3 所示，试分别绘制组织 4 个专业工作队和增加相应专业工作队的流水施工进度计划。

表 2 – 3　各施工过程的流水节拍

施工过程	流水节拍(周)	施工过程	流水节拍(周)
挖基槽	2	吊装	6
浇基础	4	防水	2

8. 某基础工程包括挖基槽、做垫层、砌基础和回填土 4 个施工过程，分为 4 个施工段组织流水施工，各施工过程在各施工段的流水节拍如表 2 – 4 所示(时间单位：天)。根据施工工艺要求，在砌基础与回填土之间的间歇时间为 2 天。试确定相邻施工过程之间的流水步距及流水施工工期，并绘制流水施工进度计划。

表 2 – 4　各施工过程在各施工段的流水节拍

施工过程	施工段			
	①	②	③	④
挖基槽	2	2	3	3
做垫层	1	4	2	2
砌基础	2	4	1	3
回填土	2	1	2	2

第3章

网络计划技术

3.1　概述

3.1.1　网络计划技术的产生和发展

网络计划技术是随着现代科学技术和工业生产的发展而产生的一种科学计划管理方法。最早出现于20世纪50年代后期的美国。目前许多国家认为它是当前最为行之有效的、先进的、科学的管理方法,因而广泛应用在工业、农业、国防和科研计划与管理中。在工程领域,网络计划技术的应用尤为广泛,许多国家将其用于投标、签订合同及拨款业务;在资源和成本优化等方面也应用较多。由于这种方法主要用于进行规划、计划和实施控制,因此,在缩短建设周期、提高工效、降低造价以及提高生产管理水平方面取得了显著的效果。

我国20世纪60年代中期,在著名数学家华罗庚教授的倡导下,开始在国民经济各部门试点应用网络计划方法。当时为结合我国国情,并根据"统筹兼顾、全面安排"的指导思想,将这种方法命名为"统筹法"。此后,在工农业生产实践中有效地推广起来。1980年成立了全国性的统筹法研究会,1982年在中国建筑学会的支持下,成立了建筑统筹管理研究会。目前,全国许多高校的土木和管理专业都开设了网络计划技术课程。

为了进一步推进网络计划技术的研究、应用和教学,我国于1991年发布了行业标准《工程网络计划技术》,1992年发布了《网络计划技术》三个国家标准(术语、画法和应用程序),2000年颁发了《工程网络计划技术规程》(JGJ/T121—99),将网络计划技术的研究和应用提升到了新水平。

3.1.2　网络计划技术基本原理

要说明网络计划技术,首先要了解网络图。网络图是一种表示整个计划(或工程)中各项工作的先后次序和所需时间的网状图形。它由若干个带箭头的箭线、节点和线路组成。

按照网络图中逻辑关系和工作持续时间的不同,网络计划分类如表3-1所示。在众多类型中,关键线路网络(CPM)是工程施工中最常见的网络计划。按画图符号和表达方式不同网络计划可分为双代号网络计划、单代号网络计划、时标网络计划等。本章重点介绍这三种网络计划。

1.双代号网络图

双代号网络图,是指组成网络图的各项工作由节点表示工作的开始或结束,以箭线表示工作。工作的名称写在箭线上方，工作的持续时间(小时、天、周、月等)写在箭线下方，箭尾表示工作的开始，箭头表示工作的结束。采用这种符号绘制的网络图，称为双代号网络图，如图 3 - 1 所示。

表 3 - 1　网络计划的类型

类　　型		持续时间	
		肯定型	非肯定型
逻辑关系	肯定型	关键线路网络(CPM) 搭接网络计划	计划评审技术(PERT)
	非肯定型	决策树形网络 决策关键线路网络(DCPM)	图示评审技术(GERT) 随机网络计划(QGERT) 风险型随机网络(VERT)

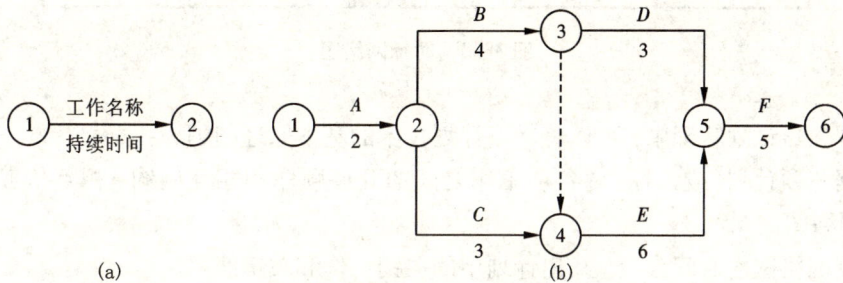

图 3 - 1　双代号表示法及双代号网络

(a)双代号表示法；(b)双代号网络图

2. 单代号网络图

单代号网络图，指组成网络图的各项工作由节点表示，以箭线表示各项工作的相互制约关系。用这种符号从左向右绘制而成的表示一项计划中各工作之间逻辑关系的图形，就称为单代号网络图，如图 3 - 2 所示。

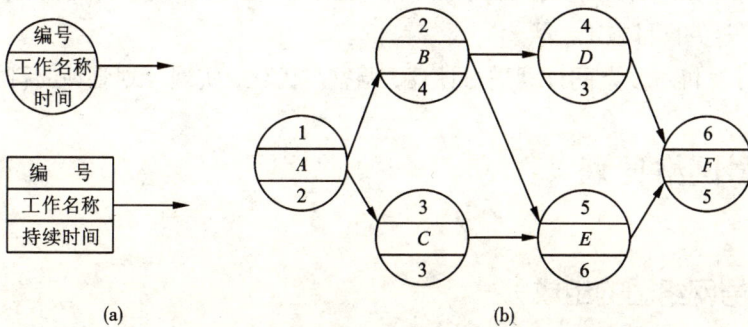

图 3 - 2　单代号表示法及单代号网络

(a)单代号表示法；(b)单代号网络图

3.时标网络图

时标网络图是在横道图的基础上引进网络图工作之间的逻辑关系而形成的一种网络图。它既克服了横道图不能显示各工作之间逻辑关系的缺点，又解决了一般网络图的时间表示不直观的问题，如图3－3所示。

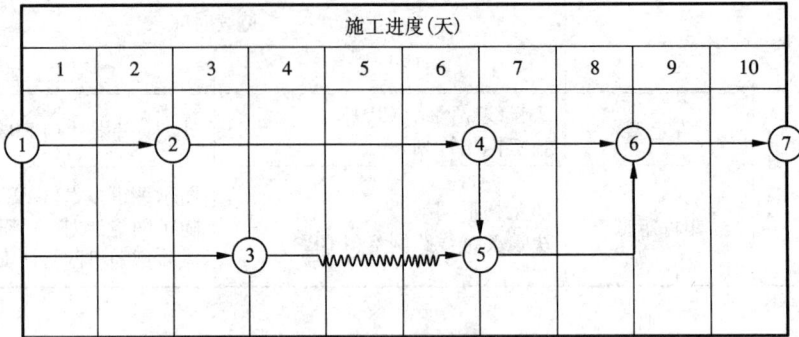

图 3－3 时标网络图

在工程项目计划管理中，可以将网络计划技术的基本原理归纳为：

①根据一项计划（或工程）中各项工作之间的开展顺序和相互制约、相互依赖的逻辑关系，绘制网络图。

②计算网络图的时间参数，找出计划中的关键工作和关键线路。

③利用优化原理，不断改进网络计划，寻求最优方案。

④在网络计划执行过程中，进行有效的监督和控制，以最小的消耗取得最大的经济效果。

3.1.3 网络计划技术的优点

与横道图相比，网络图具有如下优点：

①能明确而全面地表达出各项工作开展的先后顺序和反映出各工作之间相互制约、相互依赖的逻辑关系，使计划中的各个工作组成一个有机整体。

②能在错综复杂的计划中找出决定工程进度的关键工作，便于计划管理者抓住主要矛盾，确保工期，避免盲目施工。

③能利用计算机对复杂的计划进行计算、调整与优化，实现计划管理的科学化。

3.2 双代号网络计划

3.2.1 双代号网络图的组成

双代号网络图主要由工作、节点和线路三个基本要素组成。

1.工作（或称过程、活动、工序）

工作是指计划任务按需要的粗细程度划分而成的一个消耗时间或也消耗资源的子项目或

子任务。它是网络图的组成要素之一，在双代号网络图中工作用一条箭线和两个圆圈(节点)表示。圆圈中的两个号码代表这项工作的名称，由于是两个号码表示一项工作，故称为双代号表示法，如图3-1(a)所示。由双代号表示法构成的网络图称为双代号网络图，如图3-1(b)所示。

工程施工实践中，工作通常可分为三种：需要消耗时间和资源的工作(如浇筑混凝土)；仅消耗时间而不消耗资源的工作(如混凝土养护)；既不消耗时间、也不消耗资源的工作。前两种是实际存在的工作，称为"实工作"，用实箭线表示；后一种是人为虚设的工作，仅表示相邻工作之间的逻辑关系，通常称为"虚工作"，以虚箭线或在实箭线下标"0"表示，但实箭线加注零时间表示虚工作的方法实际中很少使用，我们也不予提倡，如图3-4所示。

图3-4　虚工作表示法

工作根据一项计划(或工程)的规模不同，其划分的粗细程度、大小范围也不同。如对于一个规模较大的建设项目来讲，一项工作可能代表一个单位工程或一个构筑物；如对于一个单位工程，一项工作可能只代表一个分部或分项工程。

工作箭线的长度和方向，在无时间坐标的网络图中，原则上可以任意画，但必须满足工作逻辑关系，且在同一张网络图中，箭线的画法要求统一；在有时间坐标的网络图中，其箭线的长度必须根据完成该项工作所需持续时间的大小按比例绘制。

2. 节点

网络图中表示工作开始、结束或连接关系的圆圈称为节点。箭线出发的节点称为该工作的开始节点，箭线进入的节点称为该工作的结束节点；表示整个计划开始的节点称为网络图的起点节点，表示整个计划最终完成的节点称为网络图的终点节点，其余称为中间节点。所有的中间节点都具有双重含义，既是前面工作的结束节点，又是后面工作的开始节点。网络图中，节点只是一个"瞬间"，既不消耗时间、也不消耗资源，如图3-5所示。

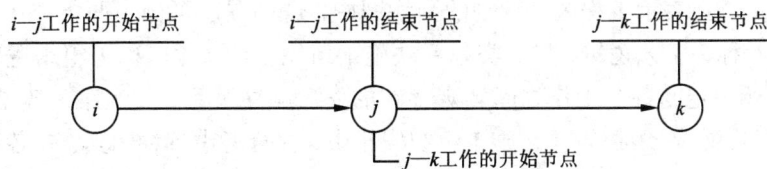

图3-5　节点示意图

在一个网络图中，可以有许多工作通向同一个节点，也可以有许多工作由同一个节点出发。通常把通向某一节点的工作称为该节点的紧前工作；把从某一节点出发的工作称为该节点的紧后工作，如图3-6所示。

网络图中的每个节点都要编号。编号方法是：从起点节点开始，从小到大，自左向右，用阿拉伯数字表示。编号原则是：箭尾节点的编号必须小于箭头节点编号，编号可连续，也可隔号不连续，但在同一个网络图中节点的编号不能重复。

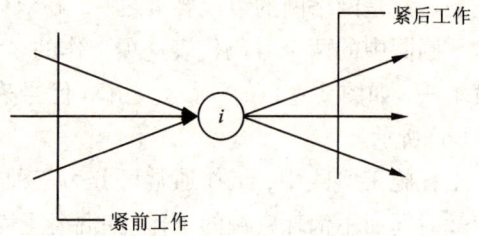

图 3 - 6　节点 (i) 示意图

3. 线路

网络图中从起点节点开始，沿箭线方向连续通过一系列箭线与节点，最后到达终点节点所经过的路径，称为线路。每一条线路都有自己确定的完成时间，它等于该条线路上各项工作持续时间的总和，是完成这条线路上所有工作的计划工期。工期最长的线路称为关键线路，位于关键线路上的工作称为关键工作。

在网络图中，关键线路有时可能不止一条，也可能同时存在几条关键线路，即这几条线路上的线路时间相同。但从管理的角度出发，为了实行重点管理，一般不希望出现太多的关键线路。

关键线路并不是一成不变的，在一定的条件下，关键线路和非关键线路可以相互转化。当采取了一定的技术组织措施，缩短了关键线路上各工作的持续时间，就有可能使关键线路发生转移，使原来的关键线路变成非关键线路，而原来的非关键线路却变成了关键线路。

短于但接近于关键线路持续时间的线路称为次关键线路，其余线路称为非关键线路。位于非关键线路上的工作除关键工作外，其余为非关键工作，它具有机动时间（即时差）。非关键工作也不是一成不变的，它可以转化为关键工作，利用非关键工作的机动时间可以科学地、合理地调配资源和对网络计划进行优化。

3.2.2　双代号网络图的绘制

网络计划必须通过网络图来反映，网络图的绘制是网络计划技术的基础。要正确绘制网络图，就必须正确地反映网络图的逻辑关系，遵守绘图的基本规则。

1. 网络图的各种逻辑关系及其正确的表示方法

网络图的逻辑关系是指工作中客观存在的一种先后顺序关系和施工组织要求的相互制约、相互依赖的关系。在表示工程施工计划的网络图中，这种顺序可分为两大类：一类是反映施工工艺的关系，称为工艺逻辑；另一类是反映施工组织上的关系，称为组织逻辑。工艺逻辑是由施工工艺所决定的各个工作之间客观存在的先后顺序关系，其顺序一般是固定的，有的是绝对不能颠倒的。组织逻辑是在施工组织安排中，综合考虑各种因素，在各工作之间主观安排的先后顺序关系。这种关系不受施工工艺的限制，不由工程性质本身决定，在保证施工质量、安全和工期等前提下，可以人为安排。

在网络图中，各工作之间的逻辑关系是变化的。表 3 - 2 中所列的是双代号网络图与单代号网络图中常见的一些逻辑关系及其表示方法，工作名称均以字母来表示。

表 3 − 2　网络图中常见的逻辑关系及其表示方法

序号	工作之间的逻辑关系	双代号表示法	单代号表示法
1	A 完成后进行 B 和 C	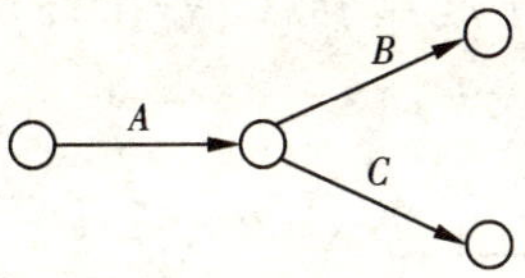	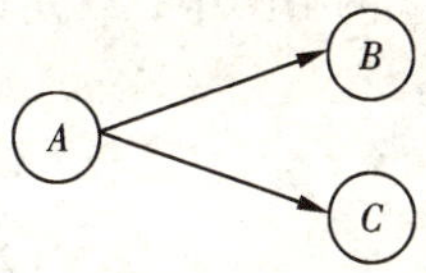
2	A、B 完成后进行 C	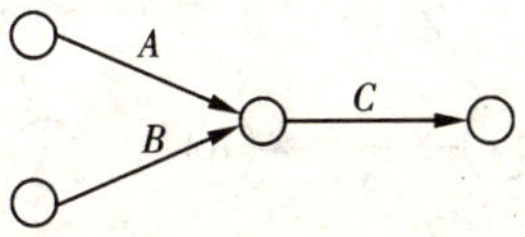	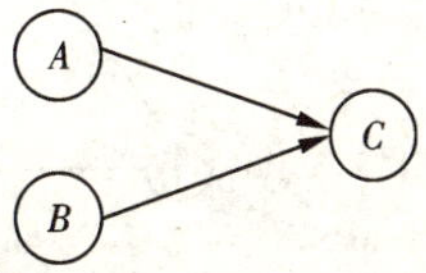
3	A、B 均完成后同时进行 C 和 D	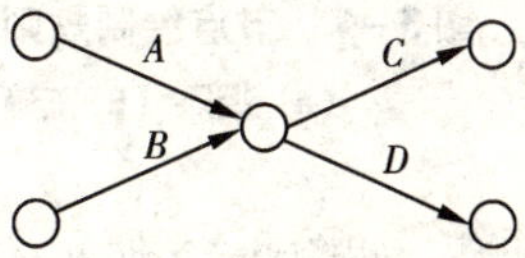	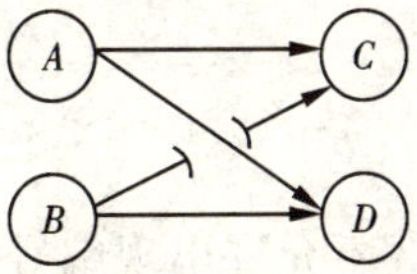
4	A 完成后进行 C A、B 均完成后进行 D	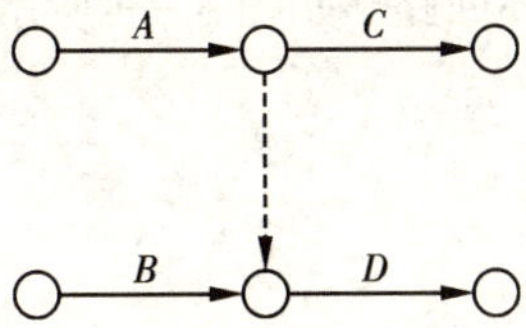	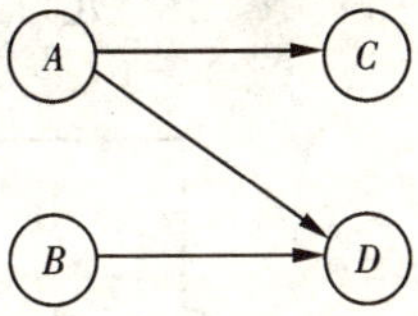
5	A、B 均完成后进行 D A、B、C 均完成后进行 E	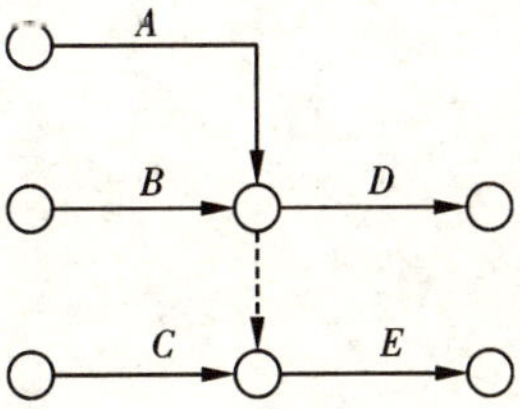	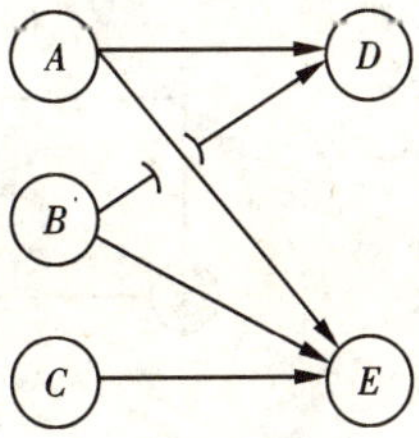
6	A、B 均完成后进行 C B、D 均完成后进行 E	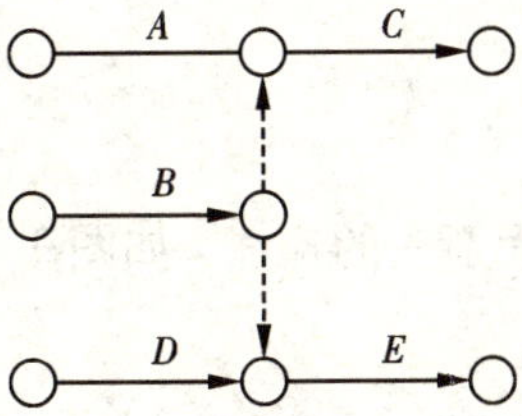	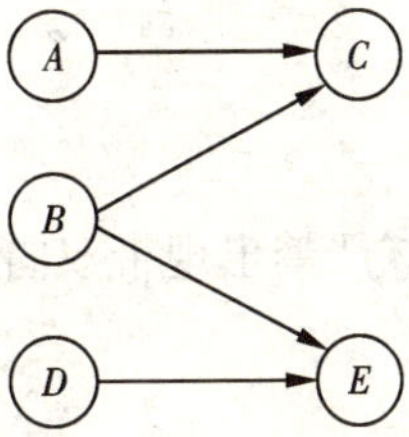
7	A 完成后进行 C A、B 均完成后进行 D B 完成后进行 E	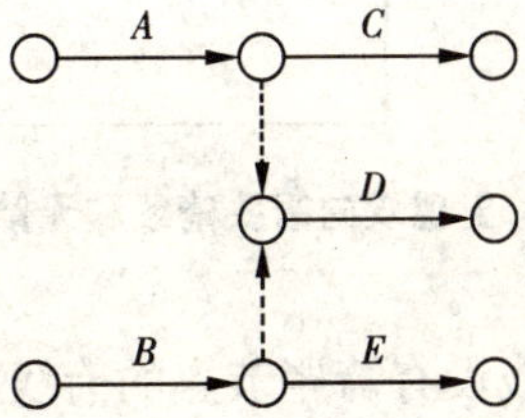	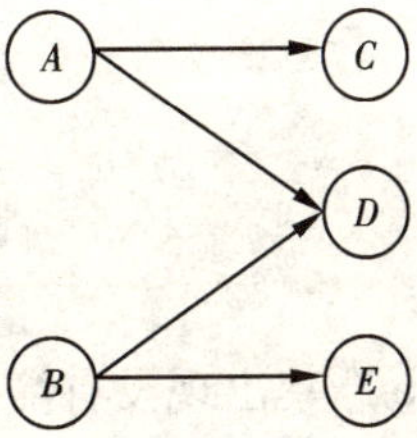

2. 绘制网络图的基本规则

①必须正确表达各项工作之间的逻辑关系。

②网络图中，只允许有一个起点节点，一个终点节点(多目标网络除外)，如图3－7所示。

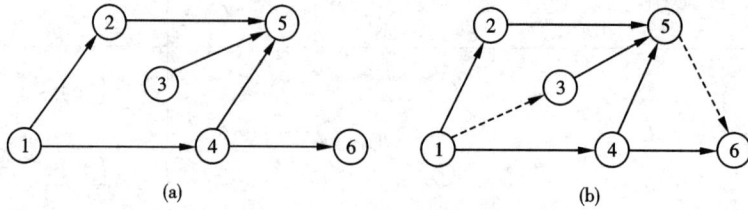

图3－7　节点绘制规则示意图

(a)错误；(b)正确

③不允许出现编号相同的箭线，如图3－8所示。

④网络图中不允许出现循环回路，如图3－9所示。

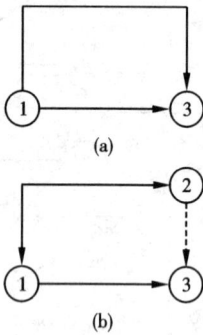

图3－8　箭线绘制规则示意图

(a)错误；(b)正确

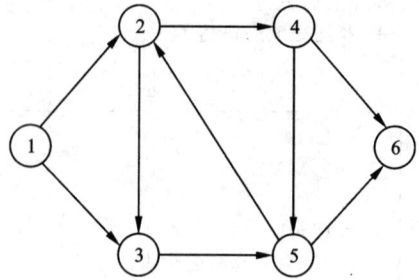

图3－9　出现循环回路的网络图

⑤严禁出现带双向箭头或无箭头的连线，如图3－10所示。

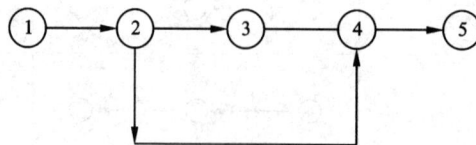

图3－10　出现双向箭头箭线和无箭头箭线错误的网络

⑥严禁出现没有箭头节点或没有箭尾节点的箭线，如图3－11所示。

⑦当网络图中不可避免出现箭线交叉时，可用过桥法或断线法表示，如图3－12所示。

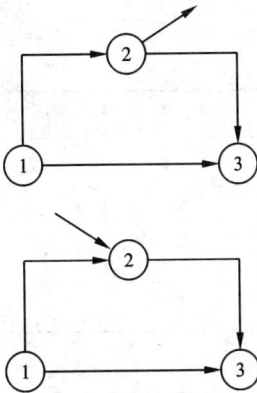

图 3-11 没有箭头节点的箭线和没有箭尾节点的箭线的错误网络图

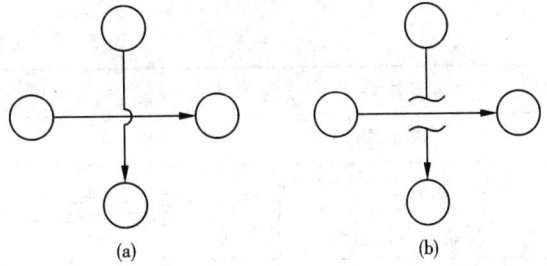

图 3-12 过桥法交叉与断线法交叉
(a)过桥法；(b)断线法

⑧当网络图的起点节点有多条外向箭线或终点节点有多条内向箭线时，为使图形简洁，可用母线法表示，如图 3-13 所示。

3. 双代号网络图绘制的方法和步骤

为使双代号网络图绘制简洁、美观，宜优先采用水平箭线和垂直箭线表示。在绘制之前，先确定出各个节点的位置号，再按节点位置及逻辑关系绘制网络图。

①制定整个工程的施工方案，确定施工顺序，并列出工作项目和相互关系。

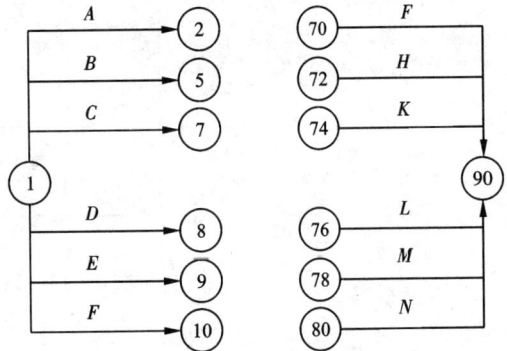

图 3-13 母线的表示方法

②确定各工作开始节点和结束节点的位置号：无紧前工作的工作，其开始节点的位置号为 0；有紧前工作的工作，其开始节点位置号等于其紧前工作开始节点位置号的最大值加 1。有紧后工作的工作，其结束节点位置号等于其紧后工作开始节点位置号的最小值；无紧后工作的工作，其结束节点位置号等于网络图中各个工作的结束节点位置号的最大值加 1。

③根据节点位置号和逻辑关系绘出网络图，并注意正确使用虚工作。

④检查各工作的顺序关系。

⑤调整整理，进行节点编号。

【例 3-1】 已知某计划中各工作之间逻辑关系如表 3-3 所示，试绘制双代号网络图。

表 3-3 工作逻辑关系表

工作	A	B	C	D	E	F	G
紧前工作	—	—	—	B	B	C, D	F
紧后工作	—	D, E	F	F	—	G	—

解: ①确定各工作开始节点和结束节点的位置号, 如表3-4所示。

表3-4　工作节点位置号

工作	A	B	C	D	E	F	G
紧前工作	—	—	—	B	B	C, D	F
紧后工作	—	D, E	F	F	—	G	—
开始节点位置号	0	0	0	1	1	2	3
结束节点位置号	4	1	2	2	4	3	4

②根据确定的工作节点的位置号, 绘制网络图, 如图3-14所示。

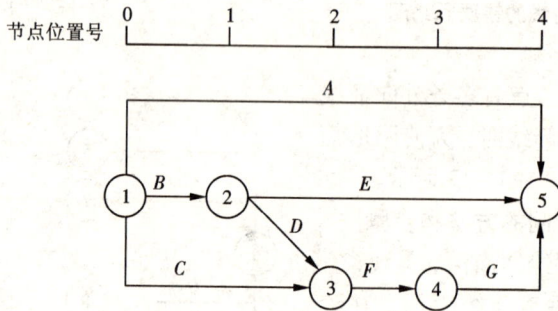

图3-14　例3-1网络图

3.2.3　双代号网络图时间参数的计算

在网络图上加注工作的时间参数编制而成的进度计划称为网络计划。用网络计划对工作进行安排和控制, 以保证实现预定目标的科学的计划管理技术称为网络计划技术。计算网络图时间参数的目的是找出关键线路, 便于在工作中抓住主要矛盾, 向关键线路要时间。计算非关键线路上的富余时间, 明确其存在多少机动时间, 从而向非关键线路要劳力、要资源; 确定总工期, 对工程进度做到心中有数。

1. 时间参数的内容与表示符号

网络图时间参数常用的有9个, 其内容及表示符号如下:

①ET_i——节点 i 的最早时间。

②LT_i——节点 i 的最迟时间。

③ES_{i-j}——工作的最早开始时间。

④EF_{i-j}——工作的最早完成时间。

⑤LS_{i-j}——工作的最迟开始时间。

⑥LF_{i-j}——工作的最迟完成时间。

⑦TF_{i-j}——工作的总时差。

⑧FF_{i-j}——工作的自由时差。

⑨$D_{i\to j}$——工作的持续时间。

网络图时间参数计算的方法有许多种，一般常用的有分析计算法、图上计算法、表上计算法、矩阵计算法和电算法等。本书仅对图上计算法加以介绍。

图上计算法是按照工作时间参数计算公式，直接在网络图上计算时间参数的方法。由于计算过程在图上直接进行，不需列计算公式，既快又不易出错，计算结果直接标注在网络图上，一目了然，同时也便于检查和修改，故而比较常用，但该方法一般适用于工作量较少的网络图。

采用图上计算法时，网络图时间参数的标注如图 3 - 15 所示。

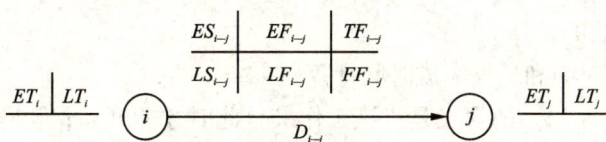

图 3 - 15　时间参数的标注方法

2. 图上计算法计算时间参数的步骤和方法

（1）节点最早时间的计算

节点最早时间是指双代号网络计划中，以该节点为开始节点的各项工作的最早开始时间。

节点最早时间(ET_i)应从网络计划的起点节点开始，顺着箭线方向，依次逐项计算，直至终点节点。方法是"沿线相加，逢圈取大"。

计算公式为：

1）起点节点的最早时间

$$ET_i = 0;\qquad\qquad (3-1)$$

2）其他节点的最早时间

$$ET_j = \max\{ET_i + D_{i\to j}\},\ (i < j)。\qquad\qquad (3-2)$$

（2）网络图工期的计算

1）计算工期的确定(T_c)

网络计划的计算工期，是指根据时间参数计算得到的工期，它应按下式计算：

$$T_c = ET_n\qquad\qquad (3-3)$$

式中：ET_n——终点节点 n 的最早时间。

2）计划工期的确定(T_p)

网络计划的计划工期，指按规定工期和计算工期确定的作为实施目标的工期。其计算应符合下述规定：

①当已规定了要求工期(T_r)时

$$T_p \leqslant T_r\qquad\qquad (3-4)$$

②当未规定工期时

$$T_p = T_c\qquad\qquad (3-5)$$

当计划工期确定后，标注在终点节点之右侧，并用方框框起来。

（3）节点最迟时间的计算

节点最迟时间指双代号网络计划中，以该节点为结束节点的各项工作最迟必须此时完成。其计算规则是：从网络图的终点节点 n 开始，逆着箭头方向逐步向前计算直至起点节点。方法是"逆线相减，逢圈取小"。

计算公式是：

1）终点节点 n 的最迟时间

$$LT_n = T_p \tag{3-6}$$

2）其他节点 i 的最迟时间

$$LT_i = \min\{LT_j - D_{i \to j}\} \qquad (i < j) \tag{3-7}$$

（4）工作时间参数的计算

1）工作最早开始时间和最早完成时间计算

工作最早开始时间 $ES_{i \to j}$ 的含义是指该工作最早此时才能开始；最早完成时间 $EF_{i \to j}$ 是指该工作最早此时才能完成。二者均受其开始节点 i 的最早时间控制，其计算式为：

$$\left. \begin{array}{l} ES_{i \to j} = ET_i \\ EF_{i \to j} = ES_{i \to j} + D_{i \to j} \end{array} \right\} \tag{3-8}$$

2）工作最迟完成时间和最迟开始时间的计算

工作最迟完成时间 $LF_{i \to j}$ 是指该工作最迟此时必须完成；最迟开始时间 $LS_{i \to j}$ 是指该工作最迟此时必须开始。二者均受其结束节点 j 的最迟时间限制，其计算式为：

$$\left. \begin{array}{l} LF_{i \to j} = LT_j \\ LS_{i \to j} = LF_{i \to j} - D_{i \to j} \end{array} \right\} \tag{3-9}$$

3）工作总时差的计算

工作总时差是指在不影响总工期的前提下，本工作可以利用的机动时间，计算式如下：

$$TF_{i \to j} = LT_j - ET_i - D_{i \to j} = LF_{i \to j} - EF_{i \to j} = LS_{i \to j} - ES_{i \to j} \tag{3-10}$$

4）工作自由时差的计算

工作自由时差是指在不影响其紧后工作最早开始时间的前提下，本工作可以利用的机动时间，其计算式为：

$$FF_{i \to j} = ET_j - ET_i - D_{i \to j} = ES_{j \to k} - ES_{i \to j} - D_{i \to j} = ES_{j \to k} - EF_{i \to j} \tag{3-11}$$

（5）关键工作及关键线路的确定

1）关键工作的确定

关键工作是指网络计划中总时差最小的工作。当计划工期与计算工期相等时，最小值为0；当计划工期大于计算工期时，最小值为正；当计划工期小于计算工期时，最小值为负。

2）关键线路的确定

关键线路是指自始至终全部由关键工作组成的线路，或线路上总的工作持续时间最长的线路。

在双代号网络计划中，将关键工作自左向右依次首尾相连而形成的线路就是关键线路。

3）关键工作和关键线路的标注

关键工作和关键线路在网络图上应当用粗线、或双线、或彩色线标注其箭线。

【例 3-2】 根据图 3-1（b）所示的网络图，计算网络图节点的时间参数及工作的时间参数，确定网络图计划工期，用粗线标出关键线路。

解：（1）计算节点最早时间

1）起点节点 $ET_1 = 0$

2）其余节点

其余节点的最早时间，可由公式（3-2）得到，计算如下：

$$ET_2 = ET_1 + D_{1-2} = 0 + 2 = 2$$

$$ET_3 = ET_2 + D_{2-3} = 2 + 4 = 6$$

$$ET_4 = \max\left\{{ET_2 + D_{2-4} \atop ET_3 + D_{3-4}}\right\} = \max\left\{{2+3 \atop 6+0}\right\} = 6$$

$$ET_5 = \max\left\{{ET_3 + D_{3-5} \atop ET_4 + D_{4-5}}\right\} = \max\left\{{6+3 \atop 6+6}\right\} = 12$$

$$ET_6 = ET_5 + D_{5-6} = 12 + 5 = 17$$

（2）确定工期

1）确定计算工期

由于该网络计划未规定工期，所以根据式（3-3）可得该网络计划的计算工期为：

$$T_c = ET_6 = 17$$

2）确定计划工期

由式（3-5）可得：

$$T_p = T_c = 17$$

（3）节点最迟时间的计算

1）终点节点

终点节点的最迟时间，可由式（3-6）得到，计算如下：

$$LT_6 = T_p = 17$$

2）其余节点

其余节点的最迟时间，可由式（3-7）得到，计算如下：

$$LT_5 = LT_6 - D_{5-6} = 17 - 5 = 12$$

$$LT_4 = LT_5 - D_{4-5} = 12 - 6 = 6$$

$$LT_3 = \min\left\{{LT_4 - D_{3-4} \atop LT_5 - D_{4-5}}\right\} = \left\{{6-0 \atop 12-6}\right\} = 6$$

同理，可计算出 $LT_2 = 2$，$LT_1 = 0$。

（4）计算工作时间参数

1）计算工作最早开始时间和最早完成时间

工作最早开始时间和最早完成时间的计算，可由式（3-8）得到，计算如下：

$$ES_{1-2} = ET_1 = 0 \qquad EF_{1-2} = ES_{1-2} + D_{1-2} = 0 + 2 = 2$$

$$ES_{2-3} = ET_2 = 2 \qquad EF_{2-3} = ES_{2-3} + D_{2-3} = 2 + 4 = 6$$

同理，可计算出其余工作的最早开始时间和最早完成时间，如图 3-16 所示。

2）计算工作最迟完成时间和最迟开始时间

工作最迟完成时间和最迟开始时间的计算，可由式（3-9）得到，计算如下：

$$LF_{1-2} = LT_2 = 2 \qquad LS_{1-2} = LF_{1-2} - D_{1-2} = 2 - 2 = 0$$

$$LF_{2-3} = LT_3 = 6 \qquad LS_{2-3} = LF_{2-3} - D_{2-3} = 6 - 4 = 2$$

同理，可计算出其余工作的最迟完成时间和最迟开始时间，如图 3-16 所示。

3)计算工作总时差

工作总时差的计算,可由式(3-10)得到,计算如下:

$$TF_{1-2} = LT_2 - ET_1 - D_{1-2} = LF_{1-2} - EF_{1-2} = LS_{1-2} - ES_{1-2}$$
$$= 2 - 0 - 2 = 2 - 2 = 0 - 0 = 0$$

$$TF_{2-3} = LT_3 - ET_2 - D_{2-3} = LF_{2-3} - EF_{2-3} = LS_{2-3} - ES_{2-3}$$
$$= 6 - 2 - 4 = 6 - 6 = 2 - 2 = 0$$

同理,可计算出其余工作的总时差,如图3-16所示。

4)计算工作自由时差

工作自由时差的计算,可由式(3-11)得到,计算如下:

$$FF_{1-2} = ET_2 - ET_1 - D_{1-2} = 2 - 0 - 2 = 0$$

$$FF_{2-3} = ET_3 - ET_2 - D_{2-3} = 6 - 2 - 4 = 0$$

同理,可计算出其余工作的自由时差,如图3-16所示。

(5)确定关键工作和关键线路

根据关键工作的定义,图3-16中的最小总时差为零,故关键工作为1—2,2—3,3—4,4—5,5—6,共5项。

将关键工作自左而右依次首尾相连而形成的线路就是关键线路。因此,图3-16的关键线路是1—2—3—4—5—6。

按照网络图时间参数标注的规定,将上述计算结果标注在网络图上,如图3-16所示。

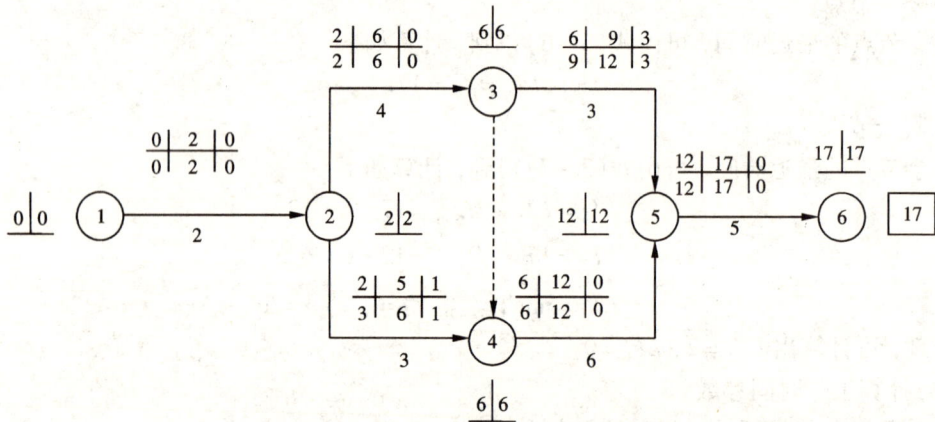

图3-16　双代号网络图时间参数计算示例

3.3　单代号网络计划

在双代号网络计划中,为了正确地表达网络计划中各项工作(活动)间的逻辑关系,而引入了虚工作这一概念,通过绘制和计算可以看到增加虚工作是相当麻烦的事,不仅增加了计算量,也使图形复杂化。因此,人们在使用双代号网络的同时,又设想了第二种网络计划图即单代号网络图,从而解决了双代号网络图的上述缺点。

　　单代号网络图与双代号网络图相比,具有绘图简便、逻辑关系明确、易于修改等优点。因而在国内外日益受到普遍重视,其应用范围和表达功能也在不断发展和扩大。

　　既然单代号网络图比双代号网络图优越,人们为什么还要继续使用双代号网络图? 原因是人们首先接受和采用的是双代号网络图,其推广时间较长,这是原因之一;另一个主要原因是双代号网络图表示工程进度比用单代号网络图更为形象,特别是在应用带时间坐标的网络图中。

3.3.1　单代号网络图的表示方法

　　单代号网络图是用一个圆圈或方框代表一项工作,将工作代号、工作名称和完成工作所需要的时间写在圆圈或方框里面,箭线仅用来表示工作之间的顺序关系。

　　由于是一个号码表示一项工作,故称为单代号表示法,如图 3 - 2(a)所示。用单代号表示法把一项计划中所有工作按先后顺序和其相互之间的逻辑关系,从左至右绘制而成的图形,称为单代号网络图,如图 3 - 2(b)所示。用这种网络图表示的计划称为单代号网络计划。

3.3.2　单代号网络图的绘制

　　单代号网络图和双代号网络图所表达的计划内容是一致的,两者的区别仅在于绘图的符号不同。单代号网络图中箭线的含义是表示逻辑关系,节点表示一项工作;而双代号网络图中箭线表示的是一项工作,节点表示联系。在双代号网络图中可能会出现较多的虚工作,而单代号网络图没有虚工作。

　　1. 单代号网络图的绘制规则

　　①必须按照已定的逻辑关系绘制(常见的各种逻辑关系的表示方法如表 3 - 2 所示)。

　　②不允许出现循环回路。

　　③不允许出现有重复编号的工作,一个编号只能代表一项工作(编号原则及方法同双代号网络图)。

　　④严禁在网络图中出现没有箭尾节点的箭线或没有箭头节点的箭线。

　　⑤绘制网络图时,应尽量避免箭线交叉。当交叉不可避免时,可采用过桥法、断线法等方法表示。

　　⑥网络图中有多项开始工作或多项结束工作时,应在网络图的两端分别设置一项虚拟的工作作为该网络图的起点节点及终点节点,如图 3 - 17 所示。

　　2. 单代号网络图的绘制

　　①制定整个工程的施工方案,确定施工顺序,并列出工作项目和相互关系。

　　②首先绘制出无紧前工作的工作。

　　③根据所给定的紧前、紧后工作关系,从左向右逐个绘制其他工作。

　　④检查各工作的顺序关系。

　　⑤调整整理,并进行节点编号。

　　【例 3 - 3】　已知某计划(或工程)中工作逻辑关系如表 3 - 5 所示,试绘制单代号网络图。

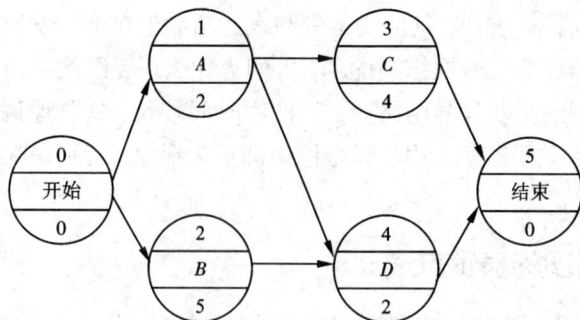

图3-17 单代号网络图

表3-5 工作逻辑关系表

工 作	A	B	C	D	E	G	H
紧前工作	—	A	A	B	A, B	C, D, E	D, G
紧后工作	B, E, C	D, E	G	G, H	G	H	—

解：①首先绘制出无紧前工作的工作 A。

②根据所给定的紧前、紧后工作关系，从左向右逐个绘制其他工作。

③检查工作关系、整理、编号，如图3-18所示。

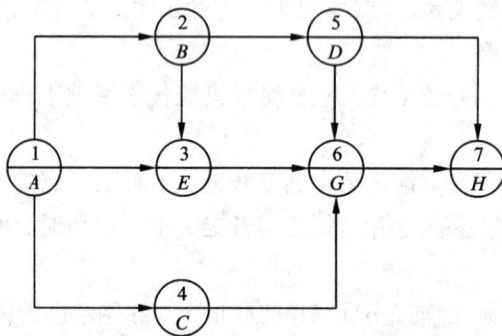

图3-18 例3-3单代号网络图

3.3.3 单代号网络图时间参数的计算

单代号网络图时间参数的计算方法和原理同双代号相似，只是表现形式和参数符号不同。其计算步骤如下所述。

1. 计算工作最早开始时间和最早完成时间

工作最早开始时间和最早完成时间的计算应从网络计划的起点节点开始，顺着箭线方向按工作编号从小到大的顺序逐个计算。

①起点节点的最早开始时间如无规定，其值应等于零。如起点节点编号为"1"，则：

$$ES_i = 0 \, (i = 1)$$

②其他工作（或节点）的最早开始时间为：

$$ES_j = \max\{ES_i + D_i\} = \max\{EF_i\} \, (i < j) \qquad (3-12)$$

式中：ES_i——工作 j 的紧前工作 i 的最早开始时间；

　　　D_i——工作 i 的持续时间。

③计算工作最早完成时间：

$$EF_i = ES_i + D_i \qquad (3-13)$$

式中：EF_i——工作 i 的最早完成时间。

2. 确定网络图工期

①计算工期的确定：

$$T_c = EF_n \qquad (3-14)$$

式中：EF_n——终点节点 n 的最早完成时间。

②计划工期的确定单代号网络图计划工期的确定，与双代号相同。

3. 计算相邻工作之间的时间间隔

工作之间的时间间隔是指相邻两项工作 i、j 之间，紧前工作 i 的最早完成时间 EF_i 与其紧后工作 j 的最早开始时间 ES_j 之差，用 $LAG_{i,j}$ 表示。计算公式如下：

$$LAG_{i,j} = ES_j - EF_i \qquad (3-15)$$

终点节点与其前项工作的时间间隔为：

$$LAG_{i,n} - T_p - EF_i \qquad (3-16)$$

4. 计算工作最迟完成时间与最迟开始时间

工作最迟完成时间与最迟开始时间的计算，应从网络计划的终点节点开始，逆着箭线方向按工作编号从大到小的顺序依次逐项计算。

（1）工作最迟完成时间的计算

终点节点 n 的最迟完成时间：

$$LF_n = T_p \qquad (3-17)$$

其余节点的最迟完成时间：

$$LF_i = \min\{LF_j - D_j\} = \min\{LS_j\} \, (j \text{ 为 } i \text{ 的紧后工作}) \qquad (3-18)$$

（2）工作最迟开始时间的计算

$$LS_i = LF_i - D_i \qquad (3-19)$$

5. 计算工作自由时差

$$FF_i = \min\{ES_j - EF_i\} = \min\{LAG_{i,j}\} \, (j \text{ 为 } i \text{ 的紧后工作}) \qquad (3-20)$$

6. 计算工作总时差

$$TF_i = LS_i - ES_i = LF_i - EF_i \qquad (3-21)$$

7. 确定关键工作及关键线路

单代号网络计划关键工作的确定方法与双代号相同，即总时差最小的工作为关键工作。

单代号网络计划的关键线路，是指从起点节点开始到终点节点均为关键工作，且所有工作的间隔时间均为零的线路。其标注方法同双代号。

8. 单代号网络图时间参数的标注方法

单代号网络图时间参数的标注方法，如图 3 – 19 所示。

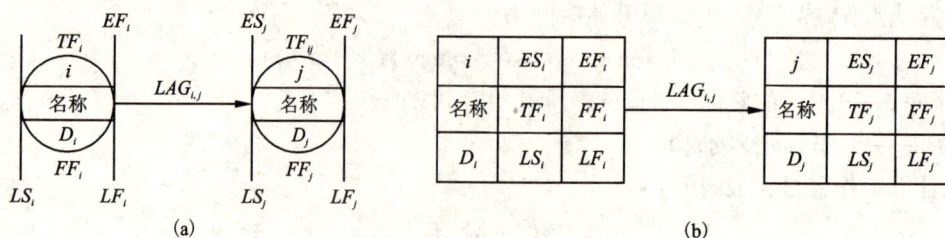

图 3 – 19　单代号网络图时间参数的标注方法

(a) 节点标注法；(b) 列表标注法

【例 3 – 4】　根据图 3 – 17 所示的单代号网络图，计算网络图各工作的时间参数，确定网络图计划工期，并用粗线标出关键线路。

解：(1) 计算工作最早开始时间与最早完成时间

$$ES_0 = 0$$

$$EF_0 = ES_0 + D_0 = 0 + 0 = 0$$

$$ES_1 = ES_2 = EF_0 = 0$$

$$EF_1 = ES_1 + D_1 = 0 + 2 = 2$$

$$EF_2 = ES_2 + D_2 = 0 + 5 = 5$$

$$ES_3 = EF_1 = 2$$

$$EF_3 = ES_3 + D_3 = 2 + 4 = 6$$

$$ES_4 = \max\{EF_1, EF_2\} = \max\{2, 5\} = 5$$

$$EF_4 = ES_4 + D_4 = 5 + 2 = 7$$

$$ES_5 = \max\{EF_3, EF_4\} = \max\{6, 7\} = 7$$

$$EF_5 = ES_5 + D_5 = 7 + 0 = 7$$

(2) 工期计算

$$T_c = EF_5 = 7$$

由于未规定工期，所以 $T_p = T_c = 7$。

(3) 计算工作之间的时间间隔

根据式 (3 – 15) 和式 (3 – 16) 可计算出工作之间的时间间隔，计算结果如下：

$$LAG_{0,1} = ES_1 - EF_0 = 0 - 0 = 0$$

$$LAG_{0,2} = ES_2 - EF_0 = 0 - 0 = 0$$

同理，$LAG_{1,3} = 0$，$LAG_{1,4} = 3$，$LAG_{3,5} = 1$，$LAG_{4,5} = 0$。

(4) 计算工作的最迟完成时间与最迟开始时间

$$LF_5 = T_p = 7$$

$$LS_5 = LF_5 - D_5 = 7 - 0 = 7$$

$$LF_4 = LF_3 = LS_5 = 7$$

$$LS_4 = LF_4 - D_4 = 7 - 2 = 5$$

$$LS_3 = LF_3 - D_3 = 7 - 4 = 3$$

$$LF_2 = LS_4 = 5$$

$$LS_2 = LF_2 - D_2 = 5 - 5 = 0$$

$$LF_1 = \min\{LS_3, LS_4\} = \min\{3, 5\} = 3$$

$$LS_1 = LF_1 - D_1 = 3 - 2 = 1$$

$$LF_0 = \min\{LS_1, LS_2\} = \min\{1, 0\} = 0$$

$$LS_0 = LF_0 - D_0 = 0 - 0 = 0$$

（5）计算工作自由时差

根据式（3-20）可计算出工作的自由时差，计算结果如下：

$$FF_0 = \min\{LAG_{0,1}, LAG_{0,2}\} = \min\{0, 0\} = 0$$

$$FF_1 = \min\{LAG_{1,3}, LAG_{1,4}\} = \min\{0, 3\} = 0$$

同理，$FF_2 = 0$，$FF_3 = 1$，$FF_4 = 0$，$FF_5 = 0$。

（6）计算工作总时差

根据式（3-21）可计算出工作的总时差，计算结果如下：

$$TF_0 = LS_0 - ES_0 = LF_0 - EF_0 = 0 - 0 = 0$$

$$TF_1 = LS_1 - ES_1 = LF_1 - EF_1 = 1 - 0 = 3 - 2 = 1$$

同理，$TF_2 = 0$，$TF_3 = 1$，$TF_4 = 0$，$TF_5 = 0$。

（7）确定关键工作及关键线路

根据关键工作的定义，本例中的关键工作为 B、D 工作。

将计算出的 6 个主要时间参数及相邻工作之间的时间间隔，按图 3-19 所示图例标注在网络图上，并用粗线标注出关键线路，如图 3-20 所示。

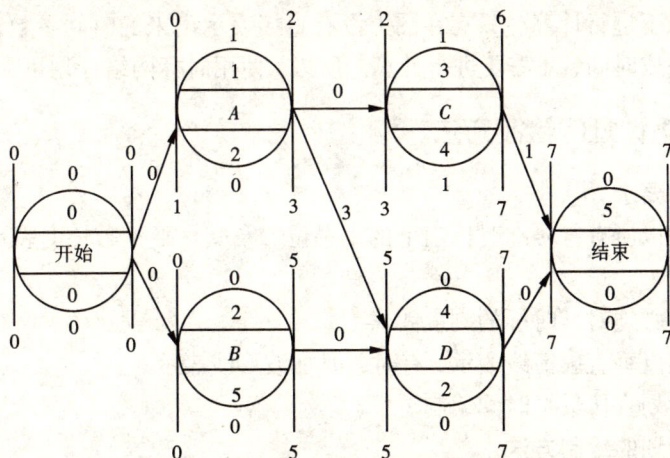

图 3-20　单代号网络图时间参数计算

3.4　双代号时标网络计划

3.4.1　双代号时标网络计划的概念

1. 时标网络计划的含义

时标网络计划是以时间坐标为尺度编制的网络计划，是双代号时标网络计划的简称，如图 3-3 所示。

时标网络计划是绘制在时标计划表上的。时标的时间单位应根据需要，在编制时标网络计划之前确定，可以是小时、天、周、旬、月或季等。时间可标注在时标计划表顶部，也可以标注在底部，必要时还可以在顶部和底部同时标注。时标的长度单位必须注明。必要时可在顶部时标之上或底部时标之下加注日历的对应时间。时标计划表中部的刻度线宜用细线。为使图面清晰，该刻度线可以少画或不画。

2. 时标网络计划的基本符号

时标网络计划的工作，以实箭线表示，自由时差以波形线表示，虚工作以虚箭线表示。当实箭线之后有波形线且其末端有垂直部分时，其垂直部分用实线绘制；当虚箭线有时差且其末端有垂直部分时，其垂直部分用虚线绘制。

3. 时标网络计划的特点

时标网络计划与无时标网络计划相比，有以下特点：

①主要时间参数一目了然，具有横道计划的优点，故使用方便。

②由于箭线的长短受时标的制约，故绘图比较麻烦，修改网络计划的工作持续时间时必须重新绘图。

③绘图时可以不进行计算。只有在图上没有直接表示出来的时间参数，如总时差、最迟开始时间和最迟完成时间，才需要进行计算。所以，使用时标网络计划可大大节省计算量。

3.4.2　时标网络计划的绘制方法

1. 绘图的基本要求

①时间长度是以所有符号在时标表上的水平位置及其水平投影长度表示的，与其所代表的时间值相对应。

②节点的中心必须对准时标的刻度线。

③虚工作必须以垂直虚箭线表示，有时差时加波形线表示。

④时标网络计划宜按最早时间编制。

2. 时标网络计划的绘制方法

时标网络计划的绘制方法，有间接绘制法、直接绘制法两种。

（1）间接绘制法

间接绘制法是首先绘制出无时标的网络计划，确定关键线路，再绘制时标网络计划。绘制时先绘出关键线路，再绘制非关键工作，某些工作的箭线长度不足以到达该工作的完成节点时，用波形线补足，箭头画在波形线与节点连接处。

【**例 3 - 5**】　已知某计划的有关资料如表 3 - 6 所示，试用间接法绘制时标网络计划。

表 3 - 6　例 3 - 5 的网络计划资料

工作	A	B	C	D	E	F	G	H
持续时间	2	5	3	2	6	4	4	2
紧前工作			A	A	B、C	B、C	D、E	D、E、F
紧后工作	C、D	E、F	E、F	G、H	G、H	H		

解：第 1 步：绘制无时标的网络图，并确定关键线路。

根据所给网络计划各工作之间的逻辑关系绘制无时标的网络图，如图 3 - 21 所示，其中粗线为关键线路。

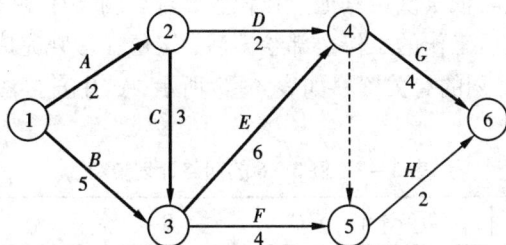

图 3 - 21　例 3 - 5 的无时标的网络图

第 2 步：按时间坐标绘出关键线路，如图 3 - 22 所示。

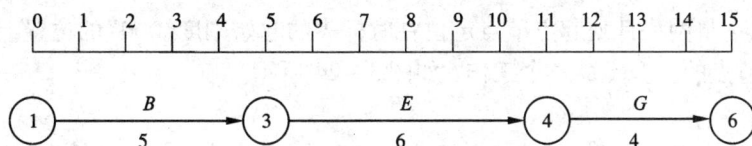

图 3 - 22　画出时标网络图的关键线路

第 3 步：画出非关键工作，如图 3 - 23 所示。

(2)直接绘制法

直接绘制法不需绘出无时标网络计划，而是直接绘制时标网络计划的方法。绘制步骤如下：

①将起点节点定位在时标表的起始刻度线上。

②按工作持续时间，在时标表上绘制出以网络计划起点节点为开始节点的工作的箭线。

③其他工作的开始节点必须在该工作的全部紧前工作都绘出后，定位在这些紧前工作中最晚完成的时间刻度上。某些工作的箭线长度不足以达到该节点时，用波形线补足，箭头画在波形线与节点连接处。

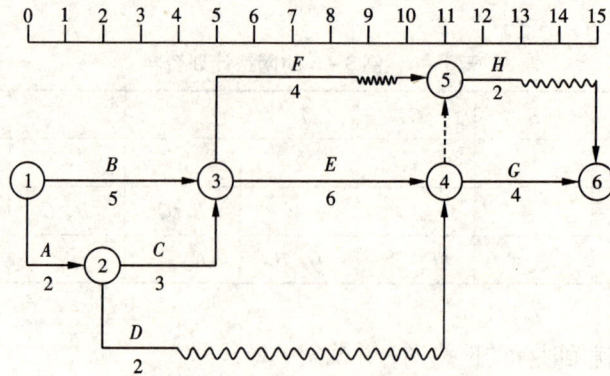

图 3－23　例 3－5 的时标的网络图

④用上述方法自左至右依次确定其他节点位置，直至网络计划终点节点定位绘完。网络计划的终点节点是在无紧后工作的工作全部绘出后，定位在最晚完成的时间刻度上。

【例 3－6】　已知某计划的有关资料如表 3－7 所示，试用直接法绘制时标网络计划。

表 3－7　例 3－6 的网络计划资料

工作	A	B	C	D	E	G	H
持续时间	9	4	2	5	6	4	5
紧前工作				B	B、C	D	D、E
紧后工作		D、F	E	G、H	H		

解：第 1 步：将网络计划起点节点定位在时标表的起始刻度线"0"的位置上，并画出以起点节点为开始节点的 A、B、C 三个工作，如图 3－24 所示。

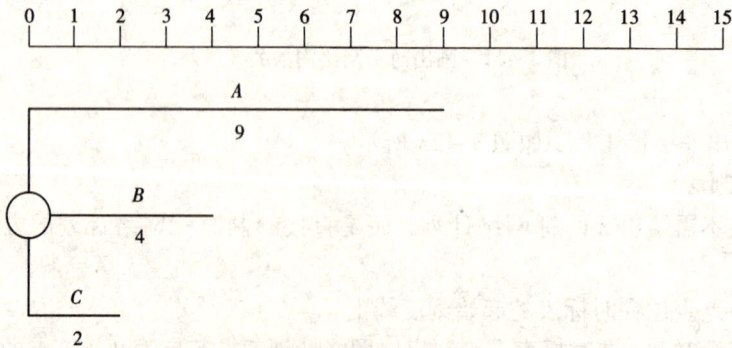

图 3－24　直接绘制法第一步

第 2 步：画出工作 D、E，如图 3－25。

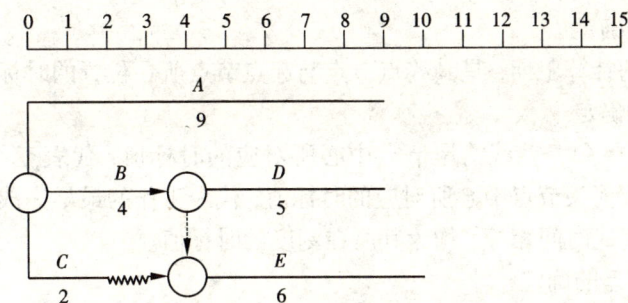

图 3-25　直接绘制法第二步

第 3 步：画出工作 G、H ，如图 3-26。

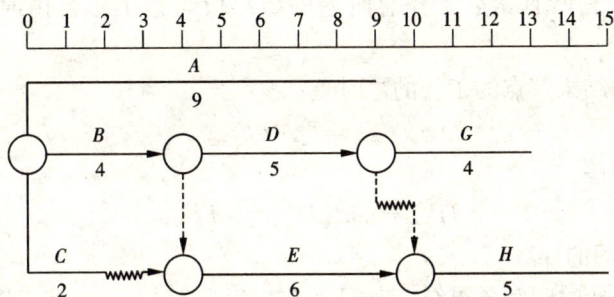

图 3-26　直接绘制法第三步

第 4 步：画出网络计划的终点节点，进行节点编号，并用粗线标出关键线路，如图 3-27。

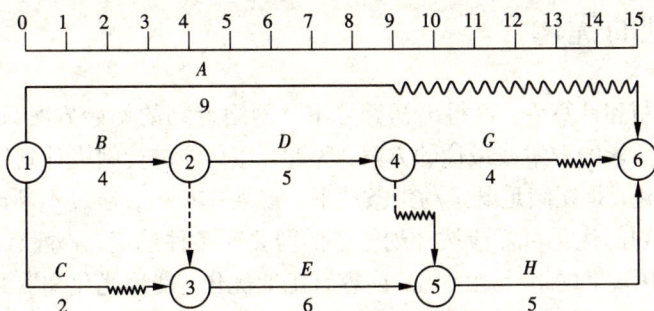

图 3-27　直接绘制法第四步

3.4.3　时标网络计划关键线路和时间参数的确定

1. 关键线路的确定

自终点节点至起点节点逆箭线方向朝起点观察，自始至终不出现波形线的线路，为关键线路。

2. 时间参数的确定

（1）计算工期的确定

时标网络计划的计算工期，是其终点节点与起点节点所在位置的时标值之差。

（2）最早时间的确定

时标网络计划中，每条箭线箭尾节点中心所对应的时标值，代表工作的最早开始时间；箭线实线部分右端或箭头节点中心所对应的时标值，代表工作的最早完成时间。虚箭线的最早开始时间和最早完成时间相等，均为其所在刻度的时标值。

（3）工作自由时差的确定

时标网络计划中，工作自由时差值等于其波形线在坐标轴上水平投影的长度。

（4）工作总时差的计算

时标网络计划中，工作总时差应自右而左进行逐个计算。一项工作只有其紧后工作的总时差全部计算出以后才能计算出其总时差。

工作总时差等于其所有紧后工作总时差的最小值与本工作自由时差之和。其计算公式是：

以终点节点 n 为结束节点的工作的总时差：

$$TF_{i-n} = T_p - EF_{i-n} \qquad\qquad (3-22)$$

其他工作的总时差：

$$TF_{i-j} = \min\{TF_{j-k}\} + FF_{i-j} \qquad\qquad (3-23)$$

（5）工作最迟时间的计算

由于已知最早开始时间和最早结束时间，又知道了总时差，故其工作最迟时间可用以下公式进行计算：

$$LS_{i-j} = ES_{i-j} + TF_{i-j} \qquad\qquad (3-24)$$

$$LF_{i-j} = EF_{i-j} + TF_{i-j} \qquad\qquad (3-25)$$

3.5　网络计划的优化

网络计划经绘制和计算后，可得出初始方案。网络计划的初始方案只是一种可行方案，不一定是合乎规定要求的方案或最优的方案，为此，还必须进行网络计划的优化。

网络计划的优化，是在满足既定约束条件下，按某一目标，通过不断改进网络计划寻求满意方案。网络计划的优化目标应按计划任务的需要和条件选定，一般有工期目标、费用目标和资源目标等。因此，网络计划优化的内容有工期优化、费用优化和资源优化。

3.5.1　工期优化

工期优化是压缩计算工期，以达到要求的工期目标，或在一定约束条件下使工期最短的过程。

工期优化一般通过压缩关键工作的持续时间来达到优化目标。在优化过程中，要注意不能将关键工作压缩成非关键工作。但关键工作可以不经压缩而变成非关键工作。当在优化过程中出现多条关键线路时，必须将各条关键线路的持续时间压缩成同一数值，否则不能有效地将工期缩短。

1. 选择应缩短持续时间的关键工作时，应考虑的因素

①缩短持续时间对质量影响不大的工作。

②有充分备用资源的工作。

③缩短持续时间所需增加的费用最少的工作。

2. 工期优化的步骤

①计算并找出网络计划的计算工期、关键线路及关键工作。

②按要求工期计算应缩短的持续时间 ΔT：

$$\Delta T = T_c - T_r \tag{3-26}$$

式中：T_c——计算工期；

T_r——要求工期。

③将应优先缩短的关键工作压缩至最短持续时间，并找出关键线路。若被压缩的工作变成了非关键工作，则应将其持续时间延长，使之仍为关键工作。

④若计算工期仍超过要求工期，则重复以上步骤，直到满足工期要求或工期已不能再缩短为止。

⑤当所有关键工作或部分关键工作已达最短持续时间而寻求不到继续压缩工期的方案，但工期仍不能满足要求时，应对计划的原技术、组织方案进行调整，或对要求工期重新审定。

【例3-7】 已知某网络计划如图3-28所示，图中箭线下方括号外为正常持续时间，括号内为最短持续时间。箭线上方括号内为优选系数，优选系数愈小愈应优先选择；若同时缩短多个关键工作，则该多个关键工作的优选系数之和（称为组合优选系数）最小者亦应优先选择。假定要求工期为15天，试对其进行工期优化。

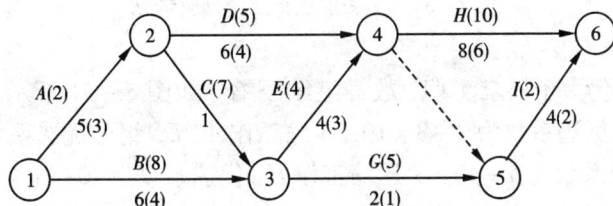

图3-28 例3-7的网络计划

解：①确定关键线路及计算工期，如图3-29所示。

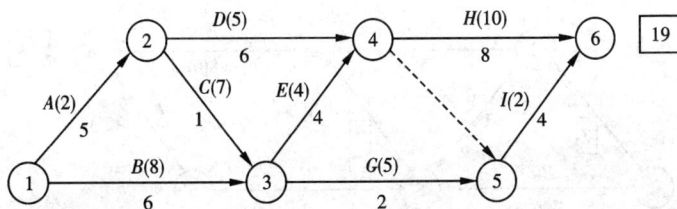

图3-29 初始网络计划

②确定应缩短时间：

$$\Delta T = T_c - T_r = 19 - 15 = 4 \text{ 天}$$

③应优先缩短的工作为优先选择系数最小的工作 A。

④将优先缩短的关键工作 A 压缩至最短持续时间 3 天，重新确定关键线路，如图 3 - 30 所示。此时关键工作 A 压缩后变成了非关键工作，故须将其松弛，使之仍成为关键工作，现将其松弛至 4 天，找出关键线路如图 3 - 31 所示，此时 A 成了关键工作。图 3 - 31 中有两条关键线路，即 ADH、BEH。此时计算工期 $T_c = 18$ 天，$\Delta T_1 = 18 - 15 = 3$ 天，如图 3 - 31 所示。

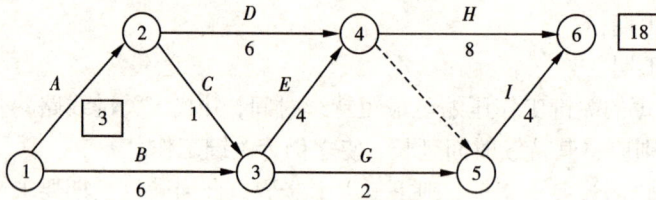

图 3 - 30　将工作 A 缩短至极限工期

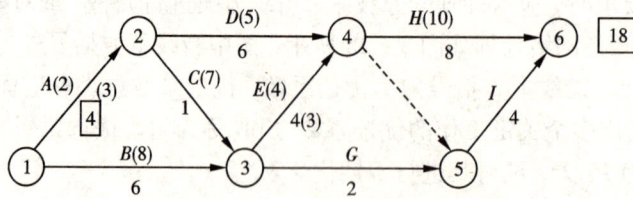

图 3 - 31　第一次压缩后的网络计划

⑤由于计算工期仍大于要求工期，故需继续压缩。如图 3 - 31 所示，有 5 个压缩方案：压缩工作 A、B，组合优选系数为 $2 + 8 = 10$；压缩工作 A、E，组合优选系数为 $2 + 4 = 6$；压缩工作 D、E，组合优选系数为 $5 + 4 = 9$；压缩工作 H，优选系数为 10；压缩工作 B、D，组合优选系数为 $8 + 5 = 13$。决定压缩优选系数最小者，即压缩工作 A、E。这两项工作都压缩至最短持续时间 3 天，即各压缩 1 天。找出关键线路，如图 3 - 32 所示。此时关键线路仍是两条，即：ADH 和 BEH。此时计算工期 $T_c = 17$ 天，$\triangle T_1 = 17 - 15 = 2$ 天。由于工作 A、E 已达到最短持续时间，不能再压缩，可假定它们的优选系数为无穷大。

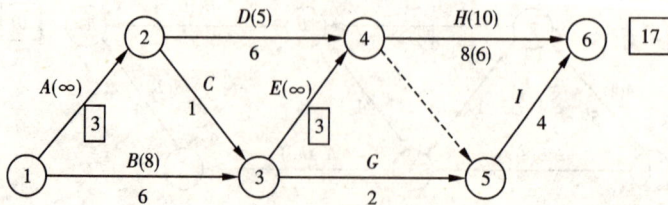

图 3 - 32　第二次压缩后的网络计划

⑥由于计算工期仍大于要求工期，故需继续压缩。前述的 5 个压缩方案中前 3 个方案的优选系数都已变为无穷大，现还剩两个方案：一是压缩工作 H，优选系数为 10；二是压缩工作 B、D，优选系数为 13。现取压缩工作 H 的方案，将工作 H 压缩 2 天，持续时间变为 6 天。得出计算工期 $T_c = 15$ 天，等于要求的工期方案，如图 3 – 33 所示。

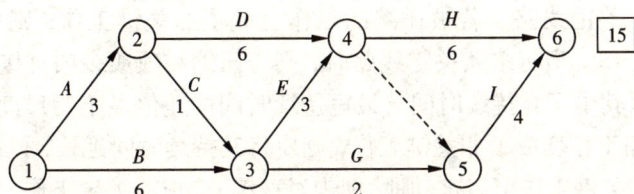

图 3 – 33　优化的网络计划

3.5.2　费用优化

费用优化又叫"时间—成本优化"，是寻求最低成本时的最短工期安排，或按要求工期寻求最低成本的计划安排过程。

1. 时间—成本的关系

工程的总成本由直接费用和间接费用组成。直接费用是随工期的缩短而增加的费用；间接费用是随工期的缩短而减少的费用。由于直接费用随工期缩短而增加，间接费用随工期缩短而减少，故必定有一个总费用最小的工期。这便是费用优化所要寻求的目标。上述关系可由图 3 – 34 所示的工期费用曲线表示出。

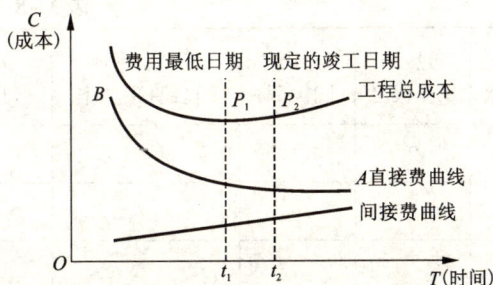

图 3 – 34　工期费用曲线

2. 费用优化的方法及步骤

①计算工程总直接费用。工程总直接费用等于组成该工程的全部工作的直接费用之和，用 $\sum C_{i-j}^D$ 表示。

②计算各工作直接费用增加率。工作直接费用增加率简称直接费率，是指缩短工作持续时间每一时间单位所增加的直接费用。工作 $i—j$ 的直接费率用 a_{i-j}^D 表示。

$$a_{i-j}^D = \frac{C_{i-j}^C - C_{i-j}^N}{D_{i-j}^N - D_{i-j}^C} \qquad (3-27)$$

式中：D_{i-j}^N——工作 $i—j$ 的正常持续时间，即在合理的组织条件下，完成该工作所需的时间；

$\quad D_{i-j}^C$——工作 $i—j$ 的最短持续时间，即不可能进一步缩短的工作持续时间；

$\quad C_{i-j}^N$——工作 $i—j$ 的正常持续时间直接费，即按正常持续时间完成该工作的直接费；

$\quad C_{i-j}^C$——工作 $i—j$ 的最短持续时间直接费，即按最短持续时间完成该工作的直接费。

③找出网络计划的关键线路，并求出计算工期。

④算出计算工期为 T_c 的网络计划的总费用（C_t^T）：

$$C_t^T = \sum C_{i-j}^D + a^{ID} \cdot t\,(\text{时间}) \qquad (3-28)$$

式中：$\sum C_{i-j}^D$——计算工期为 T_c 的网络计划的总费用；

a^{ID}——工程间接费率，即缩短或延长工期每一单位时间所需减少或增加的费用。

⑤压缩工作的持续时间。当只有一条关键线路时，将直接费率最小的一项工作压缩至最短持续时间，并找出关键线路。若被压缩的工作变成了非关键工作，则应将其持续时间延长，使之仍为关键工作。当有多条关键线路时，则需压缩一项或多项直接费率或组合直接费率最小的工作，并以其中正常持续时间与最短持续时间的差值最小为尺度进行压缩，并找出关键线路。若被压缩工作变成了非关键工作，则应将其持续时间延长，使之成为关键工作。

在压缩过程中，关键工作可以被动地（即未经压缩）变成非关键工作，关键线路也可以因此而变成非关键线路。

在确定了压缩方案以后，必须检查被压缩的工作的直接费率或组合直接费率是否等于、小于或大于间接费率；如等于间接费率，则已得到优化方案；如小于间接费率，则需继续按上述方法进行压缩；如大于间接效率，则在此前一次的小于间接费率的方案即为优。

⑥列出优化表（如表3-8所示）。

表3-8 优化表

缩短次数	被压缩工作代号	被压缩工作名称	直接费率或组合直接费率	费率差（正或负）	缩短时间	费用变化（正或负）	工期	优化点
①	②	③	④	⑤	⑥	⑦=⑤×⑥	⑧	⑨
					费用变化合计			

注：费率差＝直接费率或组合直接费率－间接费率；费用变化合计只计负值。

⑦计算优化后的总费用。优化后的总费用＝初始网络计划的总费用－费用变化合计的绝对值。或按公式（3-28）计算优化后网络计划的总费用。

⑧绘出优化网络计划，并在箭线上方注明直接费用，箭线下方注明持续时间。

【例3-8】 已知网络计划如图3-35所示，图中箭线下方括号外数字为正常持续时间，括号内为最短持续时间。箭线上方方括号外数字为正常直接费用，括号内为最短时间直接费用。间接费率为0.8千元/天，试对该计划进行费用优化。

解：（1）计算工程总直接费用

$$C^{TD} = 3 + 5 + 1.5 + 1.7 + 4 + 4 + 1 + 3.5 + 2.5 = 26.2\,(\text{千元})$$

（2）计算各工作的直接费率

$$a_{1-2}^D = \frac{C_{1-2}^C - C_{1-2}^N}{D_{1-2}^N - D_{1-2}^C} = \frac{3.4 - 3}{4 - 2} = 0.2\,(\text{千元/天})$$

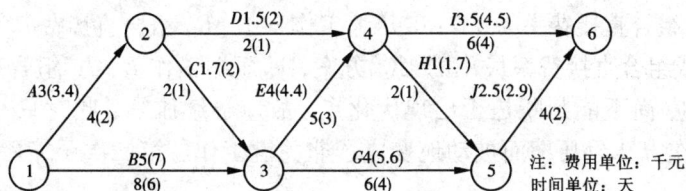

图 3 - 35　例 3 - 8 的网络计划

同理计算出其余工作的直接费率如下：

$a_{1-3}^D = 1$ 千元/天、$a_{2-3}^D = 0.3$ 千元/天、$a_{2-4}^D = 0.5$ 千元/天、$a_{3-4}^D = 0.2$ 千元/天、$a_{3-5}^D = 0.8$ 千元/天、$a_{4-5}^D = 0.7$ 千元/天、$a_{4-6}^D = 0.5$ 千元/天、$a_{5-6}^D = 0.2$ 千元/天。

（3）找出网络计划的关键线路并求出计算工期

如图 3 - 36 所示，计算工期为 19 天。图中箭线上方括号内为直接费率。

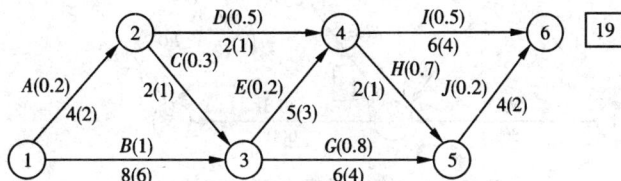

图 3 - 36　初始网络计划

（4）计算工程总费用

$$C_{19}^T = 26.2 + 0.8 \times 19 = 41.4（千元）$$

（5）进行压缩

1）进行第一次压缩

有两条关键线路 BEI 和 BEHJ，直接费率最低的关键工作是 E 工作，其直接费率为 0.2，小于间接费率 0.8。尚不能判断是否出现优化点，故需将其压缩。现将工作 E 压缩至最短持续时间 3 天，找出关键线路，如图 3 - 37 所示。由于工作 E 被压缩成了非关键工作，故需将其松弛至 4 天，使之仍为关键工作，且不影响已形成的关键线路 BEHJ 和 BEI。第一次压缩后的网络计划如图 3 - 38 所示。

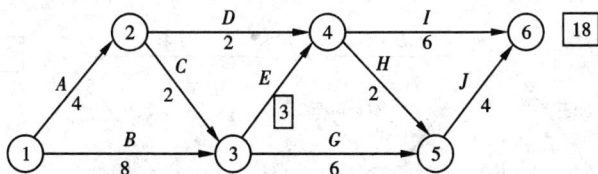

图 3 - 37　将工作 E 压缩至最短持续时间

2）进行第二次压缩

有 3 条关键线路：BEI、BEHJ、BGJ。共有 5 个压缩方案：①压缩工作 B，直接费率为 1；②压缩工作 E、G，组合直接费率为 0.2 + 0.8 = 1；③压缩工作 E、J，组合直接费率为 0.4；

④压缩工作 I、J，组合直接费率为 0.7；⑤压缩工作 I、H、G，组合直接费率为 2。决定采用诸方案中直接费率或组合直接费率最小的第③方案，即压缩工作 E、J，组合直接费率为 0.4，小于间接费率 0.8，尚不能判断是否出现优化点，故应继续压缩，此时只有 2 条关键线路：BEI 和 $BEHJ$，工作 H 未经压缩而被动地变成了非关键工作。第二次压缩后的网络计划如图 3-39 所示。

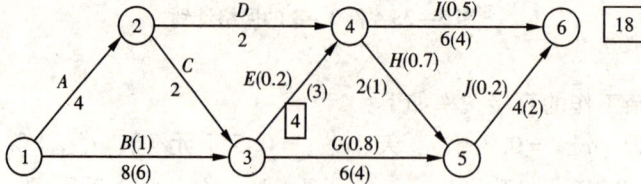

图 3-38　第一次压缩后的网络计划

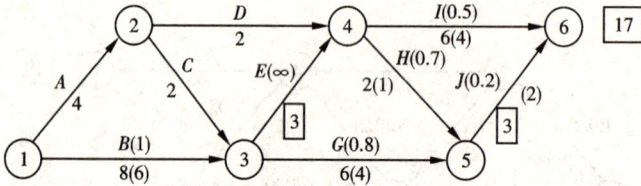

图 3-39　第二次压缩后的网络计划

3）进行第三次压缩

如图 3-39 所示，有 2 个压缩方案，与第二次压缩时的方案相同，只是第②方案（压缩工作 E、G）和第③方案（压缩工作 E、J）的组合直接费率由于 E 的直接费率已变为无穷大而随之变为无穷大。此时组合直接费率最好的是第④方案（压缩工作 I、J），其组合直接费率为 0.7，小于间接费率 0.8，尚不能判断是否出现优化点，故需继续压缩。由于工作 J 只能压缩 1 天，工作 I 随之只可压缩 1 天。压缩后的关键线路不变，故可不重新画图。

4）进行第四次压缩

由于第②、③、④方案的组合直接费率由于工作 E、J 的不能再压缩而变为无穷大，故只能选用第①方案（压缩工作 B），由于工作 B 的直接费率 1 大于间接费率 0.8，故已出现优化点。优化网络计划即为第三次压缩后的网络计划，如图 3-40 所示。

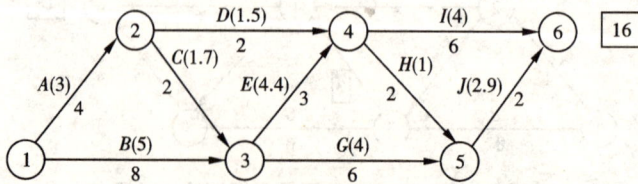

图 3-40　优化网络计划

5）列出优化表，如表 3-9 所示

6）计算优化后的总费用

7) 绘出优化网络计划，如图 3 - 40 所示

表 3 - 9　例 3 - 8 的网络计划的优化表

缩短次数	被压缩工作代号	被压缩工作名称	直接费率或组合直接费率	费率差（正或负）	缩短时间	费用变化（正或负）	工期	优化点
①	②	③	④	⑤	⑥	⑦＝⑤×⑥	⑧	⑨
0							19	
1	3—4	E	0.2	- 0.6	1	0.6	18	
2	3—4、5—6	E、J	0.4	- 0.4	1	- 0.4	17	
3	4—6、5—6	I、J	0.7	- 0.1	1	- 0.1	16	优
4	1—3	B	1	0.2				
				费用变化合计			- 1.1	

3.5.3　资源优化

资源是为完成任务所需的人力、材料、机械设备和资金等的统称。完成一项工程任务所需的资源量基本上是不变的，不可能通过资源优化将其减少。资源优化是指通过改变工作的开始时间，使资源按时间的分布符合优化目标。

资源优化中几个常用术语解释如下：

(1) 资源强度

资源强度是指一项工作在单位时间内所需的某种资源数量。工作 $i—j$ 的资源强度用 $r_{i—j}$ 表示。

(2) 资源需用量

资源需用量是指网络计划中各项工作在某一单位时间内所需某种资源的数量之和。第 t 天资源需用量用 R_t 表示。

(3) 资源限量

资源限量是指单位时间内可供使用的某种资源的最大数量，用 R_a 表示。

在资源计划安排时，有两种情况：一种情况是网络计划所需资源受到限制，如果不增加资源数量（例如劳动力）就可能迫使工程的工期延长，或者不能进行（例如材料供应不及时）；另一种情况是在一定时间内如何安排各工作的活动，使可供应的资源均衡地消耗。因此，网络计划的资源优化也相应有两种情况：一种是"资源有限—工期最短"的优化，另一种是"工期固定—资源均衡"的优化。

1. 资源有限—工期最短优化

资源有限—工期最短优化，是调整计划安排，以满足资源限制条件，并使工期拖延最少的过程。

资源有限—工期最短的优化宜在时标网络计划上进行，步骤如下：

①从网络计划开始的第 1 天起，从左至右计算资源需用量 R_t，并检查其是否超过资源限量 R_a。如检查至网络计划最后 1 天都是 $R_t < R_a$，则该网络计划符合优化要求；如发现 $R_t > R_a$，就停止检查而进行调整。

②调整网络计划。将 $R_t > R_a$ 处的工作进行调整。调整的方法是将该处的一件工作移在该处的另一件工作之后，以减少该处的资源需用量。如该处有两项工作 A、B，则有 A 移 B 后和 B 移 A 后两个调整方案。

③计算调整后的工期增量。调整后的工期增量等于前面工作的最早完成时间减去移在后面工作的最早开始时间再减去移在后面的工作的总时差。如 B 移 A 后，则其工期增量 $\Delta T_{A, B}$ 为：

$$\Delta T_{A, B} = EF_A - ES_B - TF_B \qquad\qquad (3-29)$$

④重复以上步骤，直至出现优化方案为止。

【例 3 – 9】　已知某网络计划如图 3 – 41 所示。图中箭线上方为资源强度，箭线下方为工作持续时间，如资源限量 $R_a = 12$，试对其进行资源有限—工期最短优化。

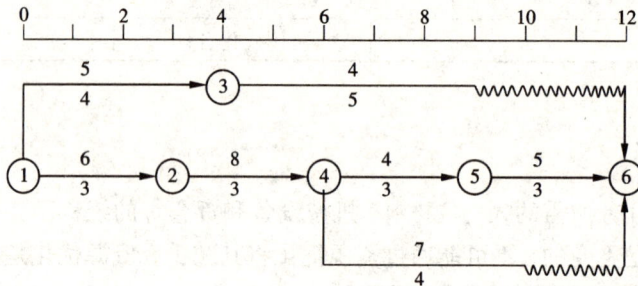

图 3 – 41　例 3 – 9 的网络计划

解：①计算资源需要量，如图 3 – 42 所示。到第 4 天时，$R_4 = 13 > R_a = 12$，故需进行调整。

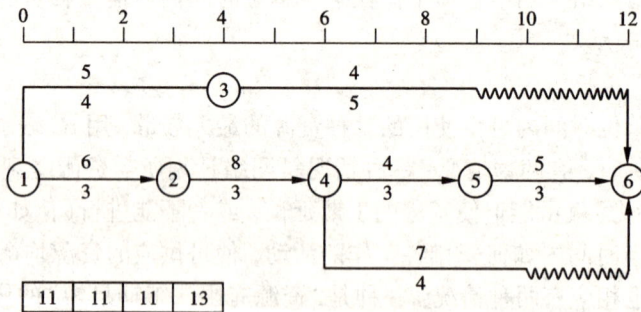

图 3 – 42　计算资源需要量至大于资源限量为

②进行调整：

方案 11：工作 1—3 移到工作 2—4 后，已知 $EF_{2-4} = 6$，$ES_{1-3} = 0$，$TF_{1-3} = 3$，由式（3 – 29）得：$\Delta T_{2-4, 1-3} = 6 - 0 - 3 = 3$；

方案 12：工作 2—4 移到工作 1—3 后，已知 $EF_{1-3} = 4$，$ES_{2-4} = 3$，$TF_{2-4} = 0$，由式（3 – 29）得：$\Delta T_{1-3, 2-4} = 4 - 3 - 0 = 1$。

③决定先考虑工期增量较小的方案 12，绘出其网络计划，并计算资源需要量，如图 3－43 所示。

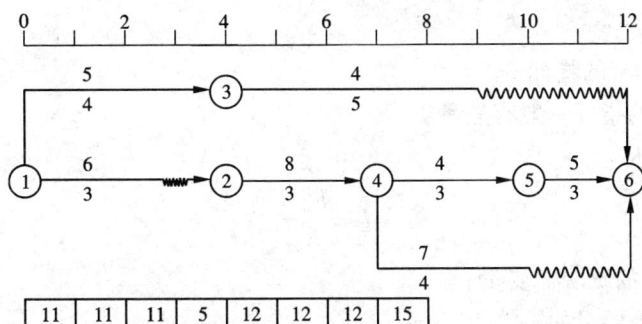

图 3－43　将 2－4 移到 1－3 之后

④计算资源需要量到第 8 天时：$R_8 = 15 > R_a = 12$，故需进行第二次调整。可考虑调整的工作有 3—6、4—5、4—6 三项。

⑤进行第二次调整，共有以下 6 个方案：

方案 21：工作 4—5 移到工作 3—6 后，$\Delta T_{3-6,4-5} = 2$；

方案 22：工作 4—6 移到工作 3—6 后，$\Delta T_{3-6,4-6} = 0$；

方案 23：工作 3—6 移到工作 4—5 后，$\Delta T_{4-5,3-6} = 2$；

方案 24：工作 4—6 移到工作 4—5 后，$\Delta T_{4-5,4-6} = 1$；

方案 25：工作 3—6 移到工作 4—6 后，$\Delta T_{4-6,3-6} = 3$；

方案 26：工作 4—5 移到工作 4—6 后，$\Delta T_{4-6,4-5} = 4$。

⑥先检查工期增量最小的方案 22，绘出图 3－44。从图中可看出，自始至终都是 $R_t \leq R_a$，故该方案为最优方案。其他方案（包括第一次调整的方案 12）的工期增量都大于此优选方案 22，故可得出最优方案为方案 22，工期为 13 天。

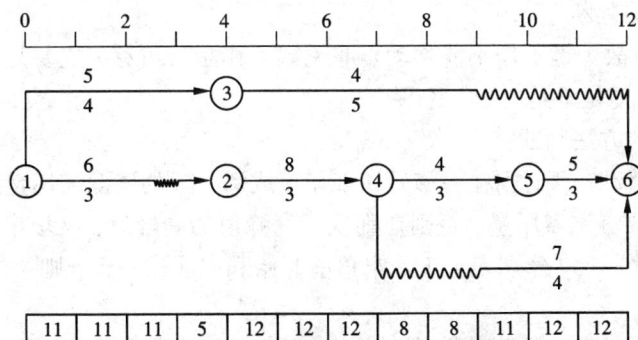

图 3－44　优化网络计划

2. 工期固定—资源均衡优化

工期固定—资源均衡的优化是指调整计划安排，在工期保持不变的条件下，使资源需用量尽可能均衡的过程。

资源均衡可以大大减少施工现场各种临时设施(如仓库、堆场、加工场、临时供水、供电设施等生产设施和工人临时住房、办公房屋、食堂、浴室等生活设施)的规模,从而可以节省施工费用。

(1)衡量资源均衡的指标

衡量资源均衡的指标一般有三种:

1)不均衡系数 K

$$K = \frac{R_{max}}{R_m} \qquad (3-30)$$

式中: R_{max}——最大的资源需要量;

R_m——资源需要量的平均值。

$$R_m = \frac{1}{T}(R_1 + R_2 + R_3 + \cdots + R_T) = \frac{1}{T}\sum_{t=1}^{T} R_t \qquad (3-31)$$

资源需要量不均衡系数越小,资源需要量均衡性越好。

2)极差值 ΔR

$$\Delta R = \max(|R_t - R_m|) \qquad (3-32)$$

资源需要量极差值越小,资源需要量均衡性越好。

3)均方差 σ^2

$$\sigma^2 = \frac{1}{T}\sum_{t=1}^{T}(R_t - R_m)^2 = \frac{1}{T}\sum_{t=1}^{T} R_t^2 - R_m^2 \qquad (3-33)$$

(2)优化调整

1)调整顺序

调整宜自网络计划终点节点开始,从右向左逐次进行。按工作结束节点编号值从大到小的顺序进行调整,同一个结束节点的工作则先调整开始时间较迟的工作。

所有工作都按上述顺序自右向左进行多次调整,直至所有工作既不能向右移也不能向左移为止。

2)工作可移性的判断

由于工期固定,故关键工作不能移动。非关键工作是否可移,主要是看是否削低了高峰值,填高了低谷值,即是不是"削峰填谷"。

一般可用下面的方法判断:

①工作若向右移动一天,则在右移后该工作完成那一天的资源需用量应等于或小于右移前工作开始那一天的资源需用量,否则在削低了高峰值的高峰后,又填出了新的高峰值。若用 $k—l$ 表示被移工作, i,j 分别表示工作未移前开始和完成那一天,则:

$$R_{j+1} + r_{k-l} \leq R_i \qquad (3-34)$$

工作若向左移动一天,则在左移后该工作开始那一天的资源需用量应等于或小于左移前工作完成那一天的资源需用量,否则亦会产生削峰后又填谷成峰的情况,即应符合下式要求:

$$R_{i-1} + r_{k-l} \leq R_j \qquad (3-35)$$

②若工作右移一天或左移一天不能满足上述要求,则要看右移数天后能否减小 σ^2 值。

即按公式(3-33)判断。由于式中 R_m 不变,未受移动影响部分的 R_t 不变。故只需比较受移动影响部分的 R_t 即可,即:

向右移时:

$$[(R_i - r_{k-l})^2 + (R_{i+1} - r_{k-l})^2 + (R_{i+2} - r_{k-l})^2 + \cdots + (R_{j+1} + r_{k-l})^2 + (R_{j+2} + r_{k-l})^2 + (R_{j+3} + r_{k-l})^2 + \cdots]$$
$$\leq [R_i^2 + R_{i+1}^2 + R_{i+2}^2 + \cdots + R_{j+1}^2 + R_{j+2}^2 + R_{j+3}^2 + \cdots] \tag{3-36}$$

向左移时:

$$[(R_j - r_{k-l})^2 + (R_{j-1} - r_{k-l})^2 + (R_{j-2} - r_{k-l})^2 + \cdots + (R_{i-1} + r_{k-l})^2 + (R_{i-2} + r_{k-l})^2 + (R_{i-3} + r_{k-l})^2 + \cdots]$$
$$\leq [R_j^2 + R_{j-1}^2 + R_{j-2}^2 + \cdots + R_{i-1}^2 + R_{i-2}^2 + R_{i-3}^2 + \cdots] \tag{3-37}$$

【例 3-10】 已知网络计划如图 3-45 所示。图中箭线上方为资源强度,箭线下方为工作持续时间,网络计划的下方为资源需要量。试对其进行工期固定—资源均衡的优化。

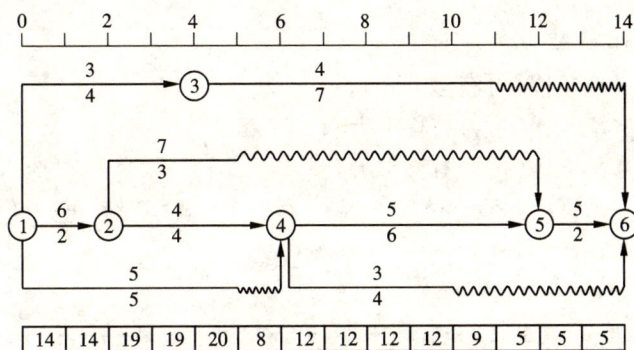

图 3-45 初始网络计划

解:(1)向右移动工作 4—6

按式(3-34)有:

$R_{11} + r_{4-6} = 9 + 3 = R_7 = 12$(可右移 1 天);

$R_{12} + r_{4-6} = 5 + 3 < R_8 = 12$(可再右移 1 天);

$R_{13} + r_{4-6} = 5 + 3 < R_9 = 12$(可再右移 1 天);

$R_{14} + r_{4-6} = 5 + 3 < R_{10} = 12$(可再右移 1 天)。

至此已移到网络计划的最后一天。

移动后资源需要量变化情况如表 3-10 所示。

表 3-10 移工作 4—6 后资源需要量调整表

1	2	3	4	5	6	7	8	9	10	11	12	13	14
14	14	19	19	20	8	12	12	12	12	9	5	5	5
						-3	-3	-3	-3	+3	+3	+3	+3
14	14	19	19	20	8	9	9	9	9	12	8	8	8

（2）向右移动工作 3—6

$R_{12} + r_{3-6} = 8 + 4 < R_5 = 20$（可右移 1 天）。

由表 3 - 10 可明显看出，工作 3—6 已不宜再向右移动，移动后资源需要量变化情况如表 3 - 11 所示。

表 3 - 11　移动工作 3—6 后资源需要量调整表

1	2	3	4	5	6	7	8	9	10	11	12	13	14
14	14	19	19	20	8	9	9	9	9	12	8	8	8
				−4							+4		
14	14	19	19	16	8	9	9	9	9	12	12	8	8

（3）向右移动工作 2—5

$R_6 + r_{2-5} = 8 + 7 < R_3 = 19$（可右移 1 天）；

$R_7 + r_{2-5} = 9 + 7 < R_4 = 19$（可再右移 1 天）；

$R_8 + r_{2-5} = 9 + 7 < R_5 = 19$（可再右移 1 天）。

此时已将工作 2—5 移在其原有位置之后，故需列出调整表后再判断能否移动。调整表如表 3 - 12 所示。

表 3 - 12　移动工作 2—5 后资源需要量调整表

1	2	3	4	5	6	7	8	9	10	11	12	13	14
14	14	19	19	16	8	9	9	9	9	12	12	8	8
		−7	−7	−7	+7	+7	+7						
14	14	12	12	9	15	16	16	9	9	12	12	8	8

由表 3 - 12 可明显看出，工作 2—5 已不能继续向右移动

为明确看出其他工作右移的可能性，绘出上阶段调整后的网络计划，如图 3 - 46 所示。

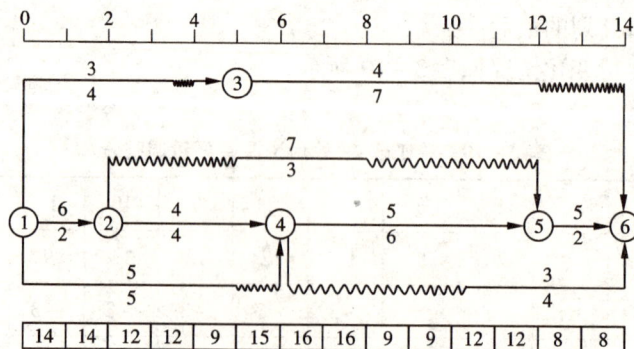

图 3 - 46　右移工作 4—6、3—6、2—5 后的网络计划

（4）向右移动工作 1—3

$R_5 + r_{1-3} = 9 + 3 < R_1 = 14$（可右移 1 天）。

此时已无自由时差，故不能再向右移动。

（5）可明显看出，工作 1—4 不能向右移动

从左向右移动一遍后的网络计划如图 3 – 47 所示。

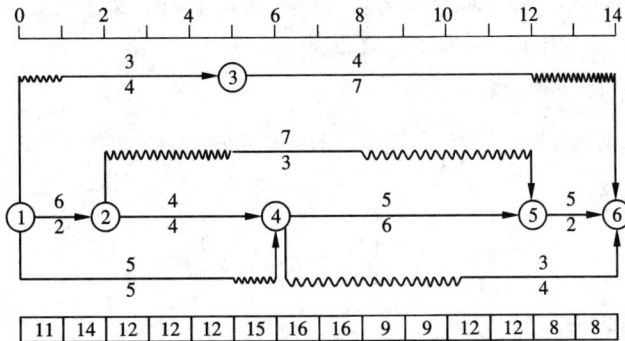

图 3 – 47　从左向右移动一遍后的网络计划

（6）第二次右移工作 3—6

$R_{13} + r_{3-6} = 8 + 4 < R_6 = 15$（可右移 1 天）；

$R_{14} + r_{3-6} = 8 + 4 < R_6 = 16$（可再右移 1 天）。

至此已移到网络计划的最后一天。

其他工作向右移或向左移都不能满足式（3 – 34）或式（3 – 35）的要求。至此已得出优化网络计划，如图 3 – 48 所示。

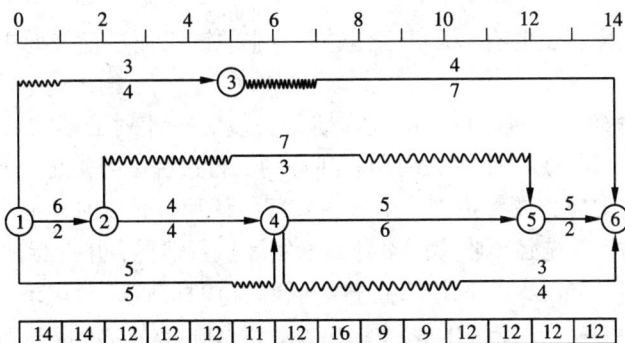

图 3 – 48　从左向右移动一遍后的网络计划

（7）计算优化后的三项指标

①不均衡系数：

$$K = \frac{R_{\max}}{R_{\mathrm{m}}} = \frac{16}{11.86} = 1.35$$

②极差值：

$$\Delta R = \max[\ |R_8 - R_m|, \ |R_9 - R_m|\ ] = \max[\ |16 - 11.86|, \ |9 - 11.86|\ ] = 4.14$$

③均方差值：

$$\sigma^2 = \frac{1}{T}\sum_{t=1}^{T}(R_t - R_m)^2 = \frac{1}{T}\sum_{t=1}^{T}R_t^2 - R_m^2$$

$$= \frac{1}{14}[\ 11^2 \times 2 + 14^2 \times 1 + 12^2 \times 8 + 16^2 \times 1 + 9^2 \times 2\ ] - 11.86^2 = 2.77$$

注：初始网络计划的三项指标分别为：不均衡系数 1.69，极差值 8.14，均方差值 24.34。

(8)与初始网络计划相比，三项指标降低的百分率

①不均衡系数降低的百分率：

$$\frac{1.69 - 1.35}{1.69} \times 100\% = 20.12\%$$

②极差值降低的百分率：

$$\frac{8.14 - 4.14}{8.14} \times 100\% = 49.14\%$$

③均方差值降低的百分率：

$$\frac{24.34 - 2.77}{24.34} \times 100\% = 88.62\%$$

3.6 网络计划的控制

网络计划的控制主要包括网络计划的检查和网络计划的调整两个方面。在网络计划执行过程中应根据现场实际情况不断进行检查，将检查结果进行分析，而后确定后续计划的调整方案，这样才能发挥出网络计划的作用。

3.6.1 网络计划的检查

网络计划的检查内容主要有：关键工作进度，非关键工作进度及时差利用，工作之间的逻辑关系。

对网络计划的检查应定期进行。检查周期的长短应视计划工期的长短和管理的需要而定，一般可按天、周、旬、月、季等为周期。在计划执行过程中突然出现意外情况时，可进行"应急检查"，以便采取应急调整措施。上级主管部门认为有必要时，还可进行"特别检查"。

检查网络计划时，首先必须收集网络计划的实际执行情况，并进行记录。

当采用时标网络计划时，可采用实际进度前锋线(简称前锋线)记录计划执行情况。前锋线应自上而下地从计划检查时的时间刻度线出发，用点画线依次连接各项工作的实际进度前锋线，直至到达计划检查时的时间刻度线为止。前锋线可用彩色笔标画，相邻的前锋线可采用不同的颜色。

当采用无时标网络计划时，可采用直接在图上用文字或适当符号记录、列表记录等记录方式。

网络计划检查后应列表反映检查结果及情况判断，以便对计划执行情况进行分析判断为计划的调整提供依据。一般宜利用实际进度前锋线，分析计划的执行情况及其发展趋势对未来的进度情况作出预测判断，找出偏离计划目标的原因及可供挖掘的潜力所在。

3.6.2　网络计划的调整

1.分析进度偏差的影响

当检查发现实际进度与计划进度相比出现偏差时,应首先分析该偏差对后续工作和总工期的影响。其分析步骤为:

(1)进度偏差与关键工作

若出现偏差的工作为关键工作,则无论偏差大小,都对后续工作及总工期产生影响,必须采取相应的调整措施;若出现偏差的工作不是关键工作,则根据偏差值与总时差和自由时差的大小关系,确定对后续工作及总工期的影响程度。

(2)进度偏差与总时差

若工作的进度偏差大于工作的总时差,说明此偏差必定影响后续工作及总工期,必须采取相应的调整措施;若工作的进度偏差小于或等于工作的总时差,说明此偏差对总工期无影响,但对后续工作的影响程度需要根据比较偏差与自由时差的情况来确定。

(3)进度偏差与自由时差

当工作的进度偏差大于该工作的自由时差时,说明对后续工作产生了影响,应该如何调整,要根据后续工作允许影响的程度而定(有无自由时差);若工作的进度偏差小于或等于该工作的自由时差,则说明对后续工作无影响,原计划不需调整。

经过以上分析,进度控制管理人员可以确定应该调整产生进度偏差的工作和调整偏差值的大小,以便推断确定新的调整措施。

2.网络计划的调整方法

在对实施的网络计划分析的基础上,主要可通过下述两种方法对原计划进行调整。

(1)改变某些工作之间的逻辑关系

若检查的实际施工进度产生的偏差影响了总工期,在工作之间的逻辑关系允许改变的条件下,改变关键线路或超过计划工期的非关键线路上的有关工作之间的逻辑关系,达到缩短工期的目的。例如,可以把依次进行的有关工作改为平行的或互相搭接的,以及分成几个施工段的流水施工等都可以达到缩短工期的目的。这种方法调整的效果是很显著的。

(2)缩短某些工作的持续时间

这种方法是不改变工作之间的逻辑关系,而是缩短某些关键工作的持续时间。实际上就是采用工期优化或工期—成本优化的方法,来达到缩短网络计划的工期,实现原计划工期的目的。

重点与难点

重点:①网络图的绘制;②网络图时间参数的计算;③绘制时标网络图;④双代号网络计划的优化。

难点:双代号网络计划的优化。

思考与练习

1. 什么是网络计划技术？其与横道图比较有何特点？

2. 何谓网络图？何谓工作？工作和虚工作有何不同？

3. 何谓工艺关系和组织关系？试举例说明。

4. 简述网络图的绘制规则。

5. 何谓工作的总时差和自由时差？关键线路和关键工作的确定方法有哪些？

6. 双代号时标网络计划的特点有哪些？

7. 工期优化和费用优化的区别是什么？

8. 根据表 3-13 给出的逻辑关系，绘制双代号网络图并计算各工作的时间参数(ES, EF, LS, LF, TF, FF)并用粗实线将关键线路标示出来。

表 3-13　各施工过程之间的逻辑关系

施工过程	A	B	C	D	E	F	G	H	I	J	K
紧前工作	—	A	A	A	B	C	D	$E.C$	F	$F.G$	$H.I.J$
工作时间（天）	2	2	4	3	2	4	6	2	3	4	5

9. 根据表 3-14 给出的各工序之间的逻辑关系，绘制单代号网络图并计算各工作的时间参数(ES, EF, LS, LF, TF, FF)。

表 3-14　各工序之间的逻辑关系

工序	A	B	C	D	E	G	H	I	J	K
紧前工序	—	A	A	B	B	D	G	$E.G$	$C.E.G$	$H.I$
工序时间	2	4	2	3	5	4	2	1	3	4

10. 根据表 3-15 给出的工作逻辑关系，绘制时标网络图。

表 3-15　各工作之间的逻辑关系

工作	A	B	C	D	E	G	H	I	J	K
紧前工作	—	A	A	A	B	$C.D$	D	B	$E.H.G$	G
工作时间	2	4	3	5	4	2	4	3	2	5

第 **4** 章

施工组织总设计

4.1　概述

4.1.1　施工组织总设计及其作用和编制依据

1. 施工组织总设计及其作用

施工组织总设计是以一个建设项目或建筑群为编制对象，用以指导整个建筑群或建设项目施工全过程的各项施工活动的技术、经济和组织的综合性文件。

施工组织总设计的主要作用有以下几个方面：

①从全局出发，为整个项目的施工作出全面的战略部署。

②为承建商编制工程项目施工计划和单位工程施工组织设计提供依据。

③为业主编制工程建设计划提供依据。

④为做好施工准备工作，保证资源供应提供依据。

⑤为组织全工地性施工业务提供科学方案和实施步骤。

⑥为确定设计方案的施工可能性和经济合理性提供依据。

2. 施工组织总设计的编制依据

为了保证施工组织总设计编制工作的顺利进行并提高质量，使施工组织总设计文件能更密切地结合工程实际情况，从而更好地发挥其在施工中的指导作用，在编制施工组织总设计时，应以下资料为依据。

(1)计划文件及有关合同

计划文件及有关合同包括：国家批准的工程建设计划文件、可行性研究报告、工程项目一览表、分期分批施工项目和投资文件；建设项目所在地区主管部门的批件、承建商主管部门下达的施工任务计划；招投标文件及工程承包合同或协议；工程所需材料和设备的订货计划；引进设备和材料的供货合同等。

(2)设计文件及有关资料

设计文件及有关资料包括：已批准的初步设计(或技术设计)的有关图纸、设计说明书、概算造价等。

(3)工程勘察和调查资料

工程勘察和调查资料包括：建设地区地形、地貌、工程地质、水文、气象等自然条件；能源、交通运输、建筑材料、预制件、商品混凝土及构件、设备等技术经济条件；当地政治、经济、文化、卫生等社会生活条件资料。

（4）现行规范、规程、有关技术标准和类似工程的参考资料

这方面资料包括：现行的施工及验收规范、操作规程、定额、技术规定和其他技术标准以及类似工程的施工组织总设计和有关总结资料。

4.1.2 施工组织总设计的内容和编制程序

1. 施工组织总设计的内容

施工组织总设计的内容视工程性质、规模、建筑结构的特点、施工的复杂程度、工期要求及施工条件的不同而有所不同，通常应包括下列基本内容：

①工程概况。

②施工部署和施工方案。

③全场性施工准备工作计划。

④施工总进度计划。

⑤劳动力、主要物资和机械需用计划。

⑥施工现场总平面布置图。

⑦保证质量、安全生产、降低消耗的技术组织措施。

⑧主要技术经济指标。

2. 施工组织总设计的编制程序

施工组织总设计的编制程序，如图 4 - 1 所示。

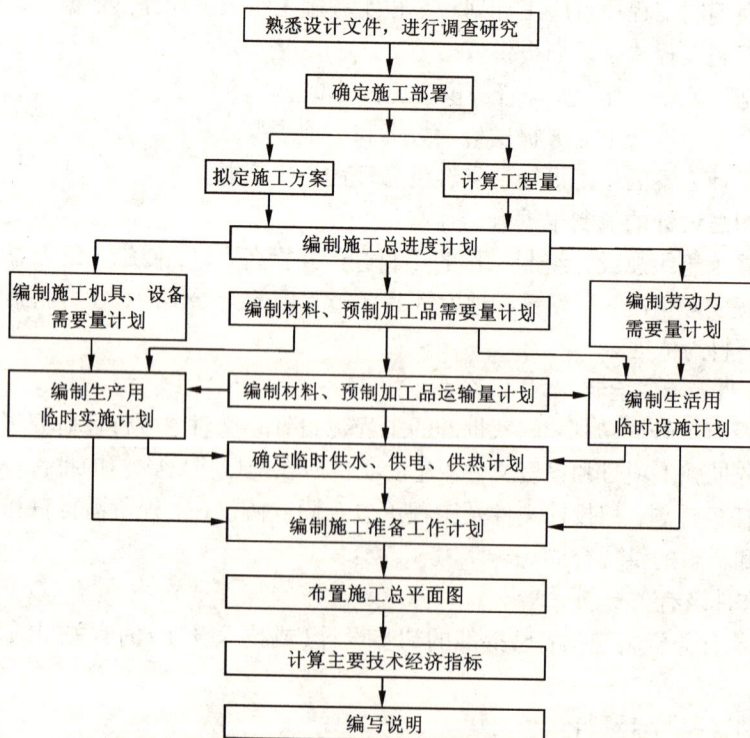

图 4 - 1 施工组织总设计编制程序

4.2　施工部署

4.2.1　工程概况

工程概况是对整个建设项目的总说明,是对拟建项目或建筑群所作的一个简明扼要、重点突出的文字介绍。一般包括下列内容。

1. 建设项目主要情况

在建设项目内容中,主要包括:建设地点、工程性质、建设规模、总投资、总期限及分期分批施工的项目和期限;总占地面积、建筑面积及主要项目工程量;生产流程及工艺特点;设备安装及其吨位数;建筑安装工作量、工厂区和生活区的工作量;建筑结构类型特征、新技术、新材料的复杂程度和应用情况等。

2. 建设地区特征

建设地区特征主要包括:气象、地形、地质和水文情况;地方资源情况;交通运输条件;水、电和其他动力条件;劳动力和生活设施情况;地方建筑企业情况等。

3. 施工条件

施工条件应反映:施工企业的生产能力、技术装备、管理水平、市场竞争能力和完成指标的情况;主要设备、三大主要材料和特殊物资供应情况。

4. 其他内容

包括有关建设项目的决议和协议;土地的征用范围、数量和居民搬迁时间等。

4.2.2　施工部署和施工方案

施工部署是对整个建设项目进行的统筹规划和全面安排,其主要解决影响建设项目全局的重大问题。

施工部署由于建设项目的性质、规模和客观条件不同,其内容和侧重点会有所不同,一般包括以下内容。

1. 工程开展程序

确定建设项目中各项工程合理的开展程序,是关系到整个建设项目能否迅速投产或使用的重大问题。对于大中型工程项目,一般需根据建设项目总目标的要求,分期、分批建设。对于分期施工,各期工程包含哪些项目,则要根据生产工艺要求、业主要求、工程规模大小和施工难易程度、资金、技术资料等情况,由业主和承包商共同研究确定。

分期、分批建设,对于实现均衡施工、减少临时工程量和降低工程投资具有重要意义。

2. 主要项目的施工方案

施工组织总设计中,主要项目通常是指建设项目中工程量大、施工难度大、工期长,对整个建设项目的完成起关键性作用的建筑物(或构筑物),以及全场范围内工程量大、影响全局的特殊分项工程。

拟定主要工程项目的施工方案,是为了进行技术和资源的准备工作,同时也是为了施工进程的顺利开展和现场的合理布置。其内容主要包括:施工方法、施工顺序、机械设备选型和施工技术组织措施等。对施工方法的确定,要兼顾技术工艺的先进性和经济上的合理性;

对施工机械的选择,应使主导机械的性能既能满足工程的需要,又能发挥其效能,在各个工程上能够实现综合流水施工,减少其拆、卸、运的次数;对于辅助机械,其性能应与主导施工机械相适应,以充分发挥主导施工机械的工作效率。

3. 施工任务划分与组织安排

在明确施工项目管理体制、机构的条件下,划分各参与承包商的工作任务,明确总包与分包的关系,建立施工现场统一的领导机构和职能部门,确定综合的和专业化的施工组织,明确各单位之间分工与协作的关系,划分施工段,确定各单位分期分批的主攻项目和穿插项目。

4. 施工准备工作总计划

根据施工开展程序和主要工程项目施工方案,编制好施工项目全场性的施工准备工作计划。主要内容包括:

①安排好场内外运输、施工用主干道、水、电、气来源及其引入方案。

②安排好场地平整方案和全场性排水、防洪。

③安排好生产和生活基地建设。

④安排建筑材料、成品、半成品的货源和运输、储存方式。

⑤安排现场区域内的测量工作,设置永久性测量标志,为放线定位做好准备。

⑥编制新技术、新材料、新工艺、新结构的试制实验计划和职工技术培训计划。

⑦做好冬、雨季施工所需的特殊准备工作。

4.3　施工总进度计划

施工总进度计划是根据施工部署和施工方案,对全工地的所有工程项目做出的时间上的安排。其作用在于确定各个建筑物及其主要工种、工程、准备工作和全工地性工程的施工期限及其开工和竣工的日期,从而确定施工现场的劳动力、材料、施工机械的需要量和调配情况,以及现场临时设施的数量、水电供应数量和能源、交通工具的需要数量等。因此,正确地编制施工总进度计划是保证各项目以及整个建设工程按期交付使用、充分发挥投资效益,降低工程建设成本的重要条件。

4.3.1　施工总进度计划的编制原则

施工总进度计划的编制原则如下:

①合理安排施工顺序,保证在劳动力、物资、以及资金消耗量最少的情况下,按规定工期完成施工任务。

②采用合理的施工组织方法,使建设项目的施工保持连续、均衡、有节奏地进行。

③在安排全年度工程任务时,要尽可能按季度均匀分配工程建设投资。

④节约施工费用。

4.3.2　施工总进度计划的编制步骤

1. 列出工程项目一览表并计算工程量

施工总进度计划主要起控制总工期的作用,因此项目划分不宜过细。通常可按照分期分批投产顺序和工程开展程序列出,并突出每个交工系统中的主要工程项目,一些附属项目及小型工程、临时设施可以合并列出工程项目一览表。

在工程项目一览表的基础上,按工程的开展顺序,以单位工程为单元计算主要实物工程量。此时计算工程量的目的是为了选择施工方案和主要的施工、运输机械;初步规划主要施工过程的流水施工;估算各项目的完成时间;计算劳动力和技术物资的需要量。因此,工程量只需粗略地计算即可。

计算工程量,可按设计图纸并根据各种定额手册、标准设计或已建类似工程的资料等进行计算。

2. 确定各单位工程的施工期限

单位工程的施工期限,可参考工期定额,并根据施工单位的施工技术力量、管理水平、施工项目的建筑类型、结构特征、工程规模以及现场施工条件、资金与材料供应等情况综合确定。

3. 确定各单位工程开、竣工时间和相互搭接关系

在确定了各主要单位工程的施工期限后,就可以进一步安排各单位工程的搭接施工时间。具体安排时应着重考虑以下因素。

(1)保证重点,兼顾一般

在安排进度时,要分清主次,抓住重点,同一时期开工的项目不宜过多,以免分散有限的人力、物力。主要工程项目是指工程量大、工期长、质量要求高、施工难度大,对其他工程施工影响大、对整个建设项目的顺利完成起关键性作用的工程子项。这些项目在各系统的控制期限内应优先安排。

(2)力求做到连续、均衡施工

安排进度时,应考虑在工程项目之间组织大流水施工,从而使各工种施工人员、施工机械在全工地内连续施工,同时使劳动力、施工机具和物资消耗量在全工地上达到均衡,避免出现突出的高峰和低谷,以利于劳动力的调度和原材料供应。另外,宜确定适量的调剂工程项目,穿插在主要项目的流水中,以便保证在确保重点工程项目施工的前提下更好地实现均衡施工。

(3)全面考虑各种条件限制

在确定各工程项目的施工顺序时,还应考虑各种客观条件的限制,如承包商的施工力量,各种原材料、构件、设备的到货情况,设计单位提供图纸的时间,各年度建设投资数量等。充分估计这些情况,以使每个施工项目的施工准备、土建施工、设备安装和试生产的时间能合理衔接。同时,由于工程施工受季节、环境影响较大,因此经常会对某些项目的施工时间提出具体要求,从而对施工的时间和顺序安排产生影响。

4. 施工进度计划的编制

施工总进度计划可用横道图或网络图表达。由于施工总进度计划只是起控制性作用,而且施工条件多变,因此,不必考虑得很细致。

当用横道图表达总进度计划时,项目的排列可按施工总体方案所确定的工程开展程序排列。横道图上应表达出各施工项目的开、竣工时间及其施工持续时间。

近年来,随着网络计划技术的推广,采用网络图表达施工总进度计划已经在实践中得到广泛应用。采用时标网络图表达总进度计划比横道图更加直观、明了,不仅可以表达出各项

目之间的逻辑关系，还可以进行优化，实现最优进度目标、资源均衡目标和成本目标。同时，由于网络图可以采用计算机计算和输出，对其进行调整、优化，统计资源数量、输出图表更为方便、迅速。

4.4　资源需要量计划

施工总进度计划编制好以后，就可以编制各种主要资源的需要量计划。其主要内容有劳动力需要量计划，主要材料、构件及半成品需要量计划及施工机具需用量计划。

4.4.1　劳动力需要量计划

劳动力需要量计划是规划临时工程和组织劳动力进场的依据。编制时首先根据工程量汇总表中列出的各主要实物工程量查套预算定额或有关经验资料，便可求得各个工程项目主要工种的劳动量，再根据总进度计划中各单位工程某工种的持续时间即可求得某单位工程在某段时间里的平均劳动力数。按同样的方法可计算出各个工程项目各主要工种在各个时期的平均工人数。将总进度计划表纵坐标方向上各单位工程同工种的人数量加在一起并连成一条曲线，即成为某工种的劳动力动态图。根据劳动力动态图可列出主要工种劳动力需要量计划表，如表 4 - 1 所示。

表 4 - 1　劳动力需要量计划

序号	工种名称	施工高峰需用人数	××××年				××××年				现有人数	多余(+)或不足(-)
			一季	二季	三季	四季	一季	二季	三季	四季		

注：1. 工种名称除生产工人外，还应包括附属辅助用工(如机修、运输、构件加工、材料保管等)以及服务和管理用工。
　　2. 表下应附以分季度的劳动力动态曲线(纵坐标表示人数，横坐标表示时间)。

4.4.2　各种物资需要量计划

根据各工种工程量汇总表所列各建筑物(或构筑物)的工程量，套用概算指标或类似工程经验资料，便可计算得出各建筑物(或构筑物)所需的主要材料、构件和半成品的需要量。

1. 主要材料需要量计划

主要材料应包括钢材、木材、水泥、沥青、石灰、砂、石料(碎石、块石、砾石等)、爆破器材等工程施工中用量大的材料，特殊情况下使用的土工织物，各种加筋带、外掺剂等也应列入主要材料计划。

主要材料的需用量，可按照工程量和定额或类似工程经验资料进行计算。主要材料需要量计划如表 4 - 2 所示。

表 4 - 2　主要材料需要量计划

材料名称　　　单位　　工程名称	主要材料					

2. 主要材料、预制加工品需用量进度计划

根据主要材料需要量计划，参照施工总进度计划和主要分部分项工程流水施工进度计划，可大致估计出某些建筑材料在某季度的需要量，从而编制出主要材料、预制加工品需用量进度计划，以利于组织运输和筹建工地仓库。主要材料、预制加工品需用量进度计划如表 4 -3所示。

表 4 - 3　主要材料、预制加工品需用量进度计划

序号	材料、预制品及加工品名称	规格	单位	需 用 量				需用量进度				
				正式工程	大型临时设施	施工措施	合计	××××年				××××年
								一季	二季	三季	四季	

3. 主要材料、预制加工品运输量计划

主要材料、预制加工品运输量计划，是为运输工具的选用和运输组织提供依据而编制，如表 4 -4 所示。

表 4 - 4　主要材料、预制加工品运输量计划

序号	材料、预制品及加工品名称	单位	数量	折合吨数	运距(km)			运输量(t·km)	分类运输量(t·km)		
					装货地点	卸货地点	距离		公路	铁路	航运

4.4.3　施工机具需要量计划

主要施工机械，如挖土机、起重机等的需用量，可根据施工进度计划、主要建筑物施工方案和工种工程量，并套用机械产量定额求得；辅助机械可以根据建筑安装工程每10万元扩大概算指标求得；运输机械的需用量可根据主要材料、预制加工品运输量计划确定。最后编制施工机具需用量计划，如表 4 -5 所示。施工机具需要量计划除为组织机械供应外，还可作为施工用电、选择变压器容量的计算和确定停放场地面积的依据。

表4-5　施工机具需用量计划

序号	机具设备名称	规格型号	电动机功率	数量				购置价值（万元）	使用时间	备注
				单位	需用	现有	不足			

4.5　临时设施

工程项目施工的正常进行，除了安排合理的施工进度外，还需要在工程正式开工之前充分做好各项准备工作，建造相应的临时设施，如工地加工场地，工地仓库，工地运输、办公及福利设施，施工供水及供电、通信设施等。

修建临时设施，应本着节省投资、节约用地、节省劳动力、因地制宜、就地取材、尽量利用既有设施或使用旧料和正式工程的材料的原则。当有条件时，可以考虑与正式工程结合，提前修建正式工程，满足施工需要，以减少投资。

4.5.1　工地加工场地组织

工地临时加工场地组织的任务是确定建筑面积和结构形式，加工场（站、厂）的建筑面积，通常可参照有关资料或根据施工单位的经验确定，也可按公式计算。

1. 钢筋混凝土构件预制厂、木工房、钢筋加工车间等加工场地

钢筋混凝土构件预制厂、木工房、钢筋加工车间等，其建筑面积可用下式确定：

$$F = \frac{K \cdot Q}{T \cdot S \cdot \alpha} \tag{4-1}$$

式中：F——所需建筑面积，m^2；

　　　Q——加工总量，m^3或t；

　　　K——不均衡系数，一般取$1.3 \sim 1.5$；

　　　T——加工总时间，月；

　　　S——每平方米场地的月平均加工量；

　　　α——场地或建筑面积利用系数，一般取$0.6 \sim 0.7$。

2. 水泥混凝土搅拌站面积

水泥混凝土搅拌站面积，可用下式计算：

$$F = N \cdot A \tag{4-2}$$

式中：F——搅拌站面积，m^2；

　　　A——每台搅拌机所需的面积，m^2；

　　　N——搅拌机的台数，按下式计算：

$$N = \frac{Q \cdot K}{T \cdot R} \tag{4-3}$$

式中：Q——混凝土总需要量，m^3；

　　　K——不均衡系数，一般取1.5；

T——混凝土工程施工总工作日；

R——混凝土搅拌机台班产量。

大型沥青混凝土拌和设备的场地面积，根据设备说明书的要求确定。

上述建筑场地的结构形式应根据当地条件和使用期限而定。使用年限短的用简易结构，如油毡或草屋面的竹结构；使用年限长的则可采用瓦屋面的砖木结构或活动房屋。

4.5.2　工地临时仓库组织

工地临时仓库分为转运仓库、中心仓库和现场仓库等。临时仓库组织的任务是确定材料储备量和仓库面积，选择仓库位置和进行仓库设计等。

1. 确定工地材料储备量

材料储备量既要保证连续施工的需要，又要避免材料积压而增大仓库面积。对于场地狭小、运输方便的现场可少储存；对于供应不易保证、运输困难、受季节影响大的材料可适当增大储存量。

通常材料储备量应根据现场条件、供应条件和运输条件来确定。对于经常或连续使用的材料，如钢材、水泥、砂、石等，可按储备期计算：

$$P = T_c \cdot \frac{Q_i \cdot K}{T} \qquad (4-4)$$

式中：P——材料储备量，m^3 或 t；

T_c——储备期（按材料来源确定，一般不小于 10 天），天；

Q_i——材料、半成品的总需要量，m^3 或 t；

T——有关项目施工的总工作日，天；

K——材料使用不均匀系数，取 $1.2 \sim 1.5$。

对于不经常使用或储备期长的材料，可按年度需用量的某一百分比储备。

2. 确定仓库面积

仓库面积可按下式计算：

$$F = \frac{P}{Q \cdot K} \qquad (4-5)$$

式中：F——仓库总面积，m^2；

P——仓库材料储备量；

Q——每平方米仓库面积能存放的材料数量；

K——仓库面积利用系数（考虑人行道和车道所占面积），一般取 $0.5 \sim 0.8$。

特殊材料，如爆炸品、易燃或易腐蚀品的仓库面积，按有关安全要求确定。

在设计仓库时，除满足仓库总面积外，还要正确确定仓库的平面尺寸，即仓库的长度和宽度。仓库的长度应满足装卸要求，宽度要考虑材料存放方式、使用方便和仓库结构形式。

4.5.3　工地运输组织

运输组织计划是施工组织中的一个重要项目，它不仅直接影响施工进度，而且在很大程度上也影响工程造价。为了施工进度按计划执行，力求最大限度地降低工程造价，要求编制合理的工地运输组织计划。

工地运输组织应解决的主要问题有：确定运输量、选择运输方式、计算运输工具需要量等。

1. 确定运输量

运输总量应按工程的实际需要量来确定。同时还应考虑每日的最大运输量及各种运输工具的最大运输密度。工地运输的每日货运量可用下式计算：

$$q = \frac{\sum (Q_i \cdot L_i)}{T} \times K \tag{4-6}$$

式中：q——每日货运量，$t \cdot km$；

Q_i——各种物资的年度需用量或整个工程的物资用量；

L_i——运输距离，km；

T——工程年度运输工作日数或计划运输天数，天；

K——运输工作不均衡系数，一般公路运输取 1.2，铁路运输取 1.5。

2. 选择运输方式

工地运输方式有铁路运输、公路运输、水路运输和特种运输（索道、管道）等方式。选择运输方式必须考虑各种因素的影响，如材料的性质，运量的大小，超高、超重、超大、超宽设备及构件的形状尺寸，运距和期限，现有机械设备，利用永久性道路的可能性，现场及场外道路的地形，地质及水文自然条件。在有几种运输方案可供选择时，应进行全面的技术经济比较，确定合理的运输方式。

3. 确定运输工具需要量

运输方式确定后，即可计算运输工具的需要量。每班所需的运输工具数量可用下式计算：

$$m = \frac{Q \cdot K_1}{q \cdot T \cdot n \cdot K_2} \tag{4-7}$$

式中：m——所需的运输工具台数；

Q——全年（季）度最大运输量，t；

K_1——运输工具使用不均衡系数，场外运输一般取 1.2，场内运输取 1.1；

q——汽车台班产量（根据运距按定额确定，$t/$台班；

T——全年（季）的工作天数；

n——每日的工作班数；

K_2——运输工具供应系数，一般取 0.9。

4. 确定运输道路

工地运输道路应尽可能利用永久性道路，或先修永久性路基并铺设简易路面。主要道路应布成环形，宜采用双车道，其宽度不得小于 6 m，次要道路可为单车道，但应有回车场，其宽度不得小于 3.5 m，并要有足够的转弯半径。要尽量避免与铁路交叉。

5. 编制运输工具调度计划

各种运输工具均宜集中管理和统一调度使用，但少量小型的非机动性运输工具可分散由施工基层掌握使用。工地运输工具的管理部门一般可以与工地材料供应单位合二为一，大规模施工可以建立专门材料运输队。

工地运输部门应按工程总进度计划和各施工队的施工进度计划，定期指派运输小组或运输工具前往配合施工(如配合挖土机运土所需的汽车以及从沥青混凝土拌和站运送沥青混凝土至摊铺工地的汽车等)。除此而外,必须按总工程进度计划,进行全部工程的物资和材料供应的运输工作。为此,必须在施工机构统一安排下,编制出详细的调度计划,规定运输工具在施工过程中使用的地点和期限、运输任务和性质、检修要求和时间等,并对主要运输工具排列运输图表。

4.5.4　办公及福利设施组织

1. 办公及福利设施类型

(1)行政管理和生产用房

这类用房一般包括:建筑安装机构办公室、传达室、车库及各类材料仓库和辅助性修理车间等。

(2)居住生活用房

居住生活用房包括:单身职工宿舍、家属宿舍、招待所、医务所、食堂、浴室等。

(3)文化生活用房

文化生活用房一般包括:图书馆、广播室、俱乐部等。

2. 办公及福利设施建筑面积的确定

此类临时建筑的建筑面积主要取决于建筑工地的人数,包括职工和家属人数。建筑面积按下式确定:

$$S = N \cdot P \tag{4-8}$$

式中:S——建筑面积,m^2;

N——工地人数;

P——建筑面积指标,如表 4-6 所示。

表 4-6　临时房屋建筑面积参考指标(m^2/人)

序号	临时房屋名称	指标使用方法	参考指标(m^2)
1	办公室	按使用人数	3~4
2	宿舍	按使用人数	6~10
2.1	单层通铺	按高峰期(年)平均人数	2.5~3.0
2.2	双层铺	按在工地实有人数	2.0~2.5
2.3	单层床	按在工地实有人数	3.5~4.0
3	食堂	按高峰期平均人数	0.5~0.8
	食堂兼礼堂	按高峰期平均人数	0.6~0.9
4	其他合计	按高峰期平均人数	0.5~0.6
4.1	医务室	按高峰期平均人数	0.05~0.07
4.2	浴室	按高峰期平均人数	0.07~0.1
4.3	理发室	按高峰期平均人数	0.01~0.03

续表 4 - 6

序号	临时房屋名称	指标使用方法	参考指标（m^2）
4.4	俱乐部	按高峰期平均人数	0.1
4.5	小卖部	按高峰期平均人数	0.03
4.6	招待所	按高峰期平均人数	0.06
4.7	其他公用	按高峰期平均人数	0.05 ~ 0.1
4.8	开水房	按工地平均人数	10 ~ 40
4.9	厕所	按工地平均人数	0.02 ~ 0.07

计算所需要的各种生活、办公用房，应尽量利用施工现场及其附近的永久性建筑物，不足的部分修建临时建筑物。临时建筑物的修建，应遵循经济、适用、装拆方便的原则，按照当地的气候条件、工期长短确定结构形式，通常有帐篷、装拆式房屋或利用地方材料修建的简易房屋等。

4.5.5 工地临时供水、供电、供热组织

工地临时供水、供电和供热应解决的主要问题有：确定用量、选择供应来源、设计管线网络等。如供应来源由工地自行解决，还需要确定相应的设备。

确定用量时，应考虑施工生产、生活和特殊用途（如消防、防洪）的需用量。选择供应来源时，首先应考虑当地已有的水源、电源，若当地没有或供应量不能满足施工需要时，才需自行设计解决。

1. 工地临时供水

工地临时供水主要包括：生产用水、生活用水和消防用水三种。

（1）用水量计算

施工期间的工地供水应满足工程施工用水（q_1）、施工机械用水（q_2）、施工现场生活用水（q_3）、生活区生活用水（q_4）和消防用水（q_5）5 个方面的需要，其用水量可参照有关手册计算确定。由于生活用水是经常性的，施工用水是间断性的，而消防用水又是偶然性的，因此，工地的总用水量（Q）并不是全部计算结果的总和，而应按以下公式计算：

①当 $(q_1 + q_2 + q_3 + q_4) \leqslant q_5$ 时，则：

$$Q = q_5 + 0.5(q_1 + q_2 + q_3 + q_4) \qquad (4-9)$$

②当 $(q_1 + q_2 + q_3 + q_4) > q_5$ 时，则：

$$Q = q_1 + q_2 + q_3 + q_4 \qquad (4-10)$$

③当工地面积小于 $50000 m^2$，而且 $(q_1 + q_2 + q_3 + q_4) < q_5$ 时，则：

$$Q = q_5 \qquad (4-11)$$

（2）水源选择

施工工地临时供水水源，有自来水水源和天然水源两种。应首先考虑利用当地自来水作水源，如不可能才另选天然水源。临时水源应满足以下要求：水量充足稳定，能保证最大需水量供应；符合生活饮用和生产用水的水质标准，取水、输水、净水设施安全可靠；施工安装、运转、管理和维护方便。

（3）临时供水系统

供水系统由取水设施、净水设施、储水构造物、输水管网几个部分组成。

取水设施由取水口、进水管及水泵站组成、取水口距河底或井底不得小于 0.25 ~ 0.9 m，距冰层下部边缘的距离也不得小于 0.25 m。水泵要有足够的抽水能力和扬程。

当水泵不能连续工作时，应设置储水构造物，其容量以每小时消防用水量来确定，但一般不小于 10 ~ 20 m³。

输水管网应合理布局，干管一般为钢管或铸铁管，支管为钢管。输水管的直径应满足输水量的需要。

2. 工地临时供电

（1）工地总用电量

工地用电可分为动力用电和照明用电两类，用电量可按下式计算：

$$P = (1.05 ~ 1.10) \times \left(K_1 \cdot \frac{\sum P_1}{\cos\psi} + K_2 \cdot \sum P_2 + K_3 \cdot \sum P_3 + K_4 \cdot \sum P_4 \right)$$

$$(4 - 12)$$

式中：P——工地总用电量，kV·A；

　　　P_1——电动机额定功率，kW；

　　　P_2——电动机额定容量，kV·A；

　　　P_3——室内照明容量，kW；

　　　P_4——室外照明容量，kW；

　　　$\cos\psi$——电动机平均功率因数，根据电量和负荷情况而定，最高 0.75 ~ 0.78，一般取 0.65 ~ 0.75；

　　　$K_1 ~ K_4$——需要系数，如表 4-7 所示。

由于施工现场照明用电所占比例较小，因此在估算总用电量时可以不考虑照明用电，只需在动力用电量之外再增加 10% 作为照明用电即可。

表 4-7　需要系数

名　称	数量（台）	需要系数				备　注
		K_1	K_2	K_3	K_4	
电动机	3 ~ 10	0.7				如施工需要电热，应将其用电量计算进去；式中各动力照明用电应根据不同工作性质分类计算
	11 ~ 30	0.6				
	30 以上	0.5				
加工厂动力设备		0.5				
电焊机	3 ~ 10		0.6			
	10 以上		0.5			
室内照明				0.8		
主要道路照明					1.0	
警卫照明					1.0	
场地照明					1.0	

（2）选择电源及确定变压器

工地临时用电电源，可以由当地电网供给，也可以在工地设临时电站解决，或者当地电网供给一部分，另一部分设临时电站补足。无论采用哪种方案，都应该根据工程具体情况对能否满足施工期间最高负荷、输电设施的经济性等进行综合比较。

变压器的功率按下式计算：

$$P = K\left(\frac{\sum P_{\max}}{\cos\psi}\right) \tag{4-13}$$

式中：P——变压器的功率，kV·A；

　　　K——功率损失系数，取 1.05；

　　　$P_{\max}$——各施工区的最大计算负荷，kW；

　　　$\cos\psi$——功率因素。

（3）选择导线截面

合理的导线截面应满足三个方面的要求：首先要有足够的机械强度，即在各种不同的铺设方式下，确保导线不致因一般机械损伤而折断；其次应满足通过一定的电流强度，即导线必须能承受负载电流长时间通过所引起的温度升高；第三是导线上引起的电压降必须限制在容许限度之内。按这三项要求，选其截面最大者。

（4）配电线路布置要点

线路应尽量架设在道路的一侧，并尽可能选择平坦路线，保持线路水平，使电杆受力平衡。线路距建筑物的水平距离应大于 1.5 m。在 380/220 V 低压线路中，木杆间距为 5~40 m，分支线及引入线均从电杆处接出。

临时布线一般都用架空线，极少用地下电缆，因为架空线工程简单、经济，便于检修。电杆及线路的交叉跨越要符合有关输电规范。

配电箱要设置在便于操作的地方，并有防雨防晒设施。各种施工用电机具必须单机单闸，绝不可一闸多用。闸力的容量要根据最高负荷选用。

3. 工地临时供热

工地临时供热的主要对象是：临时房屋如办公室、宿舍、食堂等内部的冬季采暖；冬季施工供热，如施工用水和材料加热等；预制场供热，如钢筋混凝土构件的蒸汽养护等。

建筑物内部采暖耗热量，按有关建筑设计手册计算。

临时供热的热源，一般都设立临时性的锅炉房或个别分散设备（火炉等），如有条件，也可利用当地的现有热力管网。

临时供热的蒸汽用量按下式计算：

$$W = \frac{Q}{I \cdot H} \tag{4-14}$$

式中：W——蒸汽用量；

　　　Q——所需总热量，按建筑设计采暖手册计算，J/h；

　　　I——在一定压力下蒸汽的含热量（查有关热工手册），J/kg；

　　　H——有效利用系数，一般取 0.4~0.5。

蒸汽压力根据供热距离确定。供热距离在 300 m 以内时，蒸汽压力为 30~50 kPa 即可，在 1000 m 以内时，则需要 200 kPa。

确定了蒸汽压力后，根据式(4-14)计算的蒸汽用量，可查阅锅炉手册选定锅炉型号。

4.5.6　工地其他临时设施组织

对于一些大型工程建设项目，在施工组织设计中，还会遇到其他的临时工程设施，如便道、便桥、临时车站、码头、堆场、通信设施等。对于新建工程，往往临时设施会更多。

各种临时工程设施的数量视工地具体情况而定，因它们的使用年限一般都较短，通常宜采用简易结构。

全部临时建筑及临时工程设施都应在设计完成之后，编制临时工程表。

4.6　施工总平面图

施工总平面图是拟建项目施工场地的总布置图。是按照施工方案和施工进度的要求，对施工现场的道路交通、材料仓库、附属企业、临时房屋、临时水电管线等做出合理的规划布置，从而正确处理全工地施工期间所需各项设施和永久建筑、拟建工程之间的空间关系。

4.6.1　施工总平面图设计的原则、依据和内容

1. 施工总平面图设计的原则

①尽量减少施工用地，少占农田，使平面布置紧凑合理。

②合理组织运输，减少运输费用，保证运输方便畅通。

③施工区段的划分和场地的确定，应符合施工流程要求，尽量减少专业工种和各工种之间的干扰。

④充分利用各种永久建筑物(或构筑物)和原有设施为施工服务，降低临时设施的费用。

⑤各种生产生活设施应便于工人生产生活。

⑥满足安全防火、劳动保护的要求。

2. 施工总平面图设计的依据

①各种设计资料，包括工程建设总平面图、地形地貌图、区域规划图、工程项目范围内有关的一切已有和拟建的各种设施位置。

②建设地区的自然条件和技术经济条件。

③建设项目的工程概况、施工方案、施工进度计划，以便了解各施工阶段情况，合理规划施工场地。

④各种建筑材料、构件、加工品、施工机械和运输工具需要量一览表，以便规划工地内部的储放场地和运输线路。

⑤各构件加工厂规模、仓库及其他临时设施的数量和外廓尺寸。

3. 施工总平面图设计的内容

①建设项目施工总平面图上的一切地上、地下已有的和拟建的建筑物、构筑物以及其他设施的位置和尺寸。

②施工用地范围，施工用的各种道路。

③加工厂、制备站及有关机构的位置。

④各种建筑材料、半成品、构件的仓库和生产工艺设备主要堆场、取土弃土位置。

⑤行政管理房、宿舍、文化生活福利建筑等。

⑥水源、电源、变压器位置，临时给排水管线和供电、动力设施。

⑦机械站、车库位置。

⑧一切安全、消防设施位置。

⑨永久性测量放线标桩位置。

许多规模较大的建筑项目，其建设工期往往很长。随着工程的进展，施工现场的面貌将不断改变。在这种情况下，应按不同阶段分别绘制若干张施工总平面图，或者根据工地的变化情况，及时对施工总平面图进行调整和修正，以便符合不同时期的需要。

4.6.2 施工总平面图的设计步骤

施工总平面图的设计步骤为：引入场外交通道路→布置仓库→布置加工厂和混凝土搅拌站→布置内部运输道路→布置临时房屋→布置临时水电管网和其他动力设施→绘制施工总平面图。

1.场外交通道路的引入

设计全工地性施工总平面图时，首先应从研究大宗材料、成品、半成品、设备等进入工地的运输方式入手。当大宗材料由铁路运来时，首先要解决铁路的引入问题；当大批材料是由水路运来时，应首先考虑原有码头的运用和是否增设专用码头问题；当大批材料是由公路运入工地时，由于汽车线路可以灵活布置，因此，一般先布置场内仓库和加工厂，然后再布置场外交通的引入。

2.仓库与材料堆场的布置

仓库与材料堆场的布置，通常应考虑设置在运输方便、位置适中、运距较短并且安全防火的地方，同时区别不同材料、设备和运输方式来设置。

当采用铁路运输时，仓库通常沿铁路线布置，并且要留有足够的装卸前线。如果没有足够的装卸前线，必须在附近设置转运仓库。布置铁路沿线仓库时，应将仓库设置在靠近工地一侧，以免内部运输跨越铁路。同时仓库不宜设置在弯道处或坡道上。

当采用水路运输时，一般应在码头附近设置转运仓库，以缩短船只在码头上的停留时间。

当采用公路运输时，仓库的布置一般较灵活。一般中心仓库布置在工地中央或靠近使用的地方，也可以布置在靠近于外部交通连接处。砂石、水泥、石灰、木材等仓库或堆场宜布置在搅拌站、预制厂和木材加工厂附近；砖、瓦和预制构件等直接使用的材料则应该直接布置在施工对象附近，以免二次搬运。对于工业建设项目的施工工地还应考虑主要设备的仓库（或堆场），一般笨重设备应尽量放在车间附近，其他设备仓库可布置在外围或其他空地上。

3.加工厂布置

各种加工厂布置，应以方便使用、安全防火、运输费用最少、不影响建筑安装工程施工的正常进行为原则。一般应将加工厂集中布置在同一个地区，且多处于工地边缘。各种加工厂应与相应的仓库或材料堆场布置在同一地区。

（1）混凝土搅拌站

混凝土搅拌站，根据工程的具体情况可采用集中、分散或集中与分散相结合的三种布置方式。当现浇混凝土量大时，宜在工地设置混凝土搅拌站；当运输条件好时，以采用集中搅拌或选用商品混凝土最为有利;当运输条件较差时,以分散搅拌为宜。

(2)预制加工厂

预制加工厂,一般应设置在建设工地的空闲地带上,如材料堆场专用线转弯的扇形地带或场外临近处。

(3)钢筋加工厂

钢筋加工厂,区别不同情况,宜采用分散或集中布置。对于需进行冷加工、对焊、点焊的钢筋网,宜设置中心加工厂,其位置应靠近预制件、构件加工厂;对于小型加工件,利用简单机具成型的钢筋加工,可在靠近使用地点的分散的钢筋加工棚里进行。

(4)木材加工厂

木材加工厂,要视木材加工的工作量、加工性质和种类决定是集中设置还是分散设置几个临时加工棚。一般原木、锯材堆场布置在铁路专用线、公路或水路沿线附近;木材加工场地亦应设置在这些地段附近;锯木、成材、细木加工和成品堆放,应按工艺流程布置。

(5)砂浆搅拌站

对于砂浆搅拌站,一般可以分散设置在使用地点附近。

(6)金属结构、锻工、电焊和机修等车间

金属结构、锻工、电焊和机修等车间,由于它们在生产上联系密切,应尽可能布置在一起。

4. 布置内部运输道路

根据各加工厂、仓库及各施工对象的相对位置,研究货物转运图,区分主要道路和次要道路,进行工地道路规划。规划工地道路时,应考虑以下几点:

(1)合理规划临时道路与地下管网的施工程序

在规划临时道路时,应充分利用拟建的永久性道路,提前修建永久性道路或者先修路基和简易路面,作为施工所需的道路,以达到节约投资的目的。若地下管网的图纸尚未出全,必须采取先施工道路,后施工管网的顺序时,临时道路就不能完全建造在永久性道路的位置。而应尽量布置在无管网地区或扩建工程范围地段上,以免开挖管道沟时破坏路面。

(2)保证运输通畅

道路应有两个以上进出口,道路末端应设置回车场地,且尽量避免临时道路与铁路交叉。工地道路干线应采用环形布置,主要道路宜采用双车道,宽度不小于6 m,次要道路宜采用单车道,宽度不小于3.5 m。

(3)选择合理的路面结构

临时道路的路面结构,应当根据运输情况和运输工具的不同类型而定。一般场外与省、市公路相连的干线,应视其以后是否会成为永久性道路,采用混凝土路面或其他路面;场区内的干线和施工机械行驶路线,最好采用碎石级配路面,以利修补。场内支线一般为土路或砂石路。

5. 行政与生活临时设施布置

行政与生活临时设施应尽量利用永久建筑,不足部分另行建造。

一般全工地性行政管理用房宜设在全工地入口处,以便对外联系;也可设在工地中间,便于全工地管理。工人用的福利设施应设置在工人较集中的地方,或工人必经之处。生活基地应设在场外,距工地500 ~ 1000 m 为宜。食堂可布置在工地内部或工地与生活区之间。

6.临时水电管网及其他动力设施的布置

当有可以利用的水源、电源时，可以将水电从外面接入工地，沿主要干道布置干管、主线，然后与各用户接通。临时总变电站应设置在高压电引入处，不应放在工地中心，临时水池应放在地势较高处。

上述布置应采用标准图例绘制在总平面图上，比例一般为 1 : 1000 或 1 : 2000。应该指出，上述各步骤不是截然分开，各自孤立进行的，而是互相联系、互相制约的，需要综合考虑，反复修订才能确定下来。当有几种方案时，应进行方案比较，从中选择一个最优、最理想的方案。

重点与难点

重点：①施工部署和施工方案；②施工组织总设计的编制；③施工总平面图布置。

难点：施工部署和施工方案。

思考与练习

1.施工组织总设计的编制依据是什么？

2.施工组织总设计的编制程序是什么？

3.施工部署包括哪些内容？

4.简述施工总进度计划的编制步骤。

5.简述资源需要量计划包括哪些内容。

6.简述施工总平面图设计的原则、依据和内容。

第 **5** 章

单位工程施工组织设计

5.1　概述

单位工程施工组织设计是以单位工程为对象编制的,是规划和指导单位工程从施工准备到竣工验收全过程施工活动的技术经济文件,是施工组织总设计的具体化,也是承包商编制季度、月度施工计划、分部(分项)工程施工方案及劳动力、材料、机械设备等供应计划的主要依据。它编制得是否合理对参加投标而能否中标和取得良好的经济效益起着很大的作用。

5.1.1　单位工程施工组织设计的编制依据和内容

1.单位工程施工组织设计的编制依据

单位工程施工组织设计的编制依据有以下几个方面:

①招标文件或合同文件。

②设计文件、图纸和各类勘察资料和设计说明等资料。

③预算文件提供的工程量和预算成本数据。

④国家相关技术规范、标准、技术规程及规章制度,行业规程及企业的技术资料。

⑤图纸会审资料。

⑥业主对工程项目的有关要求。

⑦施工现场水、电、道路、原材料供应渠道等调查资料。

⑧上级主管单位指示精神和有关文件。

⑨企业 ISO9002 质量体系标准文件。

⑩企业的技术力量和机械设备情况。

2.单位工程施工组织设计的编制内容

单位工程施工组织设计的内容,应根据工程的性质、规模、结构特点、技术复杂程度、施工现场的自然条件、工期要求、采用先进技术的程度、施工单位的技术力量及对采用的新技术的熟悉程度来确定。对其内容和深度、广度的要求不强求一致,应以讲究实效,在实际施工中起指导作用为目的。

单位工程施工组织设计一般应包括以下内容:

(1)工程概况

工程概况是编制单位工程施工组织设计的依据和基本条件。工程概况可附简图说明,各种工程设计及自然条件的参数(如建筑面积、建筑场地面积、造价、结构形式、层数、地质条件、水、电等)可列表说明。施工条件应着重说明资源供应、运输方案及现场特殊的条件和要求。

（2）施工方案

施工方案是编制单位工程施工组织设计的重点。施工方案中应着重于各施工方案的技术经济比较，力求采用新技术，选择最优方案。确定施工方案主要包括施工程序、施工流程及施工顺序的确定，主要有分部工程施工方法和施工机械的选择，技术组织措施的制定等内容。尤其是对新技术选择要求更为详细。

（3）施工进度计划

施工进度计划主要包括：确定施工项目，划分施工过程，计算工程量、劳动量和机械台班量，确定各施工项目的作业时间，组织各施工项目的搭接关系并绘制进度计划图表等内容。

实践证明，应用流水施工理论和网络计划技术来编制施工进度能获得最优的效果。

（4）施工准备工作和各项资源需要量计划

该项计划主要包括施工准备工作的技术准备、现场准备、物资准备及劳动力、材料构件、半成品、施工机具需要量计划、运输量计划等内容。

（5）施工平面图

施工平面图主要包括起重运输机械位置的确定，搅拌站、加工棚、仓库及材料堆放场地的合理布置，运输道路、临时设施及供水、供电管线的布置等内容。

（6）主要技术组织措施

主要技术组织措施主要包括保证质量措施，保证施工安全措施，保证文明施工措施，保证施工进度措施，冬、雨季施工措施，降低成本措施，提高劳动生产率措施等内容。

（7）主要技术经济指标

主要技术经济指标包括工期指标、劳动生产率指标、质量和安全指标、降低成本指标、三大材料节约指标、主要工种工程机械化程度指标等。

对于较简单的建筑结构类型或规模不大的单位工程，其施工组织设计可编制得简单一些，其内容一般以施工方案、施工进度计划、施工平面图为主，辅以简要的文字说明即可。

若承包商已积累了较多的经验，可以拟定标准的、定型的单位工程施工组织设计，根据具体施工条件从中选择相应的标准单位工程施工组织设计，按实际情况加以局部补充和修改后，作为本工程的施工组织设计，以简化编制施工组织设计的程序，节约时间和管理经费。

5.1.2　工程概况及其施工特点分析

单位工程施工组织设计中的工程概况，是对拟建工程的工程特点、建设地点特征和施工条件等所作的一个简要而又突出重点的文字介绍或描述。

工程概况要针对工程特点，结合调查资料进行分析研究，找出关键性的问题加以说明。对新材料、新结构、新工艺及施工的难点应着重说明。具体包括以下内容：

1. 工程建设概况

主要说明：拟建工程的建设单位，工程名称、性质、用途、工程地点，资金来源及工程投资、开竣工日期，设计单位、施工单位、监理单位，施工总承包、主要分包情况，施工合同、主管部门的有关文件或要求，以及组织施工的指导思想。

2. 工程施工概况

（1）工程设计概况

主要说明：拟建工程的建筑面积（或长度、宽度、跨度、高度，工程数量等）、平面形状和平面组合情况、装饰装修情况等。

（2）结构设计概况

主要说明：基础类型、埋置深度、设备基础形式、主体结构类型、预制构件类型及安装位置等。

（3）建设地点特征

主要说明：工程所在位置、地形、工程与水文地质条件、不同深度的土质分析、冻结时间与冻层厚度、地下水位、水质、气温、冬雨季起止时间、主导风向、风力等。

（4）施工条件

主要说明：水、电、道路、场地等情况；建筑场地四周环境情况；材料、构件、加工品的供应来源和加工能力；施工单位的建筑机械和运输机具可供本工程项目使用的程度，施工技术和管理水平等。

3．工程施工特点

通过上述分析，应指出单位工程的施工特点和施工中的关键问题，以便在选择施工方案、组织资源供应和技术力量配备，以及在施工准备工作上采取有效措施，使关键问题的解决措施落实于施工之前，以便施工顺利进行，提高管理水平和经济效益。

5.1.3　单位工程施工组织设计的编制程序

单位工程施工组织设计的编制程序是指单位工程施工组织设计各个组成部分的先后次序以及相互制约的关系，如图 5 - 1 所示。从编制程序中可进一步了解单位工程施工组织设计的内容。

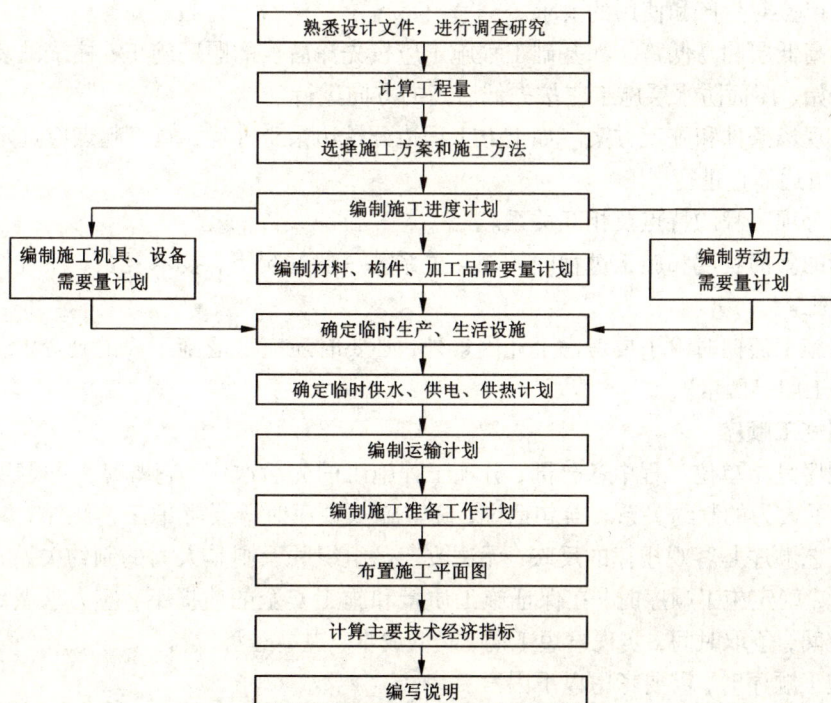

图 5 - 1　单位工程施工组织设计编制程序

5.2 施工方案设计

施工方案设计是单位工程施工组织设计的核心问题。施工方案合理与否，不仅影响到施工进度计划的安排和施工平面图的布置，而且将直接关系到工程的施工质量、效率、工期和技术经济效果。因此，必须引起足够的重视。此外，为了防止施工方案的片面性，必须对拟定的几个施工方案进行技术经济分析比较，使选定的施工方案在施工上可行、技术上先进、经济上合理，而且符合施工现场的实际情况。

施工方案的设计一般包括：施工流向和施工顺序的确定、施工方法的选择、施工机械的选择、施工段组织和流水作业的安排、施工力量的部署等。

5.2.1 确定施工流向和施工顺序

1.确定施工流向

施工流向是指单位工程在平面或竖向上施工开始的部位和开展的方向。

施工流向决定着一系列施工活动的开展和进程，影响着工程的施工质量和施工安全，也影响承包商的经济效益。因此，确定施工流向是组织施工的重要环节，在编制施工组织设计时要全面权衡、通盘考虑。

确定单位工程施工流向时，一般应考虑以下因素：

①建筑物的生产工艺流程或使用要求。凡是在工艺流程上要先期投入生产或需先期投入使用者，应先施工。

②建设单位对生产和使用的要求。

③房屋高低层和高低跨。如基础工程施工应按先深后浅的顺序施工；柱子吊装应从高低跨并列处开始，屋面防水层施工应按先低后高的方向进行。

④施工现场条件和施工方案。如土方工程边开挖边余土外运，施工起点应选定在离道路远的部位，由远而近进行。

⑤分部分项工程的特点及相互关系。

⑥工程的繁简程度和施工过程间的相互关系。一般情况下，技术复杂、耗时长的区段或部位应先施工。

在确定施工流向时除了要考虑上述因素外，必要时还应考虑施工段的划分、组织施工的方式、施工工期等因素。

2.确定施工顺序

施工顺序是指单位工程中各分部、分项工程施工的先后次序，它既是一种客观规律的反映，也包含了人为的制约关系。换句话说，确定施工顺序时既要考虑工艺顺序，又要考虑组织关系。工艺顺序是客观规律的反映，无法改变。组织关系则是人为的制约关系，可以调整优化。因此，确定施工顺序时，在保证施工质量和施工安全的前提下，应力求做到充分、合理地利用空间，争取时间，实现缩短工期、降低成本、提高经济效益。

安排施工顺序时，需要考虑以下因素：

（1）考虑施工工艺的要求

各施工过程之间客观上存在着一定的工艺顺序关系，它随结构构造、施工方法与施工机械的不同而不同。在确定施工顺序时，不能违背，而必须遵循这种关系。

（2）考虑施工方法和施工机械的要求

施工顺序应与采用的施工方法和施工机械协调一致。如基坑开挖对地下水的处理可采用明排水，其施工顺序应是在挖土过程中排水；而当可能出现流沙时，常采用轻型井点降低地下水位，其施工顺序则应是在挖土之前先降低地下水位。

（3）考虑施工工期与施工组织的要求

合理的施工顺序与施工工期有较密切的关系，施工工期影响到施工顺序的选用。如有些建筑物，由于工期要求紧张，采用逆作法施工，这样，便导致施工顺序的较大变化。

一般情况下，满足施工工艺条件的施工方案可能有多个，因此，还应考虑施工组织的要求，通过对方案的分析、对比，选择经济合理的施工顺序。通常，在相同条件下，应优先选择能为后续施工过程创造良好施工条件的施工顺序。

（4）考虑施工质量的要求

确定施工顺序时，应以充分保证工程质量为前提。当有可能出现影响工程质量的情况时，应重新安排施工顺序或采取必要的技术措施。

（5）考虑当地气候条件

在安排施工顺序时，应考虑冬季、雨季、台风等气候的影响，特别是受气候影响大的分部工程应尤为注意。

（6）考虑施工安全要求

在安排施工顺序时，应力求各施工过程的搭接不致产生不安全因素，以避免安全事故的发生。

5.2.2　施工方法和施工机械的选择

施工方法和施工机械的选择是施工方案设计的核心内容，它直接影响到施工进度、施工质量、成本和安全等。编制施工组织设计时，必须注意施工方法的技术先进性与经济合理性的统一；兼顾施工机械的适用性和多用性，尽可能充分发挥施工机械的使用效率，充分考虑工程的建筑及结构特点、工期要求、资源供应情况、施工现场条件、施工单位的技术特点、技术水平、劳动组织形式、施工习惯等。

1. 选择施工方法

选择施工方法时，应重点考虑影响整个单位工程施工的分部（分项）工程的施工方法。主要是选择工程量大且在单位工程中占有重要地位的分部（分项）工程，施工技术复杂或采用新技术、新工艺及对工程质量起关键作用的分部（分项）工程，不熟悉的特殊结构工程或由专业施工单位施工的特殊专业工程的施工方法。要求详细而具体，必要时应编制单独的分部（分项）工程的施工作业设计，提出质量要求及达到这些质量要求的技术措施，指出可能发生的问题并提出预防措施和必要的安全措施。而对于按照常规做法和工人熟悉的分项工程，则不必详细拟订，只需提出应注意的一些特殊问题即可。通常，施工方法选择的内容有：

（1）土方工程

土方工程包括：场地平整，基坑、基槽的挖土方法，放坡要求，所需人工、机械的型号及数量；余土外运方法，所需机械的型号及数量；地下水、地表水的排水方法，排水沟、集水井、井点的布置，所需设备的型号及数量。

（2）钢筋混凝土工程

钢筋混凝土工程包括：根据不同的结构类型、现场条件确定现浇和预制用的各种类型模板及各种支撑方法（如钢立柱、木立柱、桁架、钢制托具等），并分别列出采用的项目、部位、数量及选用的隔离剂；明确构件厂与现场加工的范围，钢筋调直、切断、弯曲、成型、焊接方法，钢筋运输及安装方法；搅拌与供应（集中或分散）输送方法；砂石筛选、计量、上料方法，拌和料、外加剂的选用及掺量，搅拌、运输设备的型号及数量，浇筑顺序的安排，工作班次，分层浇筑厚度，振捣方法，施工缝的位置，养护制度。

（3）结构安装工程

结构安装工程包括：构件尺寸、自重、安装高度；选用吊装机械型号及吊装方法，塔吊回转半径的要求，吊装机械的位置或开行路线；吊装顺序，运输、装卸、堆放方法，所需设备型号及数量；吊装运输对道路的要求。

（4）垂直及水平运输

垂直及水平运输包括：标准层垂直运输量计算表；垂直运输方式的选择及其所需设备的型号、数量、布置、服务范围、穿插班次；水平运输方式及所需设备的型号和数量；地面及楼面水平运输设备的行驶路线。

（5）装饰工程

装饰工程包括：室内、外装饰抹灰工艺的确定；施工工艺流程与流水施工的安排；装饰材料的场内运输，减少临时搬运的措施。

（6）特殊项目

特殊项目包括：对采用新结构、新工艺、新材料、新技术的项目，高耸、大跨、重型构件，水下、深基础、软弱地基及冬季施工等项目均应单独编制，单独编制的内容包括工程平面示意图、工程量、施工方法、工艺流程、劳动组织、施工进度、技术要求与质量、安全措施、材料、构件及机具设备需要量等；对大型土方、打桩、构件吊装等项目，无论内、外分包均应由分包单位提出单项施工方法与技术组织措施。

2. 选择施工机械

选择施工方法必然涉及施工机械的选择问题。机械化施工是改变建筑工业生产落后面貌、实现建筑工业化的基础。因此，施工机械的选择是施工方案的重要环节。选择施工机械时应着重考虑以下几方面：

①首先选择主导工程的施工机械，如地下工程的土方机械，主体结构工程的垂直、水平运输机械，结构吊装工程的起重机械等。

②各种辅助机械或运输工具应与主导机械的生产能力协调配套，以充分发挥主导机械效率。如土方工程在采用汽车运土时，汽车的载重量应为挖土机斗容量的整倍数，汽车的数量应保证挖土机连续工作。

③在同一工地上，应力求施工机械的种类和型号尽可能少一些，以利于机械管理和降低成本；尽量使机械少而配件多，一机多能，提高机械使用效率。

④机械选用应考虑充分发挥施工单位现有机械的能力，当本单位的机械能力不能满足工程需要时，则应购置或租赁所需新型机械或多用机械。

5.2.3　施工方案的技术经济分析

1. 施工方案技术经济分析的意义

在拟定施工方案时，必须考虑方案是否可行，是否具有良好的经济效益和社会效益。在多个可行的方案中，必须经过对比、分析，再进行取舍。施工方案的技术经济分析，有以下作用和意义：

①为选择合理的施工方案提供依据。

②通过分析和评价工作，得到不同方案的经济价值，确定出不同施工方案合理的使用范围。

③施工方案的技术经济分析，能有效地促进新技术的推广和应用。

④通过对施工方案的技术经济分析，可以不断提高建筑业的技术、组织和管理水平，提高工程建设的投资效益。

2. 施工方案技术经济评价方法

施工方案的技术经济评价方法主要有定性分析法和定量分析法两种。

（1）定性分析法

定性分析法是结合工程施工实际经验，对多个施工方案的一般优缺点进行分析和比较。如：施工操作上的难易程度和安全可靠性；施工机械设备的获得必须体现经济合理性的要求；方案是否能为后续工序提供有利条件；施工组织是否合理；是否能体现文明施工等。

（2）定量分析法

定量分析法是通过对各个方案的工期指标、实物量指标和价值指标等一系列单个技术经济指标进行计算对比，从而得到最优实施方案的方法。定量分析指标通常有：

1）工期指标

工程建设产品的施工工期是指从开工到竣工所需要的时间，一般以施工天数计。通常，根据单位工程的开工、竣工日期，可以确定各单位工程的施工工期。施工工期的长短反映影响建设速度的各有关因素。当要求工程尽快完成以便尽早投入生产和使用时，选择施工方案就要在确保工程质量、安全和成本较低的条件下，优先考虑工期较短的方案。

2）单位产品的劳动消耗量指标

单位产品的劳动消耗量是指完成单位产品所需消耗的劳动力工日数，它反映施工机械化程度和劳动生产率水平。通常，方案中劳动量消耗越少，施工机械化程度和劳动生产率水平越高。

3）主要材料消耗量指标

它反映各施工方案主要材料的节约情况，这里主要材料是指钢材、木材、水泥、化学建材等材料。

4）成本指标

成本指标反映的是施工方案的成本高低情况。

5）投资额指标

拟定的施工方案需要增加新的投资时，如购买新的施工机械或设备时则需要设增加投资额指标，进行比较。

在实际工程应用时，往往会出现指标不一致的情况，此时，需要根据工程实际情况，优先考虑对工程实施有重大影响的指标。如工期要求紧，就应优先考虑工期短的方案。

5.3 单位工程施工进度计划的编制

单位工程施工进度计划是在选定施工方案的基础上，根据规定工期和各种资源供应条件，按照施工过程的合理施工顺序及组织施工的原则，用横道图或网络图，对单位工程从开工到竣工的全部施工过程在时间上和空间上的合理安排。

5.3.1 施工进度计划的作用

①安排单位工程的施工进度，保证在规定工期内完成符合质量要求的工程任务。
②确定单位工程的各个施工过程的施工顺序、持续时间以及相互衔接和合理配合关系。
③为编制各种资源需要量计划和施工准备工作计划提供依据。
④是编制季度、月度生产作业计划的基础。

5.3.2 施工进度计划编制依据

①经过审批的建筑总平面图、地形图、施工图、工艺设计图以及其他技术资料。
②施工组织总设计对本单位工程的有关规定。
③主要分部分项工程的施工方案。
④所采用的劳动定额和机械台班定额。
⑤施工工期要求及开、竣工日期。
⑥施工条件，劳动力、材料等资源及成品半成品的供应情况，分包单位情况等。
⑦其他有关要求和资料。

施工进度计划的表示方法：

施工进度计划一般用图表形式表示，经常采用的有两种形式：横道图和网络图。横道图的形式如表 5 − 1 所示。

表 5 − 1　单位工程施工进度横道图表

序号	分部分项工程名称	工程量		时间定额	劳动量（工日）		需用机械		每天工作班次	每班工人数	工作天数	施工进度			
		单位	数量		工种	数量	机械名称	台班数				××月		××月	

从表中可以看到，此表由左、右两部分组成。左边部分一般应包括下列内容：各分部分项工程名称、工程量、劳动量、机具台班数、每天工作人数、施工时间等；右边是时间图表部分。有时需要绘制资源消耗动态图可绘在图表的下方，并可附以简要说明。

网络图的表示方法详见第 4 章，本章仅就用横道图表编制进度计划作一阐述。

5.3.3　划分施工过程

编制施工进度计划时，首先应按照施工图和施工顺序将各个施工过程列出，项目包括从准备工作到交付使用的所有土建、设备安装工程，并将其逐项填入施工过程（分部分项工程）一览表。

划分施工过程的粗细程度，要根据进度计划的需要进行。对控制性进度计划，其划分可较粗，列出分部工程即可；对实施性进度计划，其划分则应较细，特别是对主导工程和主要分部工程，要详细具体。除此之外，施工过程的划分还要结合施工条件、施工方法和劳动组织等因素。凡在同一时期可由同一施工队完成的若干施工过程可合并，否则应单列。对次要零星项目，可合并为"其他工程"。而对于通常由专业队负责施工，如水、暖、电、卫和设备安装工程，在施工进度计划中只需反映这些工程与土建工程的配合关系，列出项目名称并标明起止时间即可。

5.3.4　计算工程量

工程量计算应严格按照施工图纸和工程量计算规则进行。当编制施工进度计划时若已经有了预算文件，则可直接利用预算文件中有关的工程量。若某些项目的工程量有出入但相差不大时，可按实际情况予以调整。如土方工程施工中挖土工程量，应根据土壤的类别和采用的施工方法等进行调整。工程量计算时应注意以下几个问题：

①各分部分项工程的工程量计量单位应与现行定额手册中所规定的单位一致，以便计算劳动量和材料、机械台班消耗量时直接套用，以避免换算。

②结合选定的施工方法和安全技术要求计算工程量。如土方开挖工程量应考虑土的类别、挖土方法、边坡大小及地下水位等情况。

③考虑施工组织的要求，分区、分段和分层计算工程量。

④尽量考虑编制其他计划时使用工程量数据的方便，做到一次计算，多次使用。

5.3.5　确定劳动量和机具台班数量

劳动量和机具台班数量应根据各分部（分项）工程的工程量及施工方法和现行的施工定额，并结合当地的具体情况加以确定。一般应按下式计算：

$$P = \frac{Q}{S} \tag{5-1}$$

或

$$P = Q \cdot H \tag{5-2}$$

式中：P——完成某施工过程所需的劳动量（工日）机具台班数，台班；

　　　Q——某施工过程的工程量，m^3，m^2，t，…；

　　　S——某施工过程所采用的产量定额，m^3，m^2，t，…/工日或台班；

　　　H——某施工过程所采用的时间定额，工日或台班/m^3，m^2，t，…。

在使用定额时，通常会遇到所列项目的工作内容与编制施工进度计划所列项目不一致的情况，此时应当：

①查用定额时，若定额对同一工种不一样时，可用其平均定额。

当同一性质不同类型分项工程的工程量相等时，平均定额可用其绝对平均值，如式(5-3)：

$$H = \frac{H_1 + H_2 + \cdots + H_n}{n} \tag{5-3}$$

式中：H——平均时间定额；

　　H_1，H_2，$\cdots$，H_n——当同一性质不同类型分项工程的时间定额；

　　n——分项工程的工程量。

当同一性质不同类型分项工程的工程量不相等时，平均定额应采用其加权平均值，其计算公式如式(5-4)：

$$S = \frac{Q_1 + Q_2 + \cdots + Q_n}{\dfrac{Q_1}{S_1} + \dfrac{Q_2}{S_2} + \cdots + \dfrac{Q_n}{S_n}} = \frac{\sum\limits_{i=1}^{n} Q_i}{\sum\limits_{i=1}^{n} \dfrac{Q_i}{S_i}} \tag{5-4}$$

式中：Q_1，Q_2，$\cdots$，Q_n——当同一性质不同类型分项工程的工程量；

　　其他符号同前。

②对于有些采用新材料、新工艺或特殊施工方法的施工项目，其定额在施工定额手册中未列入，可参考类似项目或实测确定。

③对于"其他工程"项目所需劳动量，可根据其内容和数量，并结合施工现场的具体情况，以占总劳动量的百分比(一般为10%~20%)计算。

5.3.6　确定各施工过程的施工天数

计算各分部分项工程施工天数的方法有两种：

①根据计划配备在该分部分项工程上的施工机械和各专业工人人数确定。其计算公式如下：

$$t = \frac{P}{R \cdot N} \tag{5-5}$$

式中：t——完成某分部分项工程的施工天数；

　　P——某分部分项工程所需的机具台班数量或劳动量；

　　R——每班安排在某分部分项工程上的施工机械台数或劳动人数；

　　N——每天工作班次。

在安排每班工人数和机械台数时，应综合考虑各分项工程工人班组的每个工人都应有足够的工作面，以发挥高效率并保证施工安全；各分项工程在进行正常施工时所必需的最低限度的工人队组人数及其合理组合，以达到最高的劳动生产率。

②根据工期要求倒排进度。首先根据规定总工期和施工经验，确定各分部分项工程的施工时间，然后再按各分部分项工程需要的劳动量或机具台班数量，确定每一分部分项工程每个工作班所需要的工人数或机械台数，此时可将公式(5-5)变化为：

$$R = \frac{P}{t \cdot N} \tag{5-6}$$

通常计算时均先按一班制考虑，如果每天所需的机械台数或工人人数，已超过施工单位现有人力、物力或工作面限制时，则应根据具体情况和条件从技术和施工组织上采取积极的措施，如增加工作班次，最大限度地组织立体交叉平行流水施工等。

5.3.7　编制施工进度计划的初始方案

编制施工进度计划时，必须考虑各分部分项工程的合理施工顺序，尽可能组织流水施工，力求主要工种的工作队连续施工：

①划分主要施工阶段（分部工程），组织流水施工。首先安排主导施工过程的施工进度，使其尽可能连续施工，其他穿插施工过程尽可能与它配合、穿插、搭接或平行施工。

②配合主要施工阶段，安排其他施工阶段（分部工程）的施工进度。

③按照工艺的合理性和工序间尽量穿插、搭接或平行作业方法，将各施工阶段（分部工程）的流水作业图表最大限度地搭接起来，即得单位工程施工进度计划的初始方案。

5.3.8　施工进度计划的检查与调整

检查与调整的目的在于使初始方案满足规定目标，一般应从以下几个方面进行检查与调整：

①各个施工过程的施工顺序、平行搭接和技术间歇是否合理。

②编制的工期能否满足合同规定的工期要求。

③主要工种工人是否能满足连续、均衡施工。

④主要机械、设备、材料等的利用是否均衡，施工机械是否充分利用。

经过检查，对不符合要求的部分，需进行调整。调整的方法一般有：增加或缩短某些分项工程的施工时间；在施工顺序允许的条件下将某些分项工程的施工时间向前或向后移动；必要时可以改变施工方法或施工组织。总之，通过调整，在工期能满足要求的条件下，使劳动力、材料、设备需要趋于均衡，主要施工机械利用率较合理。

施工进度计划的编制程序如图 5-2 所示。

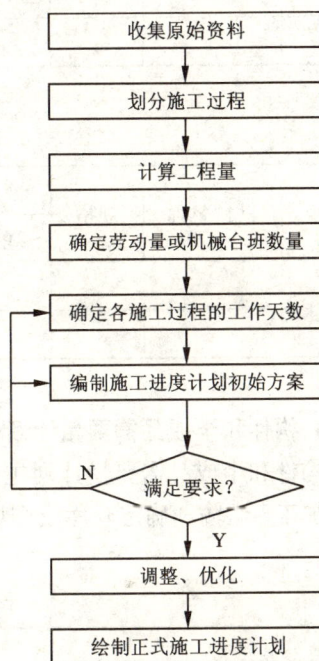

图 5-2　施工进度计划编制程序

5.3.9　各项资源需要量计划的编制

在单位工程施工进度计划确定之后，即可编制各项资源需要量计划。资源需要量计划主要用于确定施工现场的临时设施，并按计划供应材料、构件、调配劳动力和施工机械，以保证施工顺利进行。

1. 劳动力需要量计划

劳动力需要量计划主要作为安排劳动力、调配和衡量劳动力消耗指标，安排生活及福利设施等的依据。其编制方法是将单位工程施工进度表内所列各施工过程每天（或旬、月）所需工人人数按工种汇总列成表格。其表格形式如表 5-2 所示。

2. 主要材料需要量计划

材料需要量计划表是作为备料、供料、确定仓库、堆场面积及组织运输的依据。其编制方法是根据施工预算的工料分析表、施工进度计划表，材料的贮备和消耗定额，将施工中所需材料按品种、规格、数量、使用时间计算汇总，填入主要材料需要量计划表。其表格形式如表5-3所示。

表5-2 劳动力需要量计划

序号	工程名称	人数	月份									
			1	2	3	4	5	6	7	8	9	…

表5-3 主要材料需要量计划

序号	材料名称	规格	需要量		供应时间	备注
			单位	数量		

3. 构件和半成品需要量计划

构件和半成品需要量计划主要用于落实加工订货单位，并按照所需规格、数量、时间，组织加工、运输和确定仓库或堆场，可按施工图和施工进度计划编制。其表格形式如表5-4所示。

表5-4 构件和半成品需要量计划

序号	品名	规格	图号	需要量		使用部位	加工单位	供应日期	备注
				单位	数量				

4. 施工机具需要量计划

施工机具需要量计划主要用于确定施工机具类型、数量、进场时间，以此落实机具来源和组织进场。其编制方法是将单位工程施工进度计划表中的每一个施工过程，每天所需的机具类型、数量和施工时间进行汇总，得到施工机具需要量计划表。其表格形式如表5-5所示。

表5-5 施工机械需要量计划

序号	机械名称	型号	需要量		货源	使用起止时间	备注
			单位	数量			

5.4　单位工程施工平面图设计

单位工程施工平面图设计是对建筑物或构筑物的施工现场的平面规划，是施工方案在施工现场空间上的体现，它反映了已建工程和拟建工程之间，以及各种临时建筑、设施相互之间的空间关系。施工现场的合理布置和科学管理是进行文明施工的前提，同时，对加快施工进度、降低工程成本、提高工程质量和保证施工安全有极其重要的意义。因此，每个工程在施工之前都要进行施工现场布置和规划，在施工组织设计中，均要进行施工平面图设计。单位工程施工平面图的绘制比例一般为(1:500)～(1:2000)。

5.4.1　单位工程施工平面图的设计依据、内容和原则

1. 设计依据

单位工程施工平面图的设计依据是：建筑总平面图，施工图纸，现场地形图，水源和电源情况，施工场地情况，可利用的房屋及设施情况，自然条件和技术、经济条件的调查资料，施工组织总设计，本工程的施工方案和施工进度计划，各种资源需要量计划等。

2. 设计内容

①建筑平面图上已建和拟建的地上和地下的一切建筑物、构筑物和管线的位置与尺寸。

②测量放线标桩、地形等高线和取弃土地点。

③移动式起重机的开行路线及垂直运输设施的位置。

④材料、半成品、构件和机具的堆场。

⑤生产、生活临时设施。如搅拌站、高压泵站、钢筋棚、木工棚、仓库、办公室、供水管、供电线路、消防设施、安全设施、道路以及其他需搭建或建造的设施。

⑥必要的图例、比例尺、方向及风向标记。

上述内容可根据建筑总平面图、施工图、现场地形图、现有水源和电源、场地大小、可利用的已有房屋和设施等情况、施工组织总设计、施工方案、施工进度计划等，经过科学的计算，并遵照国家有关规定来进行设计。

3. 设计原则

①在保证施工顺利进行的前提下，现场布置尽量紧凑，以节约土地。

②合理使用场地，一切临时性设施布置时，应尽量不占用拟建永久性房屋或构筑物的位置，以免造成不必要的搬迁。

③现场内的运输距离应尽量短，减少或避免二次搬运。

④临时设施的布置，应有利于工人生产和生活，使工人至施工区的距离最近，往返时间最少。

⑤应尽量减少临时设施的数量，降低临时设施费用。

⑥要符合劳动保护、技术安全和防火的要求。

单位工程施工平面图设计除应考虑上述原则外，还必须结合工程实际情况，考虑施工总平面图的要求和所采用的施工方法、施工进度等，设计多个方案后择优。进行方案比较时，一般应考虑施工用地面积、场地利用系数、场内运输量、临时设施面积、临时设施成本、各种管线用量等技术经济指标。

5.4.2　单位工程施工平面图的设计步骤

单位工程施工平面图设计的一般步骤如图 5-3 所示。

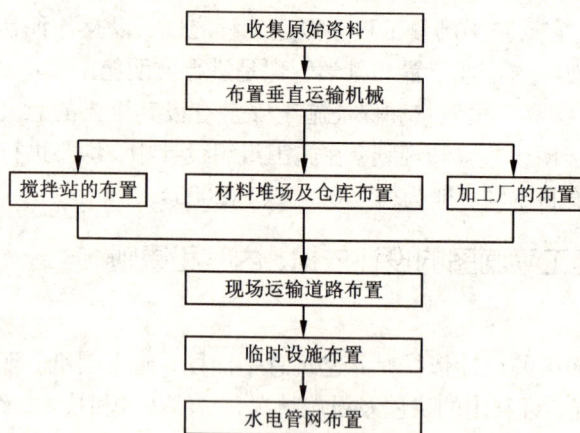

```
          ┌──────────────┐
          │  收集原始资料  │
          └──────┬───────┘
          ┌──────┴───────┐
          │ 布置垂直运输机械│
          └──────┬───────┘
   ┌──────────────┼──────────────┐
┌──┴────┐  ┌─────┴──────┐  ┌────┴────┐
│搅拌站的布置│  │材料堆场及仓库布置│  │加工厂的布置│
└───────┘  └─────┬──────┘  └─────────┘
          ┌──────┴───────┐
          │  现场运输道路布置│
          └──────┬───────┘
          ┌──────┴───────┐
          │  临时设施布置  │
          └──────┬───────┘
          ┌──────┴───────┐
          │  水电管网布置  │
          └──────────────┘
```

图 5-3　施工平面图设计步骤

1. 确定垂直运输机械的位置

垂直运输机械的位置直接影响到仓库、材料堆场、砂浆和混凝土搅拌站的位置，以及场内道路和水电管网的位置等。因此，它的布置是施工现场全局的中心环节，应首先予以考虑。

2. 选择搅拌站的位置

砂浆及混凝土搅拌站的位置，要根据建筑物或构筑物类型、现场施工条件、起重运输机械和运输道路的位置等来确定。布置搅拌站时应考虑尽量靠近使用地点，并考虑运输、卸料方便。或布置在塔式起重机服务半径内，使水平运输距离最短。

3. 确定材料及半成品的堆放位置

材料和半成品的堆放是指水泥、砂、石、砖、石灰及预制构件等。这些材料和半成品堆放位置在施工平面图上很重要，应根据施工现场条件、工期、施工方法、施工阶段、运输道路、垂直运输机械和搅拌站的位置以及材料储备量综合考虑。

4. 运输道路的布置

现场运输道路应尽可能利用永久性道路，或先修好永久性道路的路基，在土建工程结束之前再铺路面。现场道路布置时，应保证行驶畅通并有足够的转弯半径。运输道路最好围绕建筑物布置成一条环形道路。单车道路宽不小于 3.5 m；双车道路宽不小于 6 m。道路两侧一般应结合地形设置排水沟，深度不小于 0.4 m，底宽不小于 0.3 m。

5. 临时设施的布置

临时设施分为生产性临时设施和生活性临时设施。生产性临时设施有钢筋加工棚、木工房、水泵房等；生活性临时设施有办公室、工人休息室、开水房、食堂、厕所等。临时设施的布置原则是有利生产、方便生活、安全防火。

生产性临时设施如钢筋加工棚和木工加工棚的位置，宜布置在建筑物四周稍远位置且有一定的材料、成品堆放场地。

行政管理及文化生活福利房屋的位置，应尽可能利用拟建的永久性建筑。全工地行政管理用的办公室应设在工地出入口处，以便接待外来人员；而施工人员办公室则应尽量靠近施工对象；生活福利房屋，应设在工人聚集较多的地方或出入必经之处；居住房屋，均应集中布置在现场以外，地处干燥，不受烟尘或其他损害健康物质影响的位置。

6. 水、电管网的布置

（1）施工现场临时供水

现场临时供水包括生产、生活、消防等用水。通常，施工现场临时用水应尽量利用工程的永久性供水系统，减少临时供水费用。

根据消防规定设立消防站，其位置应设置在易燃物附近，并须有畅通的消防车道。

临时供水管的铺设最好采用暗铺法，即埋置在地面以下，防止机械在其上行走时将其压坏。临时管线不应布置在将要修建的建筑物或管沟处，以免这些项目开工时，切断水源影响施工用水。

（2）施工现场临时供电

随着机械化程度的不断提高，在施工中用电量将不断增多。因此必须正确地确定用电量和合理选择电源和电网供电系统。通常，为了维修方便，施工现场多采用架空配电线路，且要求架空线与施工建筑物水平距离不小于 10 m，与地面距离不小于 6 m，跨越建筑物或临时设施时，垂直距离不小于 2.5 m。现场线路应尽量架设在道路一侧，尽量保持线路水平，以免电杆受力不均。在低电压线路中，电杆间距应为 25～40 m，分支线及引入线均应由电杆处接出，不得由两杆之间接线。接入高压线时，应在接入处设变电所，变电所不宜设置在工地中心，避免高压线路经过工地内部导致危险发生。

必须指出，工程施工是一个复杂多变的生产过程，各种材料、构件、机械等随着工程的进展而逐渐进场，又随着工程的进展而消耗、变动。因此，在整个施工生产过程中，现场的实际布置情况是在随时变动的。对于大型工程、施工期限较长的工程或现场较为狭窄的工程，需要按不同的施工阶段分别布置几张施工平面图，以便能把在不同的施工阶段内现场的合理布置情况全面地反映出来。

5.5　单位工程施工组织设计实例——××特大桥施工组织设计

5.5.1　编制依据、原则及指导思想

1. 编制依据

①本工程招标文件、设计图纸、现场踏勘获取的资料。

②国家及铁道部现行的有关规范、规则和验收标准等。

③国家有关法规及政策。

④我单位综合管理、施工技术和机械装备水平以及类似工程施工中的经验和工法成果。

2. 编制原则

①坚持基本建设程序，根据工程实际情况，围绕工程进度，周密部署，合理安排施工顺

序，保证按期或提前完成任务，交付运营单位使用。

②采用平行流水及均衡生产组织方法，运用网络计划技术控制施工进度，工期安排紧凑并适当留有余地，以确保工期兑现。

③借鉴以往特大桥工程施工组织的成功经验，针对××特大桥的特点，制定切实可行的施工方案、创优规划和质量、安全保证措施，确保施工目标兑现。

④严格遵循有关环保和水保法规，采取切实可行的保护方案和保证措施，配合当地政府和有关部门做好环境保护工作。

⑤严格遵循有关环保和水保法规，采取切实可行的保护方案和保证措施，配合当地政府和有关部门做好环境保护工作。

⑥合理配置生产要素，优化临时工程布置，减少工程消耗，降低生产成本。

⑦选派有丰富经验、技术水平高的管理人员和技术人员组成强有力的现场管理机构，按照业主要求组织专业化施工。

⑧开展劳动保护，坚持以人为本，提高机械化程度，降低劳动强度，提高劳动生产率。

⑨文明施工，爱护环境，积极协助业主，主动做好各方协调，千方百计减少施工干扰；创造良好的工作、生活环境，保证职工安全健康。

3. 指导思想

××特大桥为本施工管段的重点工程，施工应突出新技术、新材料、新装备、新工艺的运用；突出施工组织设计的科学性、先进性、合理性，保证施工顺利进行；突出先进管理手段，确保文明施工，确保工期提前，确保实现部优，争创国优。突出现代铁路桥梁施工的先进管理手段，确保整个标段的各个项目管理目标的实现。特制定施工组织设计编制指导思想如下：

①人员与施工队伍：由具有丰富工程施工经验的年富力强的人员组成坚强有力的作业班子，根据施工要求组织专业化施工。

②施工组织：采用先进的组织管理技术，统筹计划，合理安排，组织分段、分工序平行流水作业，均衡生产，保证业主要求的工期。

③机械设备：采用先进的机械设备，科学配置生产要素，组建功能匹配、良性动作的施工程序，充分发挥机械设备的生产能力。

④施工工艺：根据工程特点，采用先进的、成熟的施工工艺，实行样板引路、试验先行、全过程监控信息化施工。

⑤质量控制：进一步推进全面质量管理，严格按照三位一体中对质量、环境、职业健康安全及全面执行管理体系的要求进行全方位控制，对施工现场实施动态管理和严密监控，上道工序必须为下道工序服务，质量具有优先否决权。

5.5.2　工程概况及主要工程数量

1. 工程设计概况

××特大桥起讫里程为 DK258 + 621.67 至 DK259 + 550.83，全长 929.16m，位于直线上，铁路等级为Ⅰ级；双线；最大坡度 5.1‰；速度目标为 200 km/h（基础设施预留提速250 km/h的条件）；牵引种类为电力；牵引质量 4000 t；闭塞类型为自动闭塞；建筑限界预留双层集装箱开行条件。

上部结构为 28～32 m 双线后张预应力简支箱梁；下部结构为双线圆端形实体桥墩和双线矩形空心桥台；基础除 25#、26#、27#和 28#为明挖扩大基础外，其余均为 $\phi1.0$ m、$\phi1.25$ m 的钻孔桩基础，共计 221 根桩，桩长为 11～21 m 不等，合计 4083 延长米。

2. 自然、地理条件

（1）地形、地貌

××特大桥所跨越的邹家河河槽弯曲不规则，桥位处水流与线路夹角为 70°，水面清澈，长有水草，桥址处为大片农田、沙地及部分房屋；地势起伏较大，植被一般，桥台均位于小山包上。

（2）地质、水文资料

××特大桥桥址处地质表层以黏土、粉质黏土为主，中部夹杂砂层、砾砂、圆砾土等，下伏砾砂岩、泥质粉砂岩等。

××特大桥所跨越的邹家河主槽水面宽 7～8 m，常年有水，测时水位 45.4 m，百年一遇洪水位为 49.71 m。

地下水主要为孔隙潜水，地下水位埋深 0.2～7.8 m，根据水样化学分析结果表明：地表水对混凝土无侵蚀性，地下水对混凝土无侵蚀性。

（3）气象条件

本地区属亚热带湿润气候和亚热带湿润季风气候，气候温暖，雨量充沛，年平均气温 16℃，年平均降雨量 1346 mm，多集中在 6—10 月份，常年主导风向冬季为东北风、夏季为西南风，一般平均风速 1.9～2.8 m/s。

（4）地震烈度

本区地震动峰值加速度 0.05 g（地震基本烈度为Ⅵ度）。

3. 工程条件

（1）交通运输条件

本工程沿线乡村公路纵横交错，经拓宽、维修后可满足施工、材料运输的要求。

（2）电力及通信条件

沿线电网发达，线路附近均有高压线通过，施工时可就近驳接，同时配备了发电设备，以备紧急时调用。

沿线通信线路较密集，并且已经有手机信号覆盖。

（3）水源及水质情况

本项目所处区，地表水系相当发达，河流、水塘星罗棋布，线路所跨河流常年有水，水质清澈，均能满足施工用水要求；生活用水可打井取水或接自来水。

（4）材料的分布情况

水泥：工程所在省有多家水泥生产厂家，可生产各类硅酸盐水泥，产品质量好，运输方式以汽车运输为主，较为方便。

钢材：工程所在省有大型的钢铁厂，距工程地区约 120 km，汽车运输，较为方便。

砂料：标段所在地区砂料储料丰富，施工用砂可就近采购，汽车运输，运距 15 km 以内。

石料：经前期调查花桥河石场、杨柳河村石场及永丰石场所生产的石子能满足施工生产用量、质量的要求，汽车运输，运距 20 km 以内。

5. 主要工程数量（如表 5 - 6 所示）

表 5 - 6　　××特大桥主要工程数量表

编号	项目名称		数量
1	基础	Ⅰ级钢筋	150.2 t
		C30 混凝土	5014.1 m³
2	承台	Ⅰ级钢筋	57.7 t
		C30 混凝土	4084 m³
3	墩、台	Ⅰ级/Ⅱ级钢筋	54.2/202.5 t
		C35/C40 混凝土	7695.4 m³
4	防护工程	M10 浆砌片石	281.4 m³
		C20 混凝土	13.8 m³

5.5.3　施工组织机构及作业班组分布

1. 施工组织机构设置

根据本桥的工程规模及工程特点，结合我单位在以往同类型工程中的施工管理经验，本着"精干、高效"的原则，抽调具有丰富施工经验的管理人员和技术人员组建"桥梁作业队"，负责××特大桥工程施工中的统一指挥和协调，全面履行合同。

项目队设项目队长 1 人，副队长 1 人；项目队总工 1 人；工程部长兼试验室主任 1 人，测量组长 1 人，技术员 2 人，测工 2 人，试验员 1 人，计量工程师兼资料员 1 人；物资部长 1 人，采购员 1 人，拌和站负责人 1 人；安质部部长 1 人；财务部长 1 人，出纳 1 人；综合办公室主任 1 人，调度员 1 人，司机 1 人。组织机构框图如图 5 - 4 所示。

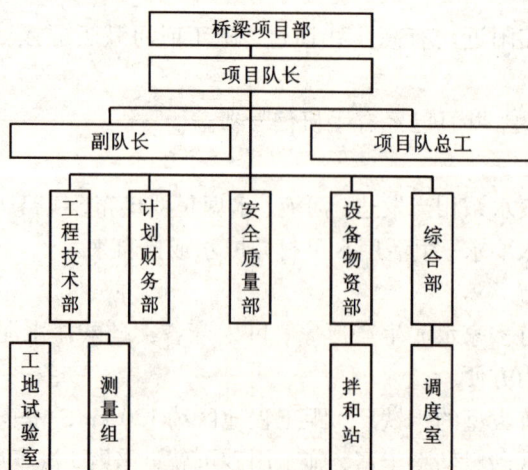

图 5 - 4　　××特大桥组织机构图

2. 职能划分

为了强化施工管理，做到分工明确，责任到人，对项目队各部门职责确定及划分如表 5－7 所示。

表5－7 ××特大桥项目队职能划分一览表

人员、部门	职 责 范 围
项目队长	全面负责现场施工管理工作，并主抓外部协调、物资供应和成本控制
项目副队长	配合项目队长搞好外部协调和物资供应，并主抓质量、安全和文明生产。同时负责施工现场指挥和内部组织与管理
项目队总工	负责总体技术、技术管理和四新推广工作。抓好质量计划和创优规划
工程技术部	负责施工技术工作和施工技术管理工作，搞好施工组织设计和质量计划的编制工作；施工测量及监控量测工作；工程质量和施工过程进行监控
安全质量部	负责安全、质量目标的制订；质量检查及监督工作；安全检查及监督工作；环境保护和文明施工工作。并对检查过程、做出的结果负责
设备物资部	负责工程物资、材料、机具设备供应、管理、现场协调指挥及设备调配、管理
计划财务部	负责计划、统计、财务、预决算和资金调配与管理
综合办公室	负责对外联络协调、宣传工作及内部治安管理、后勤管理、人事、接待等综合性工作

3. 劳动力配置

劳动力计划以满足专业施工为原则，以技术工人为骨干。

劳动力采用动态管理，施工期间根据各项工程的进度情况作合理调整和加强。施工中普通劳动力如有缺口从当地雇用。

根据本桥的技术特征及规模，拟配置现场领工员 2 人，电工 2 名，修理工 1 人，砼工 20 名，钢筋工 15 名，模板、架子工 40 名，机械工 30 人，普工 30 名。操作工人将根据工程进展情况分期进场，上岗前先进行为期一周的岗前培训，详细讲解本大桥的设计概况和施工方法、施工工艺、注意事项等。

劳动力动态如图 5－5 所示。

4. 劳动力调控、保证措施

劳动力根据定额计算，并备有富余，进场时全部到位。技术工种根据施工需要从单位内部进行调配，普通工种从当地招募，培训后使用。并提前制定周密的使用计划，做好准备，保证有机动备用人员。同时与当地劳务市场密切合作，确保及时招募。此外，对休假妥善安排，农忙季节和节假日实行保勤奖。

日期\劳力	2005						2006					
	12	1	2	3	4	5	6	7	8	9	10	
125												
100												
75												
50												
25												
0												

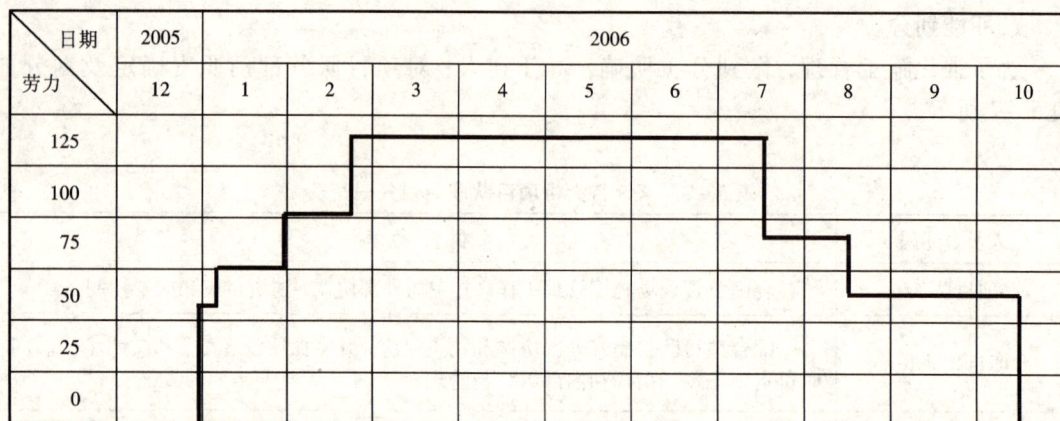

图 5-5 ××特大桥劳动力动态图

5.5.4 施工方案

1. 临时工程平面布置原则及方案

（1）施工总平面布置原则

本工程施工总平面布置，将直接关系到施工总进度计划的实施及安全文明管理水平的高低，为保证现场施工顺序进行，将按以下原则进行平面布置：

①在满足施工要求的前提下，尽量节约施工用地，减少临建设施的布置。

②在保证场内交通运输畅通和满足施工对原材料和半成品堆放要求的前提下，尽量减少场内运输，特别是减少二次倒运。

③在平面交通上，要尽量避免与其他作业队相互干扰。

④施工总平面布置应符合现场卫生及安全技术要求，并满足施工防火要求。

⑤具体布置分区明确，便于文明施工布置。

（2）临时工程

临时工程布置详见如图 5-6 所示的施工场地平面图。

2. 桥梁总体施工方案

根据本桥的特点及规模，结合业主的工期要求，采用平行流水作业，总体施工顺序安排如图 5-7 所示施工计划网络图。

（1）明挖扩大基础

本桥的明挖基础共有 4 个，分别是 25#、26#、27#、28#墩，均为 3 m×1 m 的三级扩大基础。

基坑开挖时，根据地质、地形条件，确定放坡开挖坡度及开挖方法：土质基础采用挖掘机开挖；岩质地段采用小炮松动，挖掘机挖装，人工配合清基。基坑采用四周排水沟及集水坑方式进行排水。

混凝土施工时根据基础级数分层立模、浇筑，基础节间严格按相关规范中施工缝要求处理。当岩层强度大于混凝土强度时，置于岩层中的第一级基础不立模，满灌混凝土；否则应立模浇筑，拆模后回填片石混凝土。混凝土采用集中拌和，罐车运输，溜槽配合入模，插入式捣固棒振动密实。

说明:
　1.进场主便道利用原有曹家坳村至106国道的乡村土路改建, 长4000 m,设计拓宽宽度为4.5 m,路面均采用30 cm厚的泥结碎石。
　2.进场主便道入口端及跨邹家河处各搭设一座30 m、50 m长施工便桥,桥面宽4.5 m,采用圆端形砼实体墩,40 cm厚钢筋砼现浇桥面板。
　3.为便于施工,沿两桥右侧修建纵向施工便道,长1500 m,宽4.5 m。
　4.砼拌和站及钢筋加工场地设在DK260+020左侧,占地4000 m²;场地采用C20砼硬化,厚20 cm。
　5.两桥施工共设2台400 kVA变压器,一台设在跨京九特大桥4#墩右侧,提供搅拌站及跨京九特大桥施工用电;一台设在朱家畈村,提供××特大桥施工用电。

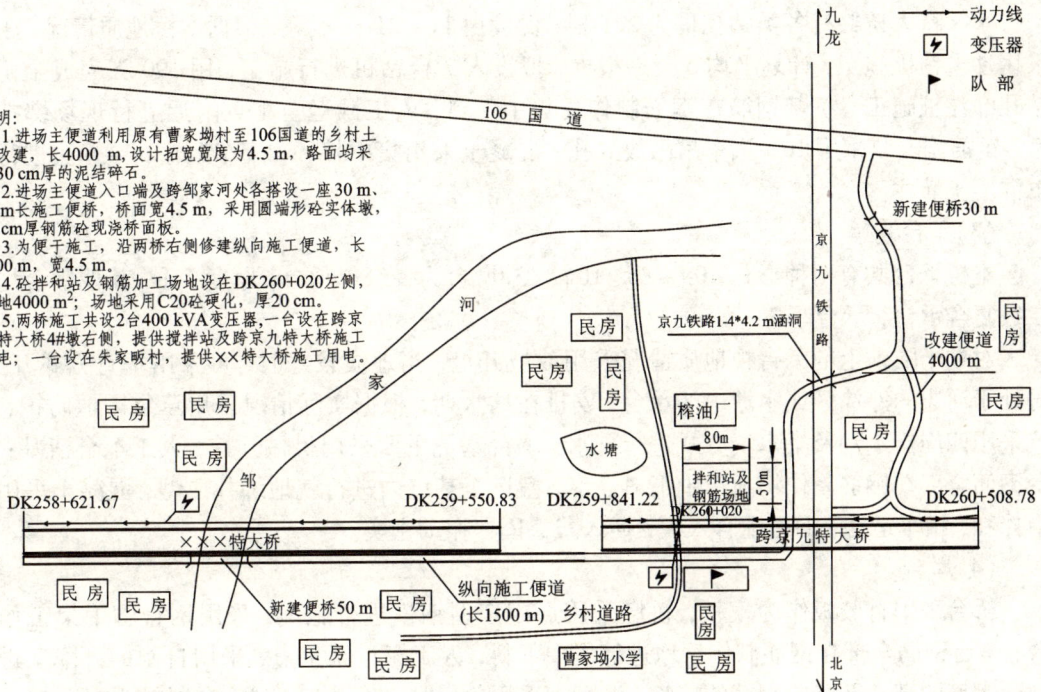

图 5 - 6　××特大桥施工场地平面图

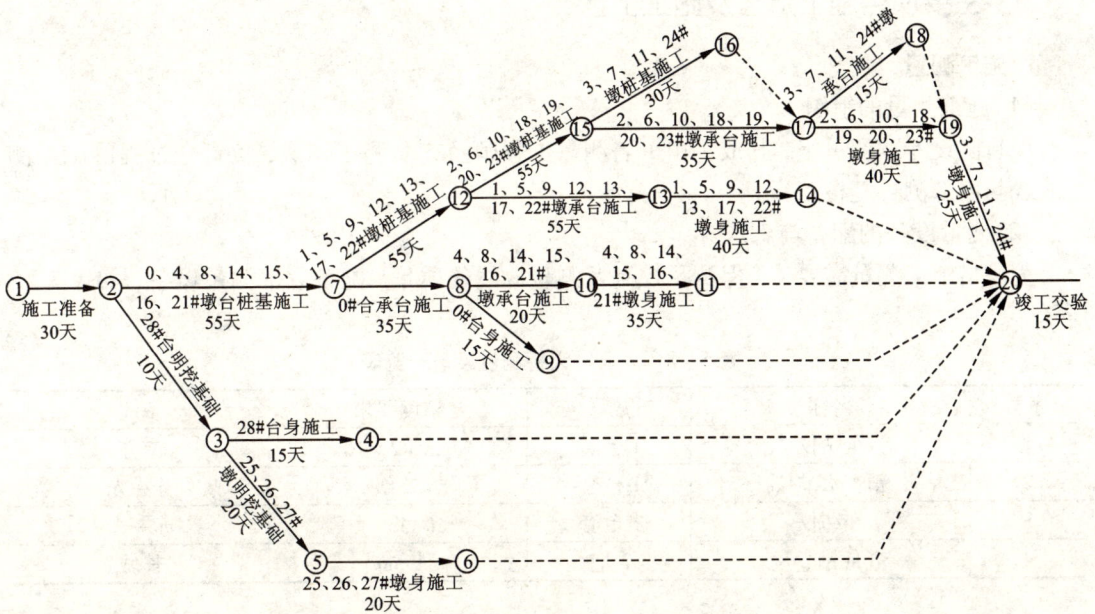

图 5 - 7　××特大桥施工计划网络图

（2）钻孔灌注桩

××特大桥共有各类钻孔桩为221根，深度由11~21 m不等，根据本桥地质情况，主要采用冲击钻机施工，计划平均6天一根桩，拟投入7台钻机进行施工，用190天完成全桥的钻孔灌注桩施工。桩基钢筋在钢筋制作场集中下料，人工搬运至工点附近进行现场绑扎成型，钢筋笼安装采用16 t汽车吊吊放入孔；混凝土采用集中拌和，罐车运输，导管法进行水下混凝土灌注。

（3）承台

本桥承台共有两种形式，0#~8#、10#、13#墩台为一级单承台，厚度2 m，其他墩台均为二级复合承台，承台厚3~3.5 m。

对处于陆地上的承台视地质情况采用放坡开挖，当地质较好时，可采用垂直方式开挖；对处于河边的滩涂区或水塘中的承台，安排在枯水期，根据实际情况采用草袋围堰防护，基坑采用四周排水沟及集水坑方式进行排水；承台基坑主要采用机械开挖，人工配合清基；承台钢筋全部在钢筋制作场地集中下料，人工搬运至基坑内进行就地绑扎成型；混凝土采用集中拌和，罐车运输，溜槽配合入模，插入式捣固棒振动密实。

（4）墩台

桥台采用竹胶板作为模板，桥墩采用厂制定型钢模进行施工，采用钢管脚手架工作平台；墩台钢筋全部在钢筋制作场地进行集中下料，人工搬运至工点，采用自制的升降架进行墩台钢筋的绑扎及竖向钢筋的接长；混凝土采用集中拌和，罐车运输，自制料斗配合16 t汽车串运送到位，串筒溜放入模，人工散布，插入式捣固棒振动密实。

部分高墩混凝土采用汽车泵输送入模。

5.5.5　主要项目施工方法及施工工艺

1. 施工测量

（1）施工测量的组织

项目队设专职测量组，其成员由1名测量工程师及3名测工构成，负责全过程的施工测量放线与内部测量复核工作。

（2）测量设备的配备与管理

为满足施工测量需要，确保测量控制及测量放线的质量，配备以下测量设备，如表5-8所示。

表5-8　××特大桥测量设备一览表

序号	名称	数量	精度要求	备注
1	全站仪	1台套	$3\ mm + 2 \times 10^{-6}$	南方
2	精密水准仪	1台套	S2级	苏一光
3	经纬仪	1台套	J2	苏一光
4	50 m钢卷尺	2把	1 mm	长城

以上测量设备及工具在通过计量检查部门检验合格后使用。

（3）控制测量

1）平面控制系统的建立

①开工前，对业主、设计部门提供的施工区平面控制起始坐标点及增设控制桩采用全站仪按多边形导线网技术要求和精度指标进行联测复核，联测点复核完成并经内业平差计算，测量精度指标达到相应的技术要求后，方可进行后序测量工作。

②平面控制点加密导线测量采用全站仪，按有关规范中精密导线测量的技术要求和精度指标进行。

③在工程施工过程中，定期对所布设的加密导线网进行复测，以防止因施工而引起控制点的位移变形而影响施工放线的质量及精度。

2）高程控制系统的建立

①对业主或设计部门提供水准基点（不应少于 2 个点）进行水准联测复核。

②水准点加密测量。

水准路线的确定按点埋石：在标段施工区间范围内，沿线路两侧且距桥中心 15 m 以外的稳定位置埋设水准点标志桩并与设计部门提供的水准基点形成闭合水准路线，以确保在进行施工测量高程放样时能引测高程。

测设方法：外业测量时采用精密水准仪，按规范中精密水准测量的技术要求和精度指标进行观测。

定期复核：对已测设完成的加密高程控制网应随施工进度的推进，进行定期的复核测量，以确保施工全过程中高程测量系统的统一。

（4）施工测量放线

1）钻孔桩施工定位放线

依据已布设的平面控制加密导线控制点坐标和经计算复核无误的各钻孔桩中心坐标，利用全站仪精确定位，再标定出该桩位的十字桩，供护筒安装及机具定位使用；每个钻孔桩的护筒安装就位后，测量护筒顶标高，供检测孔底标高时使用。

2）扩大基础、承台、墩身施工定位放线

当承台基坑开挖时，及时对坑底标高测量放线，确保基坑不致超挖；基坑垫层施工完后，用墨线标定出墩身十字线，供承台模板、钢筋及墩身钢筋安装定位时使用；当承台混凝土浇筑完成后，用墨线标定出墩身十字线，供墩身模板安装时使用。

3）桥梁支座及支座垫石施工定位放线

用全站仪测设出支座中心点于顶帽面，并将其切法向方向线用墨线标出来，供支座垫石施工及支座安装定位时使用。

2. 明挖扩大基础施工

（1）测量放样

根据基础位置处的地面标高和基础底的标高，设计绘制基础开挖平面图，根据开挖平面图，现场测设，并用石灰粉撒出开挖边线。

（2）基坑开挖

施工时，根据地质、地形条件，确定放坡开挖坡度及开挖方法。基坑表层土质开挖时，按1∶0.5放坡；风化砂岩开挖时，按 1∶0.25 放坡。当基坑较深时，每 2 m 设一个工作平台，宽度1.0 m。土质基础采用挖掘机开挖，岩质地段采用小炮松动，挖掘机挖装，人工配合清基。

（3）基坑排水

基坑施工时，先在基坑四周设排水沟及集水坑，以免雨水浸泡基坑，坑内积水采用潜水泵抽水，人工清除基底浮土。

（4）基底检验

基底检验包括以下内容：基底地质情况是否与设计文件相符；地基承载力是否满足设计要求；检验基坑开挖标高、中心位置及形状是否与设计文件相符；是否有超挖回填、扰动原状土的情况。

（5）基础混凝土灌注

基坑开挖后不得长期暴露，以防止地质风化及雨水浸泡，经监理工程师检查合格后及时浇筑混凝土。混凝土浇筑时按扩大基础级数分层立模、浇筑；当岩层强度大于混凝土强度时，置于岩层中的第一级基础不立模，满灌混凝土，否则应立模浇筑，拆模后回填片石混凝土；每级基础混凝土间严格按施工缝要求处理。混凝土采用集中拌和，罐车运输，溜槽配合入模，人工散布，用插入式捣固棒振捣密实。

（6）基坑回填

在基坑内结构物完成拆模后并征得监理工程师的许可后进行回填，回填材料材质需符合设计和规范的要求；回填时采用蛙式打夯机配合人工分层进行填筑。基坑回填要高出原地面，以防止基础被雨水侵蚀。

扩大基础施工工艺流程图如图 5-8 所示。

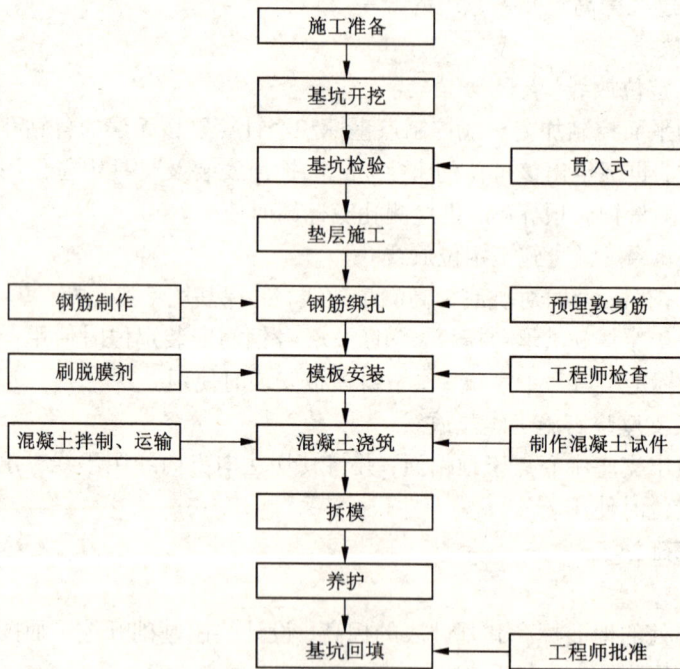

图 5-8　××特大桥扩大基础施工工艺流程图

3. 钻孔灌注桩施工

（1）钻孔机械设备选定

根据本桥设计钻孔直径、深度及地质情况主要选用冲击钻施工。

（2）埋设护筒

钻孔桩施工前，先平整场地，消除杂物，换除软土，夯打密实，然后埋设护筒；在埋设护筒时，先在桩位处挖出比护筒外径大 60～100 cm 的圆坑。然后在坑底填筑 30～50 cm 厚的黏土，分层夯实，然后安设护筒，周围用黏土填筑，其埋置深度不小于 1.5 m，护筒顶面高出地面 0.3 m，保证高出地下水位 2.0 m 以上；钢护筒高度根据不同桩位处地质情况确定，钢护筒内径比桩径大 40 cm，由 8～10 mm 钢板制作。

（3）冲击钻钻孔施工

钻孔施工中严格按施工规范进行，并定时、定人记录观测数据。钻孔桩施工前，必须提前备有足够数量的黏土或膨润土，掏渣后应及时补水。冲击钻的冲程大小和泥浆稠度，应按通过的土层情况来决定。当通过卵石层和强风化岩层时，采用小冲程，并加大泥浆稠度，反复冲击使孔壁坚实，防止坍孔，当通过坚硬的石层时，采用大冲程。在任何情况下最大冲程不宜超过 6 m，防止卡钻，冲坏孔壁或使孔不圆。在易坍塌或钻孔漏水地段，宜采用小冲程，并提高泥浆的黏度和密度。钻进过程中，每进尺 2～3 m，应检查孔直径和竖直度，确保钻孔直径和竖直度符合要求。每钻进 2 m 或地层变化处，应在泥浆池中捞取钻渣样品，查明土类记录，以便与设计资料核对。钻孔达到设计标高后，对孔径、孔形、孔深、竖直度等进行检查，并核对孔底地质是否与设计相符合，经监理工程师核查后，进行清孔。

（4）钻孔注意事项

钻孔作业必须连续进行，不得中断，因特殊情况必须停钻时，孔口应加保护盖，并严禁将钻头留在孔内，以防埋钻。

钻孔过程中及时详细地填写钻孔施工记录，交接班时交代钻进情况及下一班应注意的事项。

当钻孔深度达到设计要求时，用检孔器对孔径、孔形、孔深、竖直度等进行检查，并核对孔底地质是否与设计相符合，确认满足设计要求后，立即填定终孔检查证，并经监理工程师认可，方可进行孔底清理和灌筑水下混凝土的准备工作。

在遇岩溶层复杂地质，因洞内岩面高低不平，或一面有岩，一面悬空，容易造成卡钻和斜孔时，每钻进 1～2 m 应抛填黏土、片石进行纠偏，用低冲程冲砸，反复循环，多次修整桩孔，以保证冲孔质量。

（5）清孔

终孔后，经监理检查合格后，用钻机采用"换浆法"进行第一次清孔，在沉渣厚度、泥浆含砂率、泥浆密度稠度达到规定要求后，下桩基钢筋笼及导管，利用导管进行二次清孔，二次清孔后对孔底沉渣厚度再次测定合格后，并经监理工程师认可，必须立即进行混凝土浇筑，以防坍孔。

（6）钢筋笼制作与安装

桩基钢筋在钢筋棚集中下料，人工搬运至工点后绑扎成型，钢筋笼严格按照设计图制作；钢筋笼采用 16 t 汽车吊分节吊装入孔，焊接牢固，吊装前制订方案，保证在吊运过程中钢筋笼不发生变形；钢筋笼就位后，顶部焊接 4～8 根定位钢筋固定在护筒上，避免灌注混凝土时钢筋笼上浮。

（7）水下混凝土灌注

灌注水下混凝土是钻孔桩施工的关键工序，施工前制定行之有效的《钻孔桩作业指导书》，施工中严格按《钻孔桩施工作业指导书》进行施工。

钻孔应经成孔质量检验合格后，方可开始灌注工作。灌注前，对孔底沉淀层厚度须应再进行一次测定,使之满足规定要求,然后立即灌注首批混凝土;首盘混凝土的方量应根据规范中的公式计算确定,以确保首盘混凝土灌注后导管埋深在 1 m 以上;灌注过程中,派专人随时测量孔内混凝土面高度,计算出导管埋置深度,指挥拆、拔管,严格按照规范中导管埋深控制在 2~6 m 范围的要求进行施工。

水下混凝土灌注应紧凑、连续地进行,严禁中途停工,同时注意观察管内混凝土下降和孔内水位升降情况;为确保桩顶质量,桩顶混凝土面超灌至设计桩顶标高 1 m 以上。

(8)钻孔桩质量检验与试验

在灌注混凝土时,每根桩均按规定制作混凝土试件,并进行标准养护。

有关混凝土灌注情况,各灌注时间、混凝土面的深度、导管埋深、导管拆除以及发生的异常现象等,指定专人进行记录、存档,并及时总结经验,指导下一根桩的施工。

钻孔灌注桩施工工艺流程图如图 5-9 所示。

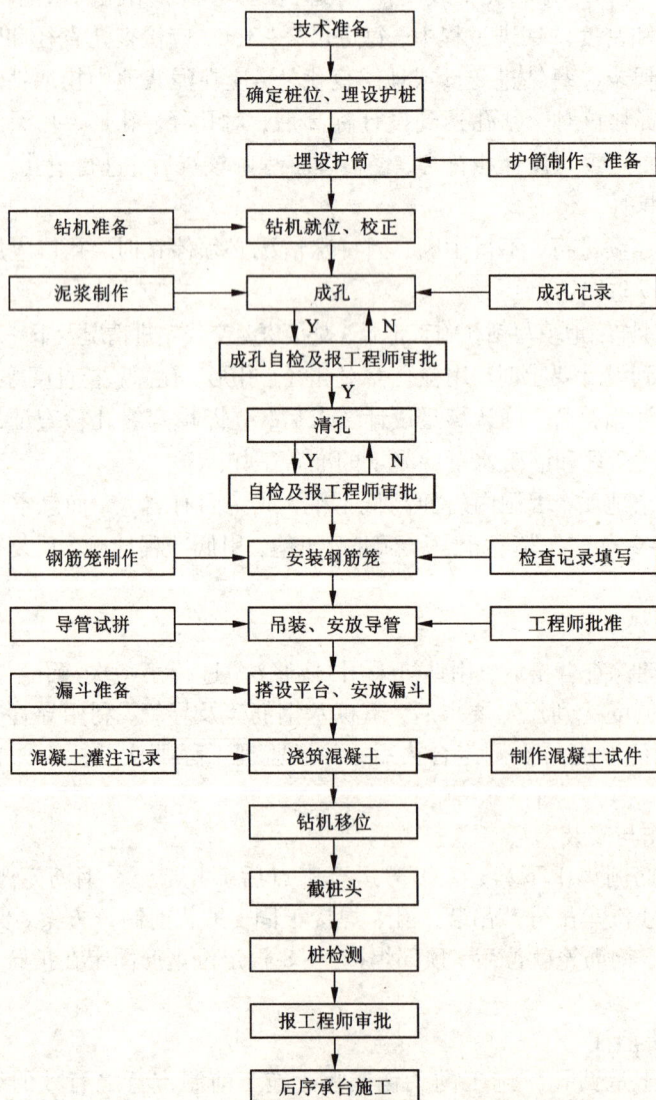

图 5-9　××特大桥钻孔灌注桩施工工艺流程图

4. 承台施工

（1）测量放样

根据承台位置处的地面标高和承台底的标高，设计绘制基坑开挖平面图，根据开挖平面图，现场测设，并用石灰粉撒出开挖边线。

（2）基坑开挖

施工时，根据地质、地形条件，确定放坡开挖坡度及开挖方法。当基坑较深、土质较差时，采用 1∶0.5 坡率放坡开挖，并每 2 m 设一个工作平台，宽度 1.0 m；当基坑较浅，土质较好时，可采用垂直方式开挖。

基坑主要采用挖掘机开挖，人工配合清基。

（3）基坑排水

基坑施工时，先在基坑四周设排水沟及集水坑，以免雨水浸泡基坑，坑内积水采用潜水泵抽水，人工清除基底浮土。

（4）承台钢筋及模板安装

承台钢筋采用统一加工成型，钢筋加工前对钢筋进行清理，保证钢筋表面无锈蚀、油脂等杂物。

钢筋绑扎：采用钢筋棚集中下料、现场就地绑扎的方法进行施工，严格按照施工规范及技术规范施工，安装符合设计要求并按规定预埋墩身构造钢筋。

模板安装：承台侧模采用组合钢模板拼装，模板表面涂刷脱模剂，模板采用脚手架及方木进行加固，且支撑牢靠。

（5）混凝土浇筑

承台混凝土采用拌和站集中拌制，混凝土搅拌运输车运输，混凝土运输车配合溜槽入模，插入式振动器振捣；混凝土分层连续浇筑，一次成型，严禁中途无故中断，造成施工缝。混凝土配比通过试验确定。骨料采用经试验合格的砂石料，保证级配良好。

承台混凝土施工质量控制详见大体积混凝土施工措施。

（6）拆模及养护

混凝土浇筑完成后及时采用覆盖洒水的方法进行养护，强度达到设计及规范要求后方可拆模。拆模后继续养护，养护时间不得少于 28 天。

（7）基坑回填

在基坑内结构物完成拆模后并征得监理工程师的许可后进行回填，回填材料材质需符合设计和规范的要求；回填时采用蛙式打夯机配合人工分层进行填筑。基坑回填要高出原地面，以防止基础被雨水侵蚀。

（8）承台大体积混凝土施工措施

①合理选择原材料，优化混凝土配合比。

②混凝土结构内部埋设冷却水管和测温点，通过冷却水循环，降低混凝土内部温度，减小内表温差，控制混凝土内外温差小于 25℃。通过测温点温度测量，掌握混凝土内部各测温点温度变化，以便及时调整冷却水的流量，控制温差。

③控制混凝土的入模温度，高温季节施工时，可采用低温水拌制混凝土，并采取对骨料进行喷水降温或塔棚遮盖，对混凝土运输机具进行保温防晒等措施，降低混凝土的拌和温度，控制混凝土的入模温度在 25℃ 以内。

④采取薄层浇灌,合理分层(30 cm 左右),全断面连续浇灌,一次成型,但应控制混凝土的灌注速度,尽量减小新老混凝土的温差,提高新混凝土的抗裂强度,防止老混凝土对新混凝土过大的约束而产生断面通缝。

⑤加强保温、保湿养护,延缓降温速率,防止混凝土表面干裂。养护期间,不得中断冷却水及养护用水的供应,要加强施工中的温度监测和管理,及时调整保温及养护措施。保温养护措施可采取在混凝土面表面覆盖两层草袋并加盖一层尼龙薄膜或在混凝土表面蓄水加热保温等办法进行。

⑥优化施工组织方案,严格施工工艺,加强施工管理,从原材料的选择,混凝土的拌制、浇注,到承台混凝土浇筑结束后的养护等各项工序都要有专人负责,层层严格把关,严肃施工纪律,加强质量意识。发现问题及时上报处理。

承台施工工艺流程图如图 5 - 10 所示。

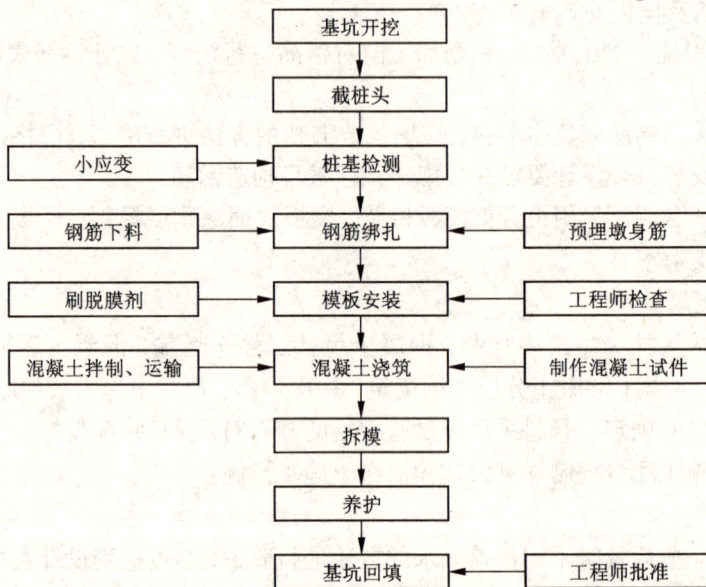

```
                    ┌──────────┐
                    │  基坑开挖  │
                    └────┬─────┘
                    ┌────┴─────┐
                    │  截桩头   │
                    └────┬─────┘
       ┌──────────┐ ┌────┴─────┐
       │  小应变   │→│  桩基检测  │
       └──────────┘ └────┬─────┘
       ┌──────────┐ ┌────┴─────┐ ┌──────────┐
       │  钢筋下料  │→│  钢筋绑扎  │←│  预埋墩身筋 │
       └──────────┘ └────┬─────┘ └──────────┘
       ┌──────────┐ ┌────┴─────┐ ┌──────────┐
       │  刷脱膜剂  │→│  模板安装  │←│  工程师检查 │
       └──────────┘ └────┬─────┘ └──────────┘
     ┌────────────┐ ┌────┴─────┐ ┌────────────┐
     │ 混凝土拌制、运输 │→│  混凝土浇筑 │←│  制作混凝土试件 │
     └────────────┘ └────┬─────┘ └────────────┘
                    ┌────┴─────┐
                    │   拆模    │
                    └────┬─────┘
                    ┌────┴─────┐
                    │   养护    │
                    └────┬─────┘
                    ┌────┴─────┐ ┌──────────┐
                    │  基坑回填  │←│  工程师批准 │
                    └──────────┘ └──────────┘
```

图 5 - 10　××特大桥承台施工工艺流程图

5. 墩台施工

(1)桥台施工

1)台身模板

台身采用竹胶板作模板,模板内设 φ16 的拉杆,模板外用两根建筑用槽钢作为拉杆的带木。模板的下部固定在承台上,上部用 φ12 的钢丝绳与地面上的钢管桩进行拉结,以稳固模板上部。施工平台由承台上搭设 40 cm×60 cm 的钢管脚手架施工平台。

2)混凝土施工

混凝土采用集中拌和,罐车运输,自制料斗装料,汽车吊提升入模,插入式捣固棒振捣密实;当倾落高度大于 2 m 时,混凝土必须通过串筒入模;混凝土浇筑按水平分层进行,每层厚度不大于 30 cm;在台身水平面积较大的混凝土浇筑时,要适当加快浇筑速度,若速度不能较快的情况下，可适量加入缓凝剂，以保证两层混凝土之间连接良好。

桥台的混凝土均分二次进行浇筑：第一次浇筑至台顶位置，第二次浇筑至桥台剩余部分及道砟槽部分；两层混凝土间严格按规范规定的施工缝处理方法进行施工缝处理，且第二次混凝土浇筑时间以第一次浇筑的混凝土强度达到 70% 左右为宜。在第二次混凝土施工期间，所有的模板及支撑均不得改动，若有变形不牢固的，可以进行加固，但绝不可以松动或拆除。以免在两层混凝土间产生错台或浇筑上层混凝土时发生漏浆现象。

混凝土施工中，严格控制台身顶部的标高。

4）拆模与养护

混凝土浇筑完后，应及时地对裸露面进行覆盖，待初凝后进行洒水养护；在台身混凝土的强度达到设计要求后，方可进行模板及支架的拆除，拆模顺序自上而下；拆模后继续洒水养护，养护时间不得小于 14 天。

3）墩身模板

全桥共有 27 个桥墩，墩高 6.5～18.5 m 不等，按照工期的要求，共加工 3 套模型；模板设计要有足够的刚度，面板统一采用优质冷轧钢板，选择具有相应施工资质及丰富施工经验的模板厂家加工制作，确保面板焊接拼缝严密平整，表面平整光滑。

当墩身高度小于 14 m 时，模板一次性支立成型；当墩身高度大于 14 m 时，模板分两次支立。模板的下部固定在承台上，上部用 ϕ12 的钢丝绳与地面上的钢管桩进行拉结，以稳固模板上部。施工平台由承台或扩大基础上搭设 40 cm×60 cm 的钢管脚手架施工平台。

当模板组拼成型后，所有螺栓不必拧紧，留出少量松动余地，以便检查时发现模板偏斜进行纠偏处理。

（3）墩台身钢筋工艺

墩台钢筋采用自制的塔架绑扎、接长钢筋，既提高了工效又保证了质量，钢筋加工制作严格按照以下要求进行：

①钢筋采用单面焊时，焊接长度不小于 10 倍的钢筋直径；采用双面焊时不小于 5 倍的钢筋直径；采用绑扎连接时，Ⅰ 级钢筋搭接长度不小于 30 倍的钢筋直径；Ⅱ 级钢筋搭接长度不小于 35 倍的钢筋直径，在任何情况下，纵向受拉钢筋的搭接长度不得小于 300 mm；受压钢筋的搭接长度不得小于 200 mm。

②钢筋焊接接头设置在内力较小处，并错开布置，对绑扎接头，两接头间距不小于 1.3 倍的搭接长度。对于焊接接头长度区段内，同一根钢筋不得有两个以上接头，配置在接头长度区段内的受力钢筋其接头的截面面积在受拉区不大于总截面面积的 50%。

钢筋的交叉点用铁丝绑扎结实，必要时，亦可用点焊焊牢。

③焊接接头与钢筋弯曲处的距离不应小于 10 倍钢筋直径，也不应位于构件的最大弯矩处。

④模板间设置的垫块要与钢筋扎紧，并互相错开，成梅花形布置；垫块标号不低于本体混凝土的标号。

⑤在浇注混凝土前，对已安装好的钢筋及预埋件进行检查。

墩台施工工艺流程图如图 5-11 所示。

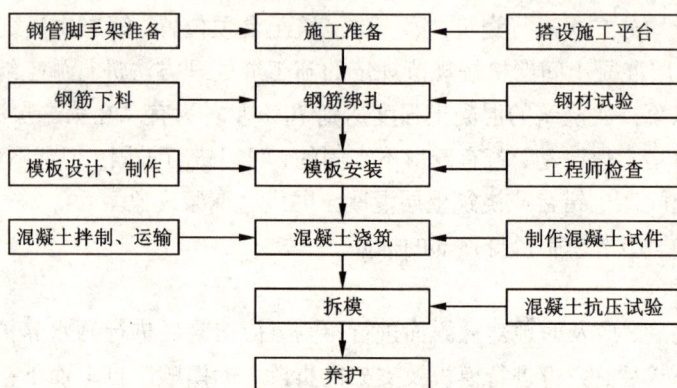

图 5 – 11　××特大桥墩台施工工艺流程图

5.5.6　施工进度计划

1. 工期安排计划

根据以往的施工经验，××特大桥计划从 2006 年 1 月 1 日开工，至 2006 年 10 月 15 日下部主体工程完工。具体安排如图 5 – 12 所示的××特大桥施工进度横道图。

图 5 – 12　××特大桥施工计划横道图

2. 工程进度控制

1）施工准备

在接到任务后，作业队迅速组织了施工人员、机械到施工现场，进行施工准备工作，包括复测，施工方案的拟订，辅助征地拆迁，新建或改建临时便道等，为开工尽快打下基础。

2）分阶段进度控制

在施工过程中采用网络技术安排施工计划，利用现代化管理手段（微机）随时调整施工进度,确保工程进度按计划顺利完成。

在大桥施工前,利用网络计划技术,排出各阶段的具体计划安排,在各阶段施工过程中,因自然因素影响工程进度,应及时调整施工方案,加大人力、物力资源配备,利用网络技术重排进度计划,保证总工期实现。

××特大桥施工计划网络图如图5-7所示。

5.5.7　主要材料、设备的使用计划及供应方案、保证措施

1.主要材料、设备使用计划

（1）主要材料

根据设计图纸及施工方案,通过定额计算,汇总出全桥的原材料数量及周转料数量,结合考虑本桥的施工组织计划安排,本着均衡生产、节约资金、减少材料浪费、分阶段配置、及时清退的五项原则,有序地组织各项材料的采购。

钢筋、水泥根据全线的统一要求,由建设单位与经理部联合招标采购;砂、石料等地材及钢管、扣件等周转材料,兼顾质量、经济两方面综合考虑,就近采购。

本桥主要材料进场计划如表5-9所示。

表5-9　主要材料进场计划表

日期 品名	2005	2006								
	12	1	2	3	4	5	6	7	8	9
钢材/t	10	40	60	70	70	70	70	50	30	30
水泥/t	100	500	700	1000	1000	1000	1000	500	200	200
黄砂/m³	120	550	800	1200	1200	1200	1200	550	250	250
碎石/m³	240	840	1080	2040	2040	2040	1200	1200	360	360
片石/m³			400							
钢模/t		30	20							
竹胶板/m²		400								
钢管/t		20	30							

（2）主要机械设备

根据本桥的特点及规模,通过定额计算,主要施工设备配置本着略有富余、机械及时进场和及时退场、成配套提高综合效率原则,一次进场,快速进场。对于机械安排多人进行管理,合理进行机械的调转,保证工程安全、高效地施工（主要施工机械设备配备表略）。

2.供应方案

本工程所需主要物资、设备均统一组织招标采购,并接受建设单位的监督或与建设单位联合招标采购。

严把物资、设备进场关,确保物资、设备供应质量。选择的物资、设备供货商事先报请建设单位审查,未经审查的,建设单位有权否决。

在质保期内对采购的物资、设备质量负总责,承担直接责任。

严格审查物资、设备供应商资质、资格条件:必须具有产品技术鉴定证书（国家、省、部

级机构）、生产许可证、产品合格证，铁路特殊产品必须具有铁道部特许证、科技成果鉴定证书、技术鉴定证书、铁道部技术审查意见。

3. 保证措施

（1）主要材料

用于工程施工的材料、设备严格从符合规范设计要求、信誉好的厂家进货，所有厂制材料设备、必须有出厂合格证，并经必要的检验和试验，合格后方准使用。

每批进场水泥、钢材等主材，向监理工程师提供供货附件及有关说明，并按要求进行抽样试验。粗细骨料按规定作相关试验，各项指标必须符合规定及设计要求后方准使用，试验结果报监理工程师。

对本工程所需的各种材料、设备，按材料、设备供应计划，做到有组织、有计划地供应，并有一定的储备，保证施工生产正常进行。

（2）机械设备

在施工前，对各种施工设备进行彻底的检查，保证各机械设备进场时的状态良好；施工时，对各种设备进行经常的养护、检修，如发现有异常，及时进行修理，以保证各设备运转正常。

在施工开始前，选择进行检测过的试验、测量、检测设备，并在施工过程中，定期对各种试验、测量、检测设备进行检测、校核。

5.5.8 创优规划和质量保证措施

1. 创优规划

（1）创优目标

确保全部工程质量符合国家、铁道部颁发的现行施工规范、规程、质量标准和工程建设标准强制性条文。

竣工按部颁验收标准，工程一次验收合格率达到100%。

对完工的基桩、混凝土圬工、浆砌片石等的质量自检检测率必须达到100%。

（2）创优体系

针对本工程特点和创优要求，对各部门的工作进行分解，建立创优保证体系。

（3）创优措施

施工过程中必须以设计规范、设计文件为依据，精心组织施工，必须体现质量否决权，体现质量是企业的生命线。推行质量管理岗位责任制、逐级负责制，层层把关，层层负责。

强化"以样板引路，靠质量取胜"的质量意识，使每一个职工明白，只有创优质名牌工程，才能使企业得以生存和持续发展，把干优质工程变为职工的自觉行动。

加强技术负责制，严格工程技术管理制度。把好图纸审批关、施工测量关、材料进场关、计量试验关、技术交底关、工艺操作关、隐蔽工程检查关。

认真执行工程质量监理制度，坚持隐蔽工程按基建程序办事，积极支持和配合监理的工作，共同把好创优工程质量关。

杜绝质量通病，做到内实外美，以内实为根本。本工程要以主攻质量通病为重点，加强管理，加大力度，实实在在地提高工程质量的综合水平。严格按施工规范操作，针对不同质量通病进行攻关，制定防范措施，使质量通病得到克服和控制。

进入本工程的每一个管理人员和施工人员，须接受建设单位和监理工程师的检查监督，并严格认真地执行监理工程师的指令和命令。

专职质检员做到不离施工现场，尽职尽责，对违章作业、不重视施工质量的现象及时纠正，并有权责令其停止施工。

严把工程材料进场检验关。严格执行检查、检测制度，并逐级检查和验收。对工程所需材料必须进行试验，合格后方可使用。

2. 质量保证措施

①建立完善的质量保证体系。

②强化质量意识，健全规章制度。

③实现科学先进的试验、检测、监控手段。

④强化施工管理，确保工程质量。

⑤严把原材料采购、进场、使用的检验关。

5.5.9　安全保证措施

1. 安全方针、指导思想及安全目标

（1）安全方针及安全指导思想

严格贯彻《中华人民共和国安全生产法》《铁路工程施工安全技术规程》、湖北省有关安全生产的文件、通知。遵循"安全第一，预防为主"的方针，安全、高效、优质地建成本工程，为沿线经济服务。

（2）安全目标

无铁路行车险性及以上事故、无人身重伤事故、无等级火警事故。

2. 安全保证的主要措施

建立以作业队长为首的安全生产小组。作业队长为安全生产第一责任人，对该项目的施工安全全面负责；分管生产的副队长具体组织实施各项安全措施和安全制度，对安全施工负直接领导责任；施工技术负责人（总工程师）负责组织安全技术措施的编制和审核，组织安全技术交底和安全教育；作业队设专职安全检查工程师，负责本项目各项安全措施的制订、监督和检查落实；各作业班组设兼职安全员并成立安全岗位监督岗，加强施工过程中的安全控制。

①认真贯彻"安全第一、预防为主"的方针，结合我作业队实际和本工程特点，组成由作业队长、专职安全员、作业组兼职安全员以及工地安全用电负责人参加的安全生产管理网，全面执行安全生产责任制，抓好本工程的安全生产工作。

②在编制本工程实施性施工组织设计时，把安全生产列为主要内容之一，针对本工程特点和各施工面的实际情况，研究采取各种安全技术措施，改善劳动条件，消除生产中的不安全因素。

③施工现场的安全设施搭设完毕后，必须经过验收合格挂牌后方可投入施工使用。

④工程实施前，对投入本工程施工的机电设备和施工设施进行全面的安全检查，不符合安全规定的地方立即整改完善。并在施工现场设置必要的护栏、安全标志和警告牌。

⑤工程实施时，严格按照经作业队和监理审定的施工组织设计和安全生产措施的要求进行施工，操作工人严守岗位履行职责，遵守安全生产操作规程，特种作业人员经培训持证上岗，各级安全员深入施工现场，督促操作工人和指挥人员遵守操作规程，制止违章操作、无

证操作、违章指挥和违章施工。

⑥工程实施时，每周召开一次例会，检查安全生产措施的落实情况，研究施工中存在的安全隐患，及时补充完善安全措施。

⑦重视个人自我防护，进入工地按规定戴安全帽，进行高空作业和特殊作业前，先要落实防护设施，正确使用攀登工具、安全带或特殊防护用品，防止发生人身安全事故。

⑧按照防火防爆的有关规定设置油库、危险品库等临时性构筑物，易燃易爆物品堆放间距和动火点与氧气、乙炔的间距要符合规定要求，严格执行动火作业审批制度，一、二、三级动火作业未经批准不得动火，临时设施区要按规定配足消防器材。

⑨工地上做好除害灭病和饮食卫生工作；夏季施工时，抓好防暑降温工作，防止中暑现象发生。

⑩安全检查。每月一次全面安全检查，由工地各级负责人与有关业务人员实施。每旬一次例行定期检查，由施工员实施。班组每天进行上岗安全检查、上岗安全交底、上岗安全记录和每周一次的安全讲评活动。在节假前后、多雨高温季节组织施工用电、防水和高温的专项安全检查。

5.5.10　工期保证措施

成立由作业队长任组长，有关人员参加的领导小组，健全岗位责任制，从组织上、制度上、措施上保证总工期的实现。

为确保工期要求，按期优质完成施工任务，拟采取以下工期保证方案：

选拔业务精、能力强的管理和施工人员，做到施工安排有序、合理、施工过程连续受控。充分细致做好开工前的各项工作准备。按照××线全线总体施工安排及工期目标，利用倒排工期法，制订详细的分段工期控制目标计划，逐一安排、落实。采用新工艺、新技术、新设备提高效率，抓住物资供应关，保证整个施工的物资供应。机械设备配套完善，确保施工均衡连续进行。

5.5.11　环境保护、水土保持和文明施工措施

1. 环境保护、水土保持措施

严格按照国家、铁道部、地方政府及建设单位有关生态环境保护的规定，贯彻"预防为主、保护优先、开发与保护并重"的原则和"三同时"原则，"三废"按规定排放。确保施工中的环境保护监控与监测结果满足业主和设计文件要求及有关规定，并确保工程所处环境及河流不受污染。工程完工后恢复植被。

成立以作业队长为组长的环境保护领导小组，认真学习贯彻环境保护法，严格执行国家及地方政府颁布的有关环境保护的法令法规，方针政策。

重视环境保护工作，编制实施性施工组织设计时，结合设计文件和工程特点，及时提报有关环境保护设计，按批准的文件组织实施。

健全企业的环保管理机制，定期进行环保检查，及时处理违章事宜。并与地方政府环保部门建立工作联系，接受社会及有关部门的监督。

加强环保教育，宣传有关环保政策、知识、强化职工的环保意识，使保护环境成为参建职工的自觉行为。

进场后，对环境保护工作做全面规划，综合治理。会同监理工程师及时与当地环保机构取得联系，遵守有关控制环境污染的法规，从组织管理、防治和减轻水污染、施工噪声振动控制、水土保持、生态环境保护、粉尘控制等多方面采取措施，将施工现场周围环境的污染降至最小，搞好污水处理，防止污染水质，做好水土保持。

制定下发环保细则，加强环保教育；疏通排水系统，防止水土流失；加强管理，施工中的废弃物和垃圾弃到指定地点；施工中维护原有生态系统。

为了减少水土流失，桥梁基础施工中产生大量多余的基坑土，堆放在桥梁附近将影响环境，应作弃土集中堆放处理，并应根据地形条件造田复耕。

2. 文明施工保证措施

①编制施工组织设计时，把文明施工列为主要内容之一，制订出以"方便人民生活，有利于生产发展，保护生态环境"为宗旨的措施。

②在工程开工前，将详细的文明施工管理措施呈报给项目监理批准，并指派专职人员负责文明施工的日常管理工作。

③全面开展创建文明工地活动。本工程施工过程中将全面开展创建文明工地活动，施工现场挂牌施工；管理人员佩卡上岗，工地现场施工材料堆放整齐，工地生活设施文明有序，工地现场开展创建文明工地活动。

④工地宣传：在工地四周的围墙建筑物、宿舍外墙等地方，贴上反映企业精神、时代风貌的醒目宣传标语，工地内设置宣传栏、黑板报等宣传阵地，及时反映工地内外各类动态。

重点与难点

重点：①施工方案设计；②施工进度计划的编制；③资源需用量计划的编制。

难点：施工方案设计。

思考与练习

1. 什么是单位工程施工组织设计？它包括哪些内容？

2. 试述单位工程施工组织设计的作用及其编制依据和编制程序。

3. 单位工程施工组织设计中的工程概况包括哪些内容？

4. 单位工程施工组织设计中的施工方案包括哪些内容？

5. 什么是单位工程的施工起点流向？

6. 选择施工方法和施工机械应注意哪些问题？

7. 试述施工组织设计中技术组织措施的主要内容。

8. 编制单位工程施工进度计划的作用和依据有哪些？

9. 试述单位工程施工进度计划的编制程序。

10. 在施工进度计划中划分施工项目有哪些要求？

11. 单位工程施工组织设计编制时工程量计算应注意什么问题？

12. 如何确定一个施工项目需要的劳动工日数或机具台班数？

13. 怎样确定完成一个施工项目的延续时间？

第 6 章

建设工程计价原理

6.1 概述

6.1.1 建设工程造价计价的概念

1. 工程计价

工程计价是指按照规定的程序、方法和依据,对工程建设项目及其对象,即各种建筑物和构筑物建造费用的计算,也就是工程造价的计算。工程计价伴随整个工程建设过程,在各个建设阶段对应有各自不同的计价,如初步设计阶段的设计概算、施工图设计阶段的预算等。由项目筹备初期项目建议书阶段编制的工程估价到工程建设后期的竣工验收交付使用阶段编制的竣工结算,工程计价是一个由粗到细、由浅入深、由不精确到精确的过程,直至竣工验收后才能完全确定工程的实际价格。工程计价是一个表述工程造价计算及其过程的完整概念。

工程建设是指为了国民经济各部门的发展和人民物质文化生活水平的提高而进行的有组织、有目的的投资兴建固定资产的经济活动,即建造、购置和安装固定资产的活动以及与之相联系的其他工作。工程建设是实现固定资产再生产的一种经济活动。

2. 工程造价

工程造价是指某项工程建设所花费的全部费用。工程造价是一个广义概念,在不同的场合,工程造价含义不同。由于研究对象不同,工程造价有建设工程造价,单项工程造价,单位工程造价以及建筑安装工程造价等。

工程造价的直意就是工程的建造价格。其含义有两种:

第一种含义,工程造价是指进行某项工程建设花费的全部费用,即该工程项目有计划地进行固定资产再生产、形成相应无形资产和铺底流动资金的一次性费用总和。显然,这一含义是从投资者—业主的角度来定义的。投资者选定一个项目后,就要通过项目评估进行决策,然后进行设计招标、工程招标,直到竣工验收等一系列投资管理活动。在投资活动中所支付的全部费用形成了固定资产和无形资产。所有这些开支就构成了工程造价。从这个意义上说,工程造价就是工程投资费用,建设项目工程造价就是建设项目固定资产投资。

第二种含义,工程造价是指工程价格,即为建成一项工程,预计或实际在土地市场、设备市场、技术劳务市场等交易活动中所形成的建筑安装工程的价格和建设工程总价格。显然，工程造价的第二种含义是以社会主义商品经济和市场经济为前提的。它以工程这种特定的商品形成作为交换对象，通过招投标、承发包或其他交易形成，在进行多次性预估的基础上，由市场形成最终的价格。通常是把工程造价的第二种含义认定为工程承发包价格。

所谓工程造价的两种含义是以不同角度把握同一事物的本质。以建设工程的投资者来说工程造价就是项目投资，是"购买"项目付出的价格；同时也是投资者在作为市场供给主体时"出售"项目时定价的基础。对于承包商来说，工程造价是他们作为市场供给主体出售商品和劳务的价格的总和，或是特指范围的工程造价，如建筑安装工程造价。

6.1.2　建筑产品的特点

建筑产品具有产品生产的单件性、建设地点的固定性、施工生产的流动性等特点。这些特点是形成建筑产品的计价方法，不同于一般工业产品计价方法的根本原因。

1. 产品生产的单件性

建筑产品的单件性是指每个建筑产品都具有特定的功能和用途，在建筑物的造型、结构、尺寸、设备配置和内外装修等方面都有不同的具体要求。即使用途完全相同的工程项目，在建筑等级、基础工程等方面都可能会不一样。可以这样认为，在实践中找不到两个完全相同的建筑产品。因而，建筑产品的单件性使建筑物在实物形态上千差万别，各不相同。

2. 建设地点的固定性

建设地点的固定性是指建筑产品的生产和使用必须固定在某一个地点，不能随意移动。建筑产品固定性的客观事实，使得建筑物的结构和造型受到当地自然气候、地质、水文、地形等因素的影响和制约，使得功能相同的建筑物在实物形态上仍有较大的差别，从而使每个建筑产品的工程造价各不相同。

3. 施工生产的流动性

建筑产品的固定性是产生施工生产流动性的根本原因。因为建筑物固定了，施工队伍就流动了。流动性是指施工企业必须在不同的建设地点组织施工、建造房屋。由于每个建设地点离施工单位基地的距离不同、资源条件不同、运输条件不同、工资水平不同等，都会影响建筑产品的造价。

6.1.3　建设工程项目的划分

一个建设工程项目是一个复杂的系统工程，从整体上来事先测算工程建设费用是非常困难的。我们只有将一个庞大的建设工程分解成细小的单元，也就是分解成分项工程或结构构件。也就是建筑工程的基本构造要素。通常，把这一基本构造要素称为"假定建筑产品"。通过套用定额，得到这些分项工程或结构构件的人工、材料和机械的消耗量，再确定其单价，进而计算分部分项工程费用，最后计算出整个建设项目的造价。

基本建设项目按照合理确定工程造价和基本建设管理工作的要求，划分为建设项目、单项工程、单位工程、分部工程、分项工程五个层次。

1. 建设项目

建设项目一般是指在一个总体设计范围内，由一个或几个工程项目组成，经济上实行独立核算，行政上实行独立管理，并且具有法人资格的建设单元。一般由一个或数个单项工程组成。

2. 单项工程

单项工程又称工程项目，是建设项目的组成部分，是指具有独立设计文件，竣工后可以独立发挥生产能力或使用效益的工程。一个工厂的生产车间、仓库，学校的教学楼、图书馆等分别都是一个单项工程。单项工程由单位工程构成。

3. 单位工程

单位工程是单项工程的组成部分。单位工程是指具有独立的设计文件，能单独施工，但建成后不能独立发挥生产能力或使用效益的工程。一个生产车间的土建工程、电气照明工程、给排水工程、机械设备安装工程、电气设备安装工程等分别是一个单位工程，是生产车间这个单项工程的组成部分。

4. 分部工程

分部工程是单位工程的组成部分，分部工程一般按工种工程来划分，例如土建单位工程划分为土石方工程、砌筑工程、脚手架工程、钢筋混凝土工程、木结构工程、金属结构工程、装饰工程等。分部工程也可按单位工程的构成部分来划分，例如土建单位工程也可分为基础工程、墙体工程、梁柱工程、楼地面工程、门窗工程、屋面工程等。建筑工程预算定额综合了上述两种方法来划分分部工程。

5. 分项工程

分项工程是分部工程的组成部分。按照分部工作划分的方法，可再将分部工程划分为若干个分项工程。例如，基础工程还可以划分为基槽开挖、基础垫层、基础砌筑、基础防潮层、基槽回填土、土方运输等分项工程。

分项工程是建筑工程的基本构造要素，虽然没有独立存在的意义，但是这一概念在工程造价编制、计划统计、建筑施工及管理、工程成本核算等方面都具有十分重要的意义。建设项目划分示意图如图 6-1 所示。

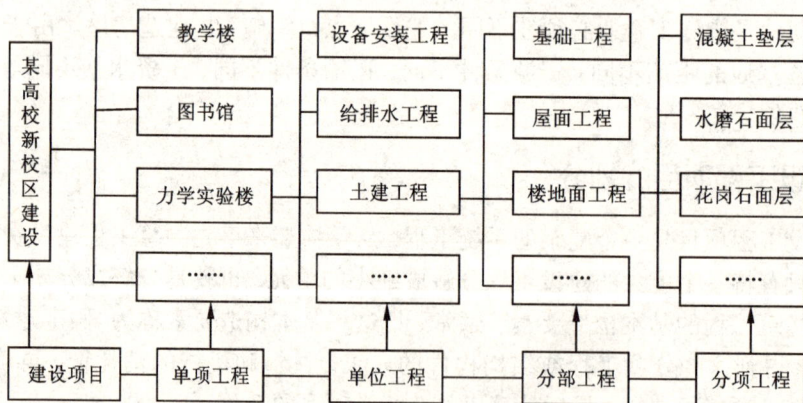

图 6-1 建设项目划分示意图

6.1.4 工程计价特点

建筑产品的特性决定了其在价格要素上千差万别的特点。这种差别形成了制定统一建筑产品价格的障碍，给建筑产品定价带来了困难，通常工业产品的定价方法不适用于建筑产品的定价。目前，建筑产品价格主要有两种表现形式：一是政府指导价，二是市场竞争价。施工图预算确定的工程造价属于政府指导价；编制工程量清单报价投标确定的承包价属于市场竞争价。

建设工程造价的计价特点主要表现为：单件性计价、多次性计价和组合性计价。

1. 单件性计价

建筑工程产品生产的单件性属性，决定了建设工程和建设工程产品不可能像工业产品那样统一地成批定价，而只能根据它们各自所需的物化劳动和活劳动的消耗，按照科学的程序来逐项计价，即单件性计价。

2. 多次性计价

依据基本建设程序，在不同的建设阶段，为了适应工程造价计价、控制和管理的要求，需要对建设工程进行多次性计价。

基本建设程序是指基本建设项目从决策、设计、施工到竣工验收、投入使用整个生产过程中，各项工作必须遵循的先后次序。科学的基本建设程序不是由人们的主观意识所决定的，而是建设工作客观规律的反映。这个基本建设程序不能颠倒，但可以相互交叉。

基本建设程序与建设项目多次性计价的关系如图 6 - 2 所示。

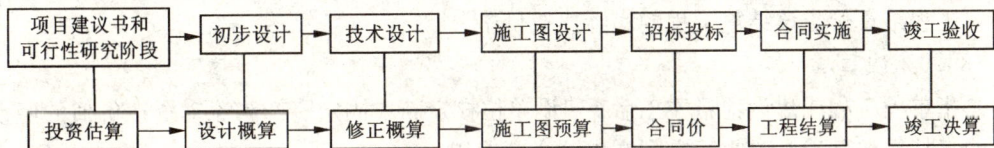

图 6 - 2　建设项目多次性计价示意图

（1）投资估算

在编制项目建议书和可行性研究阶段，对投资需要量进行估算是一项不可缺少的内容。投资估算是指在编制项目建议书和可行性研究阶段，通过编制估算文件预先测算和确定的造价，也可称为估算造价。投资估算是进行决策、筹集资金和控制工程造价的主要依据。

（2）设计概算

指在初步设计阶段，根据设计意图，通过编制工程概算文件预先测算和确定的工程造价。概算造价较投资估算造价准确性有所提高，但受估算造价的控制。概算造价有较强的层次性，分建设项目总概算、各单项工程综合概算、单位工程概算。

（3）修正概算

指在采用三阶段设计的技术设计阶段，根据技术设计的要求，通过编制修正概算文件预先测算和确定的工程造价。它是对初步设计概算的修正调整，比概算造价准确，但受概算造价的控制。

（4）施工图预算

指在施工图设计阶段，根据施工图纸，通过编制预算文件预先测算和确定的工程造价。它比设计概算或修正概算更为详尽和准确，但同样受前一阶段所确定的工程造价的控制。

（5）合同价

指在工程招标投标阶段，通过签订总承包合同、建筑安装工程承包合同、设备材料采购合同、以及技术和咨询服务合同所确定的价格。合同价属于市场价格的性质，它是由承发包双方根据市场行情共同议定和认可的成交价格。在招投标阶段招标人要编制招标控制价，投标人编制投标报价。

（6）工程结算

工程结算是建设单位（发包人）和施工企业（承包人）按照工程进度，对已完工程实行货币支付的行为，是商品交换中结算的一种形式。工程结算是指一个单项工程、单位工程、分部分项工程完工后，经建设单位及有关部门验收并办理验收手续后，由施工单位根据施工过程中现场实际情况的记录、设计变更通知书、现场工程变更签证以及合同约定的计价定额、材料价格、各项取费标准等，在合同价的基础上，根据规定编制的向建设单位办理结算工程价款来取得收入，用以补偿施工过程中的资金耗费，它是确定工程实际造价的依据。

由于建筑安装工程工期的长短不同，结算方式有几种。若工期时间很长，不可能都采取竣工后一次性结算的方法，往往要在工期中通过不同方式采用分期付款，以解决施工企业资金周转的困难，这种结算方式称为中间结算；若工期较短，就用竣工后一次性结算的方法。

（7）竣工结算

是指发、承包双方依据国家有关法律、法规和标准规定，按照合同约定确定的最终工程造价。工程结算价是该结算工程的实际建造价格。

（8）竣工决算

是指单项工程或建设项目竣工后，建设单位核定新增固定资产和流动资产价值的经济文件。包括从筹建到竣工验收所实际支出的全部费用。

3. 组合性特征

工程造价的计价是分部组合而成。这一特征和建设项目的组合性有关。建设项目的这种组合性决定了计价的过程是一个逐步组合的过程。这一特征在计算概算造价和预算造价时尤为明显，所以也反映到合同价和结算价中。

6.2　工程建设定额概述

6.2.1　工程建设定额的概念和分类

1. 定额的概念

定额是一种规定的额度，即标准或尺度，这是定额最基本的含义。在现代社会经济生活中，定额几乎是无处不在。就生产领域来说，工时定额、原材料消耗定额、原材料和成品半成品储备定额、流动资金定额等，都是企业管理的重要基础。在工程建设领域也存在多种定额，它是工程计价的重要依据。

工程建设定额，是指在正常的施工技术组织条件下，为完成某一质量合格的分项工程或结构构件的生产，所需消耗的劳动力、材料、机械台班的数量标准。这些消耗是随着生产的技术组织条件的变化而变化的，它反映出一定时期的社会生产力水平。

工程建设定额作为众多定额中的一类，是对工程项目建设过程中人力、物力和资金消耗量的规定额度,即在一定生产力水平下,在工程建设中单位产品上人工、材料、机械和资金消耗的规定额度,这种数量关系体现出正常施工条件、合理的施工组织设计、合格产品下各种生产要素消耗的社会平均合理水平。

由于工程建设产品具有构造复杂、产品规模宏大、种类繁多、生产周期长等技术经济特点,造成了工程建设产品外延的不确定性。它可以是工程建设的最终产品,也可以是构成工程项目的某些完整的产品,也可以是完整产品中的某些较大组成部分,还可以是较大组成部分中的较小部分,或更为细小的部分。这些特点使定额在工程建设管理中占有重要的地位,同时也决定了工程建设定额的多种类、多层次。工程建设定额是工程建设中各类定额的总称,包括许多种类的定额。

2. 定额的分类

(1)按生产要素分类

按定额反映的生产要素消耗内容分类,工程建设定额可以划分为劳动定额、材料消耗定额、机械台班使用定额三种。

(2)按定额编制程序和用途分类

工程建设定额划分为施工定额、预算定额、概算定额、概算指标和投资估算指标五种。

(3)按主编单位和管理权限分类

工程建设定额可以分为全国统一定额、行业统一定额、地区统一定额、企业定额、补充定额五种。

(4)按应用范围和专业性质分类

工程建设定额划分全国统一定额、行业通用定额和专业专用三种。全国通用定额是指在部门间和地区间都可以使用的定额;行业通用定额是指具有专业特点在行业部门内可以通用的定额;专业专用定额是特殊专业的定额,只能在指定的范围内使用。

(5)按投资的费用性质分类

按投资的费用性质分类,可分为工程费用定额、工程建设其他费用定额。

工程费用定额可分为建筑工程定额、安装工程定额、其他工程定额、费用定额和设备购置定额。

工程建设其他费用定额是指从工程筹建起到工程竣工验收及交付使用的整个建设期间,除了建筑安装工程费用和设备、工器具购置费以外的,为保证工程建设顺利完成和交付使用后能够正常发挥效用而发生的各项费用开支际准。工程建设其他费用定额经批准后对建设项目实施全过程费用控制。

定额的形式、内容和种类是根据生产建设的需要而制定的,不同的定额及其在使用中的作用也不完全一样,但它们之间是相互联系的,在实际工作中有时需要相互配合使用。

6.2.2 工程建设定额的特点

1. 科学性

工程建设定额的科学性包括两重含义。一重含义是指工程建设定额和生产力发展水平相适应,反映出工程建设中生产消费的客观规律。另一重含义,是指工程建设定额管理在理论、方法和手段上适应现代科学技术和信息社会发展的需要。

工程建设定额的科学性，首先表现在用科学的态度制定定额，尊重客观实际，力求定额水平合理；其次表现在制定定额的技术方法上，利用现代科学管理的成就，形成一套系统的、完整的、在实践中行之有效的方法；第三表现在定额制定和贯彻的一体化，为了提供贯彻的依据，贯彻是为了实现管理的目标，也是对定额的信息反馈。

2. 系统性

建设工程定额是相对独立的系统，是由多种定额结合而成的有机的整体。其结构复杂，有鲜明的层次，明确的目标。

建设工程是一个庞大的实体系统，定额是为这个实体系统服务的。建设工程本身的多种类、多层次就决定了以它为服务对象的定额的多种类、多层次。建设工程都有严格的项目划分，如建设项目，单项工程，单位工程，分部分项工程；在计划和实施过程中有严密的逻辑阶段，如可行性研究、设计、施工、竣工交付使用以及投入使用后的维修。与此相适应必然形成定额的多种类、多层次。

3. 统一性

定额的统一性，主要是由国家对经济发展有计划地宏观调控职能决定的。为了使国民经济按照既定的目标发展，就需要借助于某些标准、定额、规范等，对建设工程进行规划、组织、调节、控制。而这些标准、定额、规范必须在一定范围内是一种统一的尺度，才能实现上述职能，才能利用它对项目的决策、设计方案、投标报价、成本控制进行比选和评价。为了建立全国统一建设市场和规范计价行为，"计价规范"统一了分部分项工程项目名称、统一了计量单位、统一了工程量计算规则、统一了项目编码。

4. 指导性

随着我国建筑市场的不断成熟和规范，工程建设定额尤其是统一定额原有的法令性特点逐渐弱化，转而成为对整个建筑市场和具体建设工程产品交易的指导作用。

工程建设定额指导性的客观基础是定额的科学性。只有科学的定额才能正确地指导客观的交易行为。工程建设定额的指导性体现在两个方面：一方面，工程建设定额作为国家各地区和各行业颁布的指导性依据，可以规范建筑市场的交易行为，在具体的建筑产品定价过程中也可起到相应的参考作用，同时统一定额还可以作为政府投资项目定价以及造价控制的重要依据；另一方面，在现行的工程量清单计价方式下，体现交易双方自主定价的特点，承包商报价的主要依据是企业定额，但企业定额的编制和完善仍然离不开统一定额的指导。

5. 稳定性与时效性

工程建设定额中的任何一种都是一定时期技术发展和管理水平的反映，因而在一段时间内都表现出稳定的状态。稳定的时间有长有短，一般在 5～10 年之间。保持定额的稳定性是有效的贯彻定额所必要的。如果某种定额处于经常修改变动之中，那么必然造成执行中的困难和混乱，使人们感到没有必要去认真对待它。此外，工程建设定额的不稳定也会给定额的编制工作带来极大的困难。

但是工程建设定额的稳定性是相对的。当生产力向前发展了，定额就会与已经发展了的生产力不相适应。这样，它原有的作用就会逐步减弱以致消失，就需要重新编制或修订。

6.3　预算定额

6.3.1　预算定额概述

1. 预算定额的概念

预算定额，是指在合理的施工组织设计、正常施工条件下，规定完成一定计量单位的分项工程或结构构件所必需的人工、材料和施工机械台班的社会平均消耗量标准，是计算建筑安装产品价格的基础。

预算定额是工程建设中一项重要的技术经济文件，它的各项指标，反映了在完成单位分项工程消耗的活劳动和物化劳动的数量标准。这种限度最终决定着单项工程和单位工程成本和造价。

2. 预算定额的用途和作用

（1）预算定额是编制施工图预算、确定建筑安装工程造价的基础

施工图设计一经确定，工程预算造价就取决于预算定额水平和人工、材料及机械台班的价格。预算定额起着控制劳动消耗、材料消耗和机械台班使用的作用，进而起着控制建筑产品价格的作用。

（2）预算定额是编制施工组织设计的依据

施工组织设计的重要任务之一，是确定施工中所需人力、物力的供求量，并作出最佳安排。施工单位在缺乏本企业的施工定额的情况下，根据预算定额，亦能够比较精确地计算出施工中各项资源的需要量，为有计划地组织材料采购和预制件加工、劳动力和施工机械的调配，提供了可靠的计算依据。

（3）预算定额是工程结算的依据

工程结算是建设单位和施工单位按照工程进度对已完成的分部分项工程实现货币支付的行为。按进度支付工程款，需要根据预算定额将已完分项工程的造价算出。单位工程验收后，再按竣工工程量、预算定额和施工合同规定进行结算，以保证建设单位建设资金的合理使用和施工单位的经济收入。

（4）预算定额是施工单位进行经济活动分析的依据

预算定额规定的物化劳动和劳动消耗指标，是施工单位在生产经营中允许消耗的最高标准。施工单位必须以预算定额作为评价企业工作的重要标准，作为努力实现的目标。施工单位可根据预算定额对施工中的劳动、材料、机械的消耗情况进行具体的分析，以便找出并克服低功效、高消耗的薄弱环节，提高竞争能力。只有在施工中尽量降低劳动消耗，采用新技术，提高劳动者素质，提高劳动生产率，才能取得较好的经济效果。

（5）预算定额是编制概算定额的基础

概算定额是在预算定额基础上综合扩大编制的。利用预算定额作为编制依据，不但可以节省编制工作的大量人力、物力和时间，收到事半功倍的效果，还可以使概算定额在水平上与预算定额保持一致，以免造成执行中的不一致。

（6）预算定额是合理编制招标控制价和投标报价的基础

在深化改革中，预算定额的指令性作用日益削弱，而施工企业按照工程个别成本报价的

指导性作用仍然存在，因此，预算定额作为编制招标控制价的依据和施工企业报价的基础性作用仍将存在，这也是由于预算定额本身的科学性决定的。

3. 预算定额的种类

（1）按专业性质分

预算定额分为建筑工程预算定额和安装工程预算定额。

建筑工程预算定额按适用对象又分为房屋建筑工程预算定额、市政工程预算定额、铁路工程预算定额、公路工程预算定额、水利水电工程预算定额、房屋修缮工程预算定额、矿山井巷预算定额等。

安装工程预算定额按使用对象又分为电气设备安装工程预算定额、机械设备安装工程预算定额、通信设备安装工程预算定额、化学工业设备安装工程预算定额、工业管道安装工程预算定额、工艺金属结构安装工程预算定额、热力设备安装工程预算定额等。

（2）从管理权限和执行范围分

预算定额可分为全国统一定额、行业统一定额和地区统一定额等。

（3）预算定额按物资要素划分类

预算定额分为劳动定额、机械定额和材料消耗定额，但它们相互依存形成一个整体，作为编制预算定额的依据，各自不具有独立性。

6.3.2 预算定额的编制原则和依据

1. 预算定额的编制原则

为了保证预算定额的质量，充分发挥预算定额的作用，使之在实际使用中简便、合理、有效，在编制工作中应遵循以下原则：

（1）按社会平均水平确定预算定额水平的原则

预算定额是确定和控制建筑安装工程造价的主要依据。因此，它必须遵循价值规律的客观要求，即按生产过程中所消耗的社会必要劳动时间确定定额水平。即按照"在现有的社会正常的生产条件下，在社会平均的劳动熟练程度和劳动强度下制造某种使用价值所需要的劳动时间"来确定定额水平。所以预算定额的平均水平，是在正常的施工条件，合理的施工组织和工艺条件、平均劳动熟练程度和劳动强度下，完成单位分项工程基本构造要素所需的劳动时间。

（2）简明适用原则

编制预算定额贯彻简明适用原则是对执行定额的可操作性，便于掌握而言的。为此，编制预算定额时，对于那些主要的、常用的、价值量大的项目，分项工程划分宜细。次要的、不常用的价值量相对较小的项目，分项工程的划分则可以放粗一些。

定额项目不全，缺漏项多，会使建筑安装工程价格缺少充足的、可靠的依据。因此，要注意补充那些因采用新技术、新结构、新材料和先进经验而出现的新的定额项目。但是，补充的定额一般因受资料所限，且费时、费力，可靠性差，容易引起争执。同时要注意合理确定预算定额的计量单位，简化工程量计算，尽可能避免同一种材料用不同的计量单位，以及尽量少留活口或减少换算工作量。

（3）坚持统一性和差别性相结合的原则

所谓统一性，就是从培育全国统一市场，规范计价行为出发，计价定额的制定规划和组织实施由国务院建设行政主管部门归口，并负责全国统一定额的制定或修改，颁发有关工程造价管理的规章制度、办法等。这样就有利于通过定额和工程造价的管理实现建筑安装工程价格的宏观调控。通过编制全国统一定额，使建筑安装工程具有一个统一的计价依据，也使考核设计和施工的经济效果具有一个统一的尺度。

所谓差别性，就是在统一性的基础上，各部门和省、自治区、直辖市主管部门可以在自己的管辖范围内，根据本部门和本地区的具体情况，制定部门和地区性定额、补充性制度和管理办法，以适应我国幅员辽阔，地区间部门间发展不平衡和差异大的实际情况。

2. 预算定额的编制依据

（1）现行施工定额

预算定额中的人工、材料和机械的消耗指标，要根据现行的施工定额来取定；预算定额的分项和计量单位的选择，也要以施工定额为参考，从而保证二者的协调性和可比性，减轻预算定额的编制工作量和缩短编制时间。

（2）通用设计标准图集、定型设计图纸和有代表性的设计图纸

编制预算定额时，要选择通用的、定型的和有代表性的设计图纸（或图集），加以仔细分析研究，并计算出工程数量，作为编制预算定额时选择施工方法和分析人工、材料和机械消耗量的计算依据。

（3）现行的设计规范、施工及验收规范、质量评定标准和安全操作规程

现行的有关规范、标准或规程等文件，是确定设计标准、施工方法和质量以及保证安全施工的一项重要法规。编制预算定额，确定人工、材料和机械等消耗量时，必须以上述文件为依据。

（4）新技术、新结构、新材料的科学实验、测定、统计以及经济分析资料

随着建筑工业化的发展和生产力水平的提高，预算定额的水平和项目必然要作相应的调整。上述资料，则是调整定额水平，增加新的定额项目和确定定额数据的依据。

（5）现行的预算定额、各企业定额和补充定额

现行的预算定额，包括国家和各省、市、自治区过去颁发的预算定额及编制的基础资料，是编制预算定额的依据和参考；有代表性的补充定额，是编制预算定额的补充资料和依据。

（6）现行的人工工资标准、材料预算价格和机械台班单价

现行的人工工资标准、建筑材料预算价格和机械台班单价，是编制预算定额，确定人工费、材料费和机械使用费及定额基价的依据。

6.3.3 预算定额的编制步骤和方法

1. 预算定额的编制步骤

（1）准备工作阶段

①调集人员、成立编制小组。

②收集资料。

③拟定编制方案。

④确定定额项目、水平和表现形式。

（2）编制初稿阶段

①审查、熟悉和修改资料以及进行测算和分析。

②按确定的定额项目和图纸等资料计算工程量。

③确定人工、材料和施工机械台班消耗量。

④计算定额基价，编制定额项目表和拟定文字说明。

（3）审查定稿阶段

①测算新编定额水平。

②审查、修改所编定额。

③定稿后报送上级主管部门审批、颁发执行。

2. 预算定额的编制方法

①根据编制工程预算定额的有关资料，参照施工定额分项项目，综合确定预算定额的分项工程（或结构构件）项目及其所含子项目的名称和工作内容。

②根据正常的施工组织设计，正确合理地确定施工方法。

③根据分项工程（或结构构件）的形体特征和变化规律确定定额项目计量单位。

一般来说，当物体的长、宽、高都发生变化时，应采用"m³"为计量单位，如土方、砖石、混凝土等工程；当物体有一定的厚度，而面积不固定时，应当采用"m²"为计量单位，如地面、墙面、屋面工程等；当物体的截面形状和大小不变，而长度发生变化时，应当采用"m"为计量单位，如楼梯扶手、桥梁、隧道等；当物体的体积或面积相同，但重量和价格差异较大时，应采用"t"或"kg"为计量单位，如金属构件制作、安装工程等；当物体形状不规则，难以度量时，则采用自然计量单位为计量单位，如根、榀、套等。

建设工程预算定额的计量单位均按公制执行，长度采用 mm、cm、m 和 km，面积采用 mm²、cm²、m²，体积采用 m³，重量采用 kg、t；定额项目单位及其小数的取定，人工以"工日"为单位取两位小数，主要材料及成品、半成品中的木材以"m³"为单位取三位小数、钢材和钢筋以"t"为单位取三位小数、水泥和石灰以"kg"为单位取整数、砂浆和混凝土以"m³"为单位取两位小数、其余材料一般取两位小数，单价以"元"为单位取两位小数，其他材料费以"元"为单位取两位小数，施工机械以"台班"为单位取两位小数。数字计算过程中取三位小数，计算结果"四舍五入"，保留两位小数；定额单位扩大时，通常采用原单位的倍数，如 10 m³、100 m³、10 m² 等。

④计算工程量并确定人工、材料和施工机械台班消耗量指标。

人工、材料和机械台班消耗指标，是预算定额的重要内容。预算定额水平的高低主要取决于这些指标的合理确定。预算定额是一种综合性定额，是以复合过程为标定对象，在施工定额的基础上综合扩大而成，在确定各项指标前，应根据编制方案所确定的定额项目和已选定的典型图纸，按定额子目和已确定的计量单位，按工程量计算规则分别计算工程量，在此基础上计算人工、材料和施工机械台班的消耗指标。

⑤编制定额表，即确定和填制定额中的各项内容：

a. 确定人工消耗定额。按工种分别列出各工种工人的合计工日数和他们的平均工资等级，对于用工量很少的各工种可合并为"其他用工"列出。

b. 确定材料消耗定额。应列出各主要材料名称和消耗量；对于一些用量很少的次要材料，可合并一项按"其他材料费"，以金额"元"表示，但占材料总价值的比重，不能超过 2% ~3% 。

c. 确定机械台班消耗定额。列出各种主要机械名称，消耗定额以"台班"表示；对一些次要机械，可合并一项按"其他机械费"，直接以金额"元"列入定额表。

⑥按预算定额的工程特征，包括工作内容、施工方法、计量单位以及具体要求，编制简要的定额说明。

6.4　概算定额与概算指标

6.4.1　概算定额

1. 概算定额概念

概算定额是在预算定额基础上，确定完成合格的单位扩大分项工程或单位扩大结构构件所需的人工、材料和机械台班消耗的数量标准，亦称扩大结构定额。

概算定额的内容和深度，只能是以预算定额为基础的综合与扩大，在合并中不得遗漏或增加细目，以保证定额数据的严密性和正确性。

又因概算定额是在预算定额的基础上适当综合扩大，因而在工程量取值、工程标准和施工方法等进行综合取定时，概算定额与预算定额之间将产生一定的允许幅度差。这种幅度差可控制在 5% 以内，以便根据概算定额编制的概算控制得住施工图预算。

2. 概算定额的作用

①概算定额是初步设计阶段编制建设项目概算的依据。

②概算定额是设计方案比较的依据。

③概算定额是编制主要材料需要量计划的计算基础。

④概算定额是编制概算指标的依据。

3. 概算定额的编制

（1）编制原则

编制概算定额应贯彻社会平均水平和简明适用原则。由于概算定额和预算定额都是工程基价的依据，因此，为了符合价值规律的要求，概算定额水平也必须贯彻平均水平的原则。

（2）编制依据

概算定额的编制依据，一般包括：现行的设计规范和预算定额，具有代表性的标准设计图纸和其他设计资料，现行的人工工资标准、材料预算价格和施工机械台班预算价格。

（3）编制步骤

编制概算定额，一般分四个阶段，即准备工作阶段、编制初稿阶段、测算阶段和定稿审批阶段。

准备工作阶段：主要是建立编制机构，确定人员组成。在此基础上，组织有关人员搜集有关如上述的编制依据资料，了解现行概算定额的执行情况和存在的问题，明确编制目的，制定编制计划，确定定额项目。

编制初稿阶段：是根据所订计划和定额项目，深入进行调查研究，对搜集到的图纸、资料，进行细致的分析研究，编制出概算定额初稿。

测算阶段：主要是检验和确定所编定额水平。通常从两个方面对其进行测算：一方面是测算新编概算定额和现行预算定额二者在水平上是否一致，幅度差是否超过规定的范围，如超过规定的范围，则需对概算定额水平进行必要的调整；另一方面是测算新编概算定额水平与现行概算定额水平的差值。

定稿审批阶段：主要是将调整后的概算定额初稿、编制说明和送审报告，交国家主管部门审批。

（4）编制方法

编制概算定额时，应在预算定额的基础上，综合其相关的项目，以主体结构分部工程为主进行列项。在此基础上，根据审定的图纸等依据资料，计算工程量，并对砂浆、混凝土和钢筋铁件用量等，可按工程结构的不同部位，通过测算、统计后，定出合理的值。同时，结合国家的规定，合理地确定出概算定额与预算定额两者之间的幅度差。最后计算出每个定额项目的人工费、材料费、机械使用费、基价以及主要材料消耗量。

6.4.2　概算指标

1. 概算指标的概念和作用

概算指标比概算定额综合性更强，它以整个建筑物或构筑物为对象，以建筑面积、体积或成套设备装置的台或组为计量单位而规定的人工、材料和机械台班的消耗量标准和造价指标。

概算指标和概算定额、预算定额一样，都是与各个设计阶段相适应的多次性计价的产物，它主要用于投资估价、初步设计阶段，其主要作用是：

①概算指标可以作为编制建设项目投资估算的参考。

②概算指标中的主要材料指标可作为匡算主要材料用量的依据。

③概算指标是设计单位进行设计方案比较，建设单位选址的一种依据。

④概算指标是编制固定资产投资计划，确定投资额的主要依据。

2. 概算指标的编制原则

（1）按社会平均水平确定概算指标的原则

在我国社会主义市场经济条件下，概算指标作为确定工程造价的依据，同样必须遵循价值规律的客观要求，在其编制时必须按照社会必要劳动时间，贯彻平均水平的原则。只有这样才能使概算指标合理确定和控制工程造价的作用得以充分发挥。

（2）概算指标的内容和表现形式，要贯彻简明适用的原则

为适应市场经济的客观要求，概算指标的项目划分应根据用途的不同，确定其项目的综合范围。遵循粗而不漏、适用面广的原则，体现综合扩大的性质。概算指标从形式到内容应简明易懂，要便于在采用时根据拟建工程的具体情况进行必要的调整换算，能在较大的范围内满足不同用途的需要。

（3）概算指标的编制依据必须具有代表性

编制概算指标所依据的工程设计资料，应是具有代表性的，在技术上是先进的，经济上是合理的。

3. 编制步骤和方法

（1）概算指标步骤

编制概算指标，一般分为准备阶段、编制阶段、复核送审阶段三个阶段。

准备阶段：主要是汇集图纸资料，拟定编制项目，起草编制方案、编制细则和制定计算方法，并对一些技术性、方向性的问题进行学习和讨论。

编制阶段：是优选图纸，根据选出的图纸和现行预算定额，计算工程量，编制预算书，求

出单位面积或体积的预算造价，确定人工、主要材料和机械台班的消耗指标，填写概算指标表格。

复核送审阶段：是将人工、主要材料和机械台班消耗指标算出后，进行审核，以防发生错误。并对同类性质和结构的指标水平进行比较，必要时加以调整，然后定稿送主管部门，审批后颁发执行。

（2）概算指标编制方法

概算指标构成的数据，主要来自各种工程预算和决算资料。即用各种有关数据经过整理分析、归纳计算而得。例如每平方米的造价指标，就是根据该项工程的全部预算（决算）价值除以该工程的建筑面积而得数据。再如每平方米造价所包含的各种材料数量就是该工程预算（决算）中该种材料总的耗用量除以总的建筑面积而得的数据。

总之，概算指标的编制方法与概算定额的编制方法基本类似，只是项目综合性更大，是以整个建筑物或构筑物为单位进行计算而编制确定的。

6.5 投资估算指标

6.5.1 投资估算指标的概念和编制原则

1. 投资估算指标概念

工程建设投资估算指标是编制建设项目建议书、可行性研究报告等前期工作阶段投资估算的依据，也可以作为编制固定资产长远规划投资额的参考。投资估算指标为完成项目建设的投资估算提供依据和手段，它在固定资产的形成过程中起着投资预测、投资控制、投资效益分析的作用，是合理确定项目投资的基础。投资估算指标中的主要材料消耗量也是一种扩大材料消耗量指标，可以作为计算建设项目主要材料消耗量的基础。估算指标的正确制定对于提高投资估算的准确程度、对建设项目的合理评估以及正确决策具有重要的意义。

2. 投资估算指标的编制原则

由于投资估算指标属于项目建设前期进行估算投资的技术经济指标，它不但要反映实施阶段的静态投资，还必须反映项目建设前期和交付使用期内发生的动态投资，以投资估算指标为依据编制的投资估算，包括项目建设的全部投资额。这就要求投资估算指标要比其他各种计价定额具有更大的综合性和概括性。因此，投资估算指标的编制工作，除了应遵循一般定额的编制原则外，还必须坚持下述原则：

①投资估算指标项目的确定，应考虑以后几年编制建设金额项目建议书和可行性研究报告投资估算的需要。

②投资估算指标的分类、项目划分、项目内容、表现形式等，要结合各专业的特点，并且要与项目建议书、可行性研究报告的编制深度相适应。

③投资估算指标的编制内容，典型工程的选择，必须遵循国家的有关建设方针政策，符合国家技术发展方向，贯彻国家高科技政策和发展方向的原则，使指标的编制既能反映现实的高科技成果，反映正常建设条件下的造价水平，也能适应今后若干年的科技发展水平，坚持技术上的先进、可行和经济上的合理，力争以较少的投入取得最大的投资效益。

④投资估算指标的编制要反映不同行业、不同项目和不同工程的特点，要适应项目前期工作深度的需要，而且具有更大的综合性。投资估算指标的编制必须密切结合行业特点，项目建设的特定条件，在内容上既要贯彻指导性、准确性和可调性的原则，又要具有一定的深度和广度。

⑤投资估算指标的编制要体现国家对固定资产投资实施间接控制作用的特点，要贯彻能分能合、有粗有细、细算粗编的原则，使投资估算指标能满足项目建议书和可行性研究各阶段的要求，既要有能反映一个建设项目的全部投资及其构成，又要有组成建设项目投资的各单项工程投资。做到既能综合使用，又能个别分解使用。占投资比重大的建筑工程工艺设备，要做到有量、有价，根据不同结构形式的建筑物列出每百平方米的主要工程量和主要材料数量，主要设备也要列有规格、型号、数量。同时，要以编制年度为基期计价，有必要的调整、换算办法等，便于由于设计方案、选厂条件、建设实施阶段的变化而对投资产生影响作相应的调整，也便于对现行企业实行技术改造和改、扩建项目投资估算的需要，扩大投资估算指标的覆盖面，使投资估算能够根据建设项目的具体情况合理准确地编制。

⑥投资估算指标的编制要贯彻静态和动态相结合的原则。投资估算指标的编制要充分考虑到市场经济条件下，由于建设条件、实施时间、建设期限等因素的不同，考虑到建设期的动态因素，即价格、建设期贷款利息及涉外工程的汇率等因素的变动，导致指标的量差、价差、利息差、费用差等动态因素对投资估算的影响，对上述动态因素给予必要的调整办法和调整参数，尽可能减少这些动态因素对投资估算准确性的影响，使指标具有较强的实用性和可操作性。

6.5.2 投资估算指标的内容

投资估算指标是确定和控制建设项目全过程各项投资支出的技术经济指标，其范围涉及建设前期、建设实施期和竣工验收交付使用期等各个阶段的费用支出，内容因行业不同各异，一般可分为建设项目综合指标、单项工程指标和单位工程指标三个层次。

1. 建设项目综合指标

建设项目综合指标是指按规定列入建设项目总投资的从立项筹建开始至竣工验收交付使用的全部投资额，包括单项工程投资、工程建设其他费用和预备费等。

建设项目综合指标一般以项目的综合生产能力单位投资表示，如元/t、元/正线千米（公路千米），或以使用功能表示，如医院床位：元/床。

2. 单项工程指标

指按规定应列入能独立发挥生产能力或使用效益的单项工程内的全部投资额，包括建筑工程费、安装工程费、设备及生产工器具购置费和其他费用。

单项工程指标一般以单项工程生产能力单位投资如元/t 或其他单位表示。如：变配电站，元/($kV \cdot A$)；供水站，元/m^3；办公室、仓库、宿舍、住宅等房屋则区别不同结构形式以元/m^2表示。

3. 单位工程指标

单位工程指标是指按规定应列入能独立设计、施工的工程项目的费用，即建筑安装工程费，包括直接工程费、间接费、计划利润和税金。

6.5.3　投资估算指标的编制方法

投资估算指标的编制工作，涉及建设项目的产品规模、产品方案、工艺流程、设备选型、工程设计和技术经济等各个方面，既要考虑到现阶段技术状况，又要展望近期技术发展趋势和设计动向，以指导以后建设项目的实践。投资估算指标的编制应成立专业齐全的编制小组，编制人员应具备较高的专业素质。此外，投资估算指标的编制还应制定一个从编制原则、编制内容、指标的层次相互衔接、项目划分、表现形式、计量单位、计算、复核、审查程序到相互应有的责任制等内容的编制方案或编制细则，以便编制工作有章可循。

1. 收集资料阶段

收集整理已建成或正在建设的、符合现行技术政策和技术发展方向、有可能重复采用的、有代表性的工程设计施工图、标准设计以及相应的竣工决算或施工图预算资料等，这些资料是编制工作的基础，资料收集得越广泛，反映出的问题越多，编制工作考虑得越全面，就越有利于提高投资估算指标的实用性和覆盖面。同时，对调查收集到的资料要选择占投资比重大、相互关联多的项目进行认真的分析整理，由于已建成或正在建设的工程的设计意图、建设时间和地点、资料的基础等不同，相互之间的差异很大，需要去粗取精、去伪存真地加以整理，才能重复利用。将整理后的数据资料按项目划分栏目加以归类，按照编制年度的现行定额、费用标准和价格，调整成编制年度的造价水平及相互比例。

2. 平衡调整阶段

由于收集的资料来源不同，虽然经过一定的分析整理，但难免会由于设计方案、建设条件和建设时间上的差异带来的某些影响，使数据失准或漏项等。因此，必须对有关资料进行综合平衡调整。

3. 测算审查阶段

测算是将新编的指标和选定工程的概、预算，在同一价格条件下进行比较，检验其"量差"的偏离程度是否在允许偏差的范围以内，如偏差过大，则要查找原因，进行修正，以保证指标的确切、实用。测算同时也是对指标编制质量进行的一次系统检查，应由专人进行，以保持测算口径的统一，在此基础上组织有关专业人员予以全面审查定稿。

由于投资估算指标的计算工作量非常大，在现阶段计算机已经普及的条件下，应尽可能应用计算机进行投资估算指标的编制。

6.6　企业定额

企业定额是建筑施工企业项目承包人在正常施工条件下，为完成单位合格产品所需要的劳动、机械、材料消耗量及管理费支出的数量标准。企业定额是由企业自行编制，只限于本企业内部使用的定额，包括企业及附属的加工厂、车间编制的定额，以及具有经营性质的定额标准：出厂价格、机械台班租赁价格等，是施工企业根据本企业的施工技术和管理水平，以及有关工程造价资料制定的，并提供本企业使用的人工、材料和机械台班消耗量标准，供企业内部进行经营管理、成本核算和投标报价的企业内部文件。它是施工企业在达到或超过历史最高水平的前提下，以科学的态度和与实际情况相结合的方法，按照正常的施工条件、一定的计量单位和工程质量的要求制定的。企业定额与消耗量定额的关系如表6-1所示。

表 6 - 1　企业定额与消耗量定额的关系

定额名称 比较内容	企业定额	消耗量定额
编制单位	施工企业	各省、市、自治区主管部门
编制内容	确定分项工程的人工、材料和机械台班的消耗量标准	
定额水平	企业平均先进	社会平均水平
使用范围	企业内部	社会范围
定额作用	施工管理和投标报价	编制招标控制价和投标报价的依据

6.6.1　企业定额的特点及作用

1.企业定额的特点

①其各项的平均消耗量要比社会平均水平低,体现其先进性。

②可以表现本企业在某些方面的技术优势。

③可以表现本企业局部或全面管理方面的优势。

④所有对应的单价都是动态的,具有市场性。

⑤与施工方案能全面接轨。

2.企业定额在工程建设中的作用

企业定额是企业直接生产工人在合理的施工组织和正常条件下,为完成单位合格产品或完成一定量的工作所耗费的人工、材料和机械台班使用量的标准数量。企业定额不仅能反映企业的劳动生产率和技术装备水平。同时也是衡量企业管理水平的标尺,是企业加强集约经营、精细管理的前提和主要手段。其主要作用有:

①是编制施工组织设计和施工作业计划的依据。

②是企业内部编制施工预算的统一标准,也是加强项目成本管理和主要经济指标考核的基础。

③是施工队和施工班组下达施工任务书和限额领料、计算施工工时和工人劳动报酬的依据。

④是企业走向市场参与竞争、加强工程成本管理、进行投标报价的主要依据。

⑤企业定额能够满足工程量清单计价的要求。

⑥企业定额的建立和运用可以规范发包、承包行为。

⑦企业定额的建立和运用可以提高企业管理水平。

6.6.2　企业定额编制依据及原则

1.企业定额编制依据

①国家的有关法律、法规、政府的价格政策。

②现行的建筑安装工程设计、施工及验收规范。

③安全技术操作规程和现行劳动保护法律、法规。

④国家设计规范,各种类型的具有代表性的标准图集、施工图样。

⑤企业技术与管理水平。

⑥工程施工组织方案，现场实际调查和测定的有关数据。

⑦采用新工艺、新技术、新材料、新方法的情况等。

2. 企业定额编制原则

编制施工企业定额，应该坚持既要结合历年定额水平，也要考虑本企业实际情况，还要兼顾本企业今后的发展趋势，并依照市场经济规律办事的原则。就一个施工企业而言，不但要与历史最高水平相比，还要与客观实际相比，要制定出本企业在正常情况下，经过努力可以达到的定额水平。其编制原则有：

①定额水平的平均先进性原则。

②定额划项的适用性原则。

③独立自主编制的原则。

6.6.3　企业定额的构成

1. 劳动定额

劳动定额，也称人工定额。是指在一定的生产技术组织条件下，完成单位合格产品所必需的劳动消耗量标准。这个标准是国家和企业对工人在单位时间内完成产品数量、质量的综合要求。它表示建筑安装工人劳动生产率的一个先进合理的指标，反映的是建筑安装工人劳动生产率的社会平均先进水平。

劳动定额按其表现形式的不同，分为时间定额和产量定额。

（1）时间定额

时间定额，是指某种专业、技术等级的工人班组或个人，在合理的劳动组织、合理的使用材料和施工机械同时配合的条件下，完成单位合格产品所需消耗的工作时间，包括准备与结束时间、基本工作时间、辅助工作时间、不可避免的中断时间以及工人必需的休息时间等。

时间定额的计量单位，一般以完成单位产品所消耗的工日来表示。如工日/m^3（或 m^2、m、t 等），每一工日按 8 h 计算。其计算方法如下：

$$个人完成单位产品的时间定额（工日） = \frac{1}{每工日产量} \qquad (6-1)$$

$$小组完成单位产品的时间定额（工日） = \frac{小组成员工日数总和}{小组台班产量} \qquad (6-2)$$

（2）产量定额

产量定额，是指在合理的劳动组织、合理的使用材料以及施工机械同时配合的条件下，某种专业、技术等级的工人班组或个人，在单位时间内所完成的质量合格产品的数量。

产量定额的计量单位，一般以产品的计量单位和工日来表示，如 m^3（或 m^2、m、t、根、块等）/工日。其计算方法如下：

$$每工产量 = \frac{1}{个人完成单位产品的时间定额} \qquad (6-3)$$

$$台班产量 = \frac{小组成员工日数总和}{小组完成单位产品的时间定额} \qquad (6-4)$$

从时间定额和产量定额的计算公式可以看出，个人完成的时间定额和产量定额之间互为倒数关系。时间定额降低，则产量定额提高；反之，时间定额提高，则产量定额降低。即：

$$时间定额 \times 产量定额 = 1 \qquad (6-5)$$

但是，对小组完成的时间定额和产量定额，二者就不是通常所说的倒数关系。此时，时间定额与产量定额之积，在数值上恰好等于小组成员数。即：

$$时间定额 \times 产量定额 = 小组成员数 \qquad (6-6)$$

时间定额和产量定额都表示同一劳动定额项目，它们是同一劳动定额项目的两种不同的表现形式。时间定额以工日为单位，综合计算方便，时间概念明确。产量定额则以产品数量为单位表示，它具体、形象，使劳动者的奋斗目标一目了然，便于分配任务。

2. 材料消耗定额

材料消耗定额，是指在合理使用材料和节约材料的条件下，生产单位质量合格的产品所必须消耗一定品种、规格的材料、成品、半成品、构配件、燃料和水、电以及不可避免的损耗量等的数量标准。

（1）主要材料消耗定额

主要材料消耗定额，包括直接使用在工程上的材料净用量和在施工现场内运输及操作过程中的不可避免的废料和损耗。

材料的损耗一般以损耗率表示。材料损耗率可以通过观察法或统计法计算确定。材料损耗率可有两种不同定义，由此，材料消耗量计算有两个不同的公式：

$$损耗率 = \frac{损耗量}{总消耗量} \times 100\%$$
$$总消耗量 = 净用量 + 损耗量 = \frac{净用量}{1 - 损耗率} \qquad (6-7)$$

$$损耗率 = \frac{损耗量}{净用量} \times 100\%$$
$$总消耗量 = 净用量 + 损耗量 = 净用量 \times (1 + 损耗率) \qquad (6-8)$$

（2）周转性材料消耗定额

周转材料是指在施工过程中，能多次使用，反复周转的工具性材料、配件和用具等。如挡土板、模板和脚手架等。这类材料在施工中每次使用都有损耗，不是一次消耗完，而是在多次周转使用中，经过修补逐渐消耗的。

定额中，周转材料消耗量指标的表示，应当用一次使用量和摊销量两个指标表示。一次使用量是指周转材料在不重复使用时的一次使用量，供施工企业组织施工用；摊销量是指周转材料退出使用，应分摊到每一定计量单位的结构构件的周转材料消耗量，供施工企业成本核算或预算用。

周转性材料消耗一般与下列四个因素有关：

①第一次制造时的材料消耗（一次使用量）。

一次使用量，是指为完成定额计量单位产品的生产，第一次投入的材料数量。它与各分部（分项）工程的名称、部位、施工工艺和施工方法有关，可根据施工图纸计算得出。其计算公式为：

$$一次使用量 = 材料净用量 \times (1 + 制作和安装损耗率) \qquad (6-9)$$

②每周转使用一次材料的损耗量（下次使用时需要补充量）。

损耗量，是指周转性材料从第二次起，每周转一次后必须进行一定的修补加工后才能使用，而每次修补和加工所消耗的材料数量称为损耗量。

$$损耗量 = \frac{一次使用量 \times (周转次数 - 1)}{周转次数} \times 损耗率 \tag{6-10}$$

③周转使用次数。

周转次数，是指周转性材料在补损的条件下，可以重复使用的次数。它与周转材料的种类、工程部位、施工方法和施工进度等有关，一般在深入施工现场调查、观测和统计分析的基础上，按平均先进和合理的水平来确定相应材料的周转次数。

周转使用量，是指周转性材料在周转使用和补损的条件下，每周转一次平均所需要的材料数量。

$$
\begin{aligned}
周转使用量 &= \frac{一次使用量 + 一次使用量 \times (周转次数 - 1) \times 损耗率}{周转次数} \\
&= 一次使用量 \times \frac{1 + (周转次数 - 1) \times 损耗率}{周转次数} \\
&= 一次使用量 \times K_1
\end{aligned}
\tag{6-11}
$$

式中：K_1——周转使用系数。

$$K_1 = \frac{1 + (周转次数 - 1) \times 损耗率}{周转次数} \tag{6-12}$$

④周转材料的最终回收量及其回收折价。

周转材料回收量，是指周转性材料每周转一次以后，可以平均回收的数量。

$$回收量 = 一次使用量 \times \frac{1 - 损耗率}{周转次数} \tag{6-13}$$

周转材料摊销量，是指材料消耗定额规定的完成一定计量单位的产品，一次所需要的周转材料的数量。

$$
\begin{aligned}
摊销量 &= 周转使用量 - 回收量 \\
&= 一次使用量 \times K_1 - \left(一次使用量 \times \frac{1 - 损耗率}{周转次数} \right) \\
&= 一次使用量 \times \left(K_1 - \frac{1 - 损耗率}{周转次数} \right)
\end{aligned}
\tag{6-14}
$$

若上式用于编制预算定额中的周转性材料摊销量时，其回收两部分应乘以回收折价率，以考虑材料使用前后价值的变化。同时，考虑到周转性材料每周转一次，施工单位都要投入一定的人力和物力，势必发生组织和管理修补的施工活动，导致现场管理费额外支付。为了补偿此项费用和简化计算，往往采用减少回收量，增加摊销量的办法解决。即对上式加以修正，使其变为：

$$
\begin{aligned}
摊销量 &= 一次使用量 \times \left[K_1 - \frac{(1 - 损耗率) \times 回收折价率}{周转次数 \times (1 + 现场管理费率)} \right] \\
&= 一次使用量 \times K_2
\end{aligned}
\tag{6-15}
$$

式中：K_2——摊销量系数。

$$K_2 = K_1 - \frac{(1 - 损耗率) \times 回收折价率}{周转次数 \times (1 + 现场管理费率)} \tag{6-16}$$

3. 机械台班使用定额

机械台班使用定额，也称机械台班定额。它反映了施工机构在正常的施工条件下，合理地、均衡地组织劳动和使用机械时，该机械在单位时间内的生产效率。按其表现形式不同，可分为机械时间定额和机械产量定额。

（1）机械时间定额

机械时间定额，是指在合理劳动组织与合理使用机械的条件下，完成单位合格产品所必需的工作时间。包括有效工作时间（正常负荷下的工作时间和降低负荷下的工作时间）、不可避免的中断时间、不可避免的无负荷工作时间。

机械时间定额以"台班"表示，即一台机械，工作一个作业班的时间。一个作业班时间一般定为 8 小时。

$$单位产品机械时间定额（台班）= \frac{1}{台班产量} \qquad (6-17)$$

由于机械必须由工人小组配合，所以，完成单位合格产品的时间定额，应同时列出人工时间定额。即：

$$单位产品人工时间定额（工日）= \frac{小组成员总人数}{台班产量} \qquad (6-18)$$

（2）机械产量定额

机械产量定额，是指在合理劳动组织与合理使用机械条件下，机械在每个台班时间内应完成合格产品的数量。

$$机械台班产量定额 = \frac{1}{机械时间定额（台班）} \qquad (6-19)$$

机械时间定额和机械产量定额互为倒数关系。

6.6.4　企业定额的编制方法

企业定额的编制方法可以根据子目特殊性、所占工程造价的比重、技术含量等因素选择不同的方法，以下几种方法可供参照。

1. 现场观察测定法

现场观察法是我国多年来专业测定定额的常用方法，它以研究工时消耗为对象，以观察为手段，通过密集抽样和粗放抽样等技术进行直接的时间研究，确定人工消耗和机械台班定额水平。这种方法的特点是能够把现场工时消耗情况和施工组织技术条件联系起来加以观察、测时、计量和分析，以获得该施工过程在此技术组织条件下工时消耗的有技术根据的基础资料。这种方法技术简便、应用面广、资料全面，适用于影响工程造价大的主要项目及新技术、新工艺，新施工方法的劳动力消耗和机械台班水平的测定。

2. 经验统计法（抽样统计法）

经验统计法是运用抽样统计的方法，从以往类似工程施工竣工结算资料和典型设计图纸资料及成本核算资料中抽取若干个项目的资料进行分析、测量及定量的方法。运用这种方法，首先要建立一系列数学模型，对以往不同类型的样本工程项目成本降低情况进行统计、分析，然后得出同类型工程成本的平均值或是平均先进值。由于典型工程的经验数据权重不断增加，使其统计数据资料越来越完善、真实、可靠。这种方法只要正确确定基础类型，然后对号入座就行了。此方法的特点是积累过程长、统计分析细致，使用时简单易行、方便快捷。缺点是模型中考虑的因素有限，而工程实际情况则要复杂得多，对各种变化情况的需要不能一一适应，准确性也不够，因此这种方法对设计方案较规范的一般民用住宅项目的人工、材料、机械消耗及管理费测定较适用。

3. 定额换算法

这种方法是按照工程计价的计算程序来计算造价，然后根据具体工程项目的施工图纸、现场条件和本企业劳务、设备、材料储备状况结合市场情况对定额水平进行调整，从而确定工程实际成本。在施工企业定额尚未建立完善的今天，该方法已经被经营人员广泛使用，是企业定额建立的雏形，其缺点是不系统化，不利于推广，且不善于管理。

4. 利用计算机技术

面对大量的数据、资料，编制施工企业定额必须要利用现代化技术解决。现在有些软件公司正在进行对企业定额的定位、编制、维护、应用以及如何实现动态良性循环的整体解决方案的研发，企业可以与之联合利用计算机技术，使定额的编制更加科学化、程序化。

重点与难点

重点：①工程造价与工程计价的含义，工程计价的特点；②工程定额的概念，概算定额、预算定额。

难点：工程定额计价原理。

思考与练习

1. 工程造价、工程计价的含义是什么？

2. 怎样理解工程计价的多次性计价和组合性计价特点？

3. 建筑产品的生产有何特点？

4. 建设工程项目是怎样划分的？什么是单项工程？

5. 什么是单位工程？什么是分部工程？什么是分项工程？

6. 什么是定额？什么是定额水平？

7. 工程建设定额有哪些特点？

8. 什么是概算定额？其编制依据有哪些？

9. 什么是预算定额？有何作用？

10. 什么是劳动定额？有哪两种表现形式？

11. 什么是企业定额？有什么作用和特点？

14. 什么是材料消耗定额？什么是机械台班消耗定额？

第7章
建设工程投资费用构成

7.1 我国现行建设工程投资费用构成

建设项目投资包括固定资产投资和流动资产投资两部分，建设工程总投资中的固定资产投资与建设工程的工程造价在量上是相等的。

工程造价的构成是按工程项目建设过程中各类费用支出（或花费）的性质、途径等来确定的，是通过费用划分和汇集所形成的工程造价的费用构成的。工程造价基本构成中，包括用于建筑施工和安装施工所需支出的费用，用于购买工程项目所含各种设备的费用，用于委托工程勘察设计应支付的费用，用于购置土地所需的费用，同时也包括用于建设单位自身进行项目筹建和项目管理所花费的费用等。总之，工程造价是工程项目按照确定的建设内容、建设规模、建设标准、功能要求和使用要求等全部建成并验收合格交付使用所需的全部费用。

我国现行工程造价的构成主要划分为建筑安装工程费用，设备及工器具购置费用，工程建设其他费用，预备费，建设期贷款利息等几项。具体构成内容如图7-1所示。

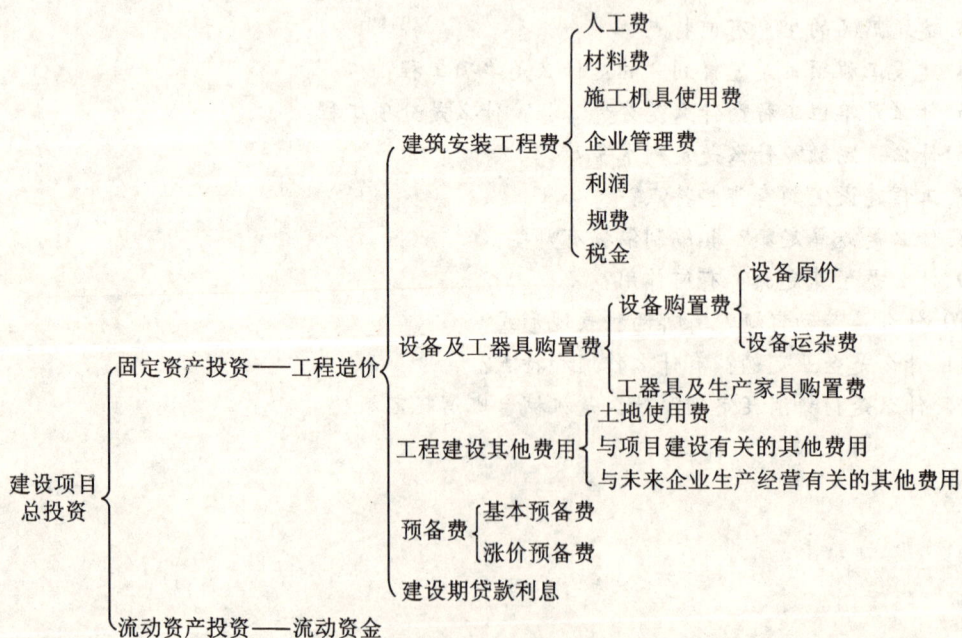

图7-1 我国现行工程造价的构成

7.2　世界银行建设工程投资费用构成

世界银行、国际咨询工程师联合会对项目的总建设成本(相当于我国的工程造价)作了统一规定,其详细内容如下:

7.2.1　项目直接建设成本

项目直接建设成本包括以下内容:

①土地征购费。

②场外设施费用。如道路、码头、桥梁、机场、输电线路等设施费用。

③场地费用。指用于场地准备、厂区道路、铁路、围栏、场内设施等的建设费用。

④工艺设备费。指主要设备、辅助设备及零配件的购置费用,包括海运包装费用交货港离岸价,但不包括税金。

⑤设备安装费。指设备供应商的监理费用,本国劳务及工资费用,辅助材料、施工设备,消耗品和工具等费用,以及安装承包商的管理费和利润等。

⑥管道系统费用。指与系统的材料及劳务相关的全部费用。

⑦电气设备费。其内容与第④项相似。

⑧电气安装费。指设备供应商的监理费用,本国劳务与工资费用,辅助材料、电缆、管道和工具费用,以及营造承包商的管理费和利润。

⑨仪器仪表费。指所有自动仪表、控制板、配线和辅助材料的费用以及供应商的监理费用,外国或本国劳务及工资费用,承包商的管理费和利润。

⑩机械的绝缘和油漆费。指与机械及管道的绝缘和油漆相关的全部费用。

⑪工艺建筑费,指原材料、劳务费以及与基础、建筑结构、屋顶、内外装修、公共设施有关的全部费用。

⑫服务性建筑费用。其内容与第⑪项相似。

⑬工厂普通公共设施费。包括材料和劳务费以及与供水、燃料供应、通风、蒸汽发生及分配、下水道、污物处理等公共设施有关的费用。

⑭车辆费。指工艺操作必需的机动设备零件费用,包括海运包装费用以及交货港的离岸价,但不包括税金。

⑮其他当地费用。指那些不能归类于以上任何一个项目,不能计入项目的直接成本,但在建设期间又是必不可少的当地费用。如临时设备、临时公共设施及场地的维持费,营地设施及其管理、建筑保险和债券、杂项开支等费用。

7.2.2　项目间接建设成本

项目间接建设成本包括以下内容:

(1)项目管理费

①总部人员的薪金和福利费,以及用于初步和详细工程设计、采购、时间和成本控制、行政和其他一般管理的费用。

②施工管理现场人员的薪金、福利费和用于施工现场监督、质量保证、现场采购、时间

及成本控制、行政及其他施工管理机构的费用。

③零星杂项费用。如返工、旅行、生活津贴、业务支出等。

④各种酬金。

（2）开工试车费

指工厂投料试车必需的劳务和材料费用（项目直接成本包括项目完工后的试车和空转费用）。

（3）业主的行政费用

指业主的管理人员费用及支出（其中某些费用必须排除在外，并在"详细估算"中详细说明。

（4）生产前费用

指前期研究、勘测、建矿、采矿等费用（其中一些费用必须排除在外，并在"估算基础"中详细说明）。

（5）运费和保险费

指海运、国内运输、许可证及佣金、海洋保险、综合保险等费用。

（6）地方税

指地方关税、地方税及对特殊项目征收的税金。

7.2.3　应急费

应急费包括以下内容：

（1）未明确项目的准备金

此项准备金用于在估算时不可能明确的潜在项目，包括那些在做成本估算时因为缺乏完整、准确和详细的资料而不能完全预见和不能注明的项目，并且这些项目是必须完成的，或它们的费用是必定要发生的。在每一个组成部分中均单独以一定的百分比确定，并作为估算的一个项目单独列出。此项准备金不是为了支付工作范围以外可能增加的项目，不是用以应付天灾、非正常经济情况及罢工等情况，也不是用来补偿估算的任何误差，而是用来支付那些几乎可以肯定要发生的费用。因此，它是估算不可缺少的一个组成部分。

（2）不可预见准备金

此项准备金（在未明确项目准备金之外）用于在估算达到了一定的完整性并符合技术标准的基础上，由于物质、社会和经济的变化，导致估算增加的情况。此种情况可能发生，也可能不发生。因此，不可预见准备金只是一种储备，可能不动用。

7.2.4　建设成本上升费

通常，估算中使用的构成工资、材料和设备价格基础的截止日期就是"估算日期"。必须对该日期或已知成本基础进行调整，以补偿直至工程结束时的未知价格增长。

工程的各个主要组成部分（国内劳务和相关成本、本国材料、外国材料、本国设备、外国设备、项目管理机构）的细目划分决定以后，便可确定每一个主要组成部分的增长率。这个增长率是一项判断因素，它以已发表的国内和国际成本指数、公司记录等为依据，并与实际供应商进行核对，然后根据确定的增长率和从工程进度表中获得的每项活动的中点值，计算出每项主要组成部分的成本上升值。

7.3　建筑安装工程费

7.3.1　按费用构成要素划分建筑安装工程费用项目组成

建筑安装工程费按照费用构成要素划分：由人工费、材料（包含工程设备）费、施工机具使用费、企业管理费、利润、规费和税金组成。其中人工费、材料费、施工机具使用费、企业管理费和利润包含在分部分项工程费、措施项目费、其他项目费中（图 7 - 2）。

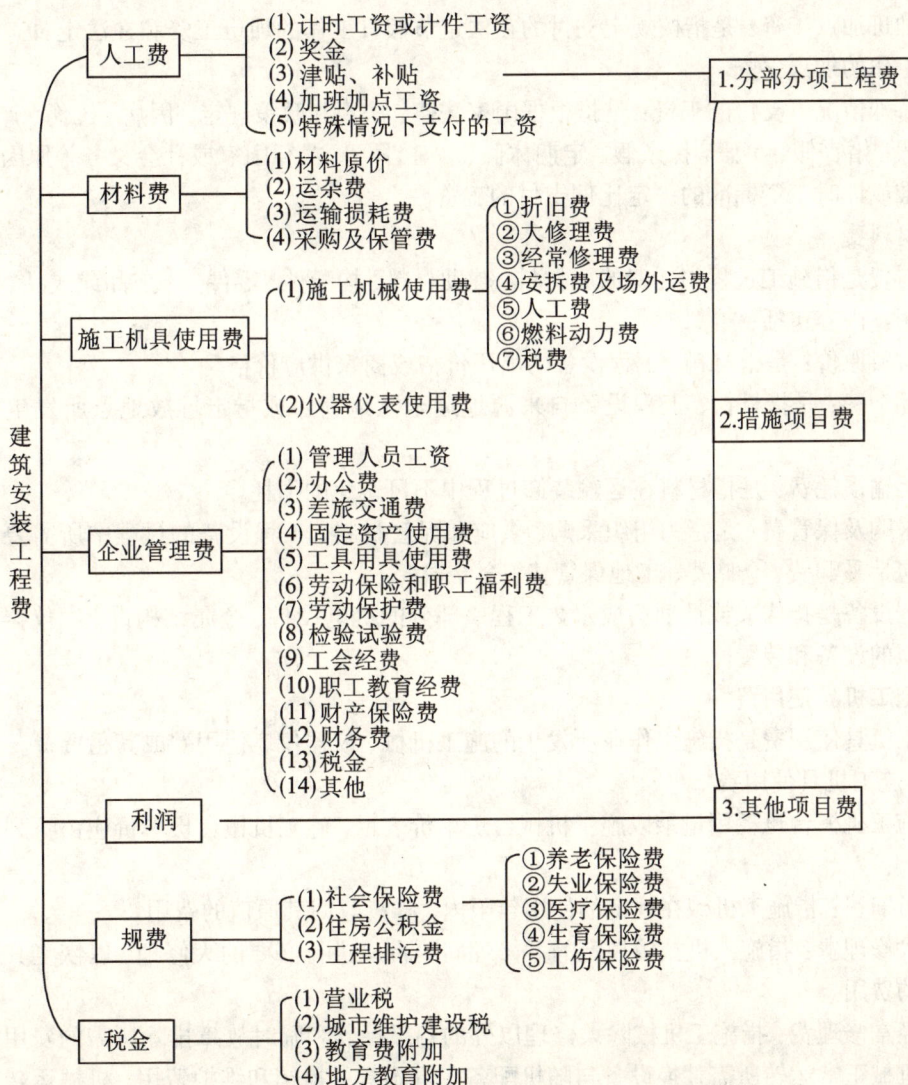

图 7 - 2　按费用构成要素划分建筑安装工程费用项目组成

1. 人工费

人工费是指按工资总额构成规定，支付给从事建筑安装工程施工的生产工人和附属生产单位工人的各项费用。内容包括：

①计时工资或计件工资：是指按计时工资标准和工作时间或对已做工作按计件单价支付给个人的劳动报酬。

②奖金：是指对超额劳动和增收节支支付给个人的劳动报酬。如节约奖、劳动竞赛奖等。

③津贴补贴：是指为了补偿职工特殊或额外的劳动消耗和因其他特殊原因支付给个人的津贴，以及为了保证职工工资水平不受物价影响支付给个人的物价补贴。如流动施工津贴、特殊地区施工津贴、高温(寒)作业临时津贴、高空津贴等。

④加班加点工资：是指按规定支付的在法定节假日工作的加班工资和在法定日工作时间外延时工作的加点工资。

⑤特殊情况下支付的工资：是指根据国家法律、法规和政策规定，因病、工伤、产假、计划生育假、婚丧假、事假、探亲假、定期休假、停工学习、执行国家或社会义务等原因按计时工资标准或计时工资标准的一定比例支付的工资。

2. 材料费

材料费是指施工过程中耗费的原材料、辅助材料、构配件、零件、半成品或成品、工程设备的费用。内容包括：

①材料原价：是指材料、工程设备的出厂价格或商家供应价格。

②运杂费：是指材料、工程设备自来源地运至工地仓库或指定堆放地点所发生的全部费用。

③运输损耗费：是指材料在运输装卸过程中不可避免的损耗。

④采购及保管费：是指为组织采购、供应和保管材料、工程设备的过程中所需要的各项费用。包括采购费、仓储费、工地保管费、仓储损耗。

工程设备是指构成或计划构成永久工程一部分的机电设备、金属结构设备、仪器装置及其他类似的设备和装置。

3. 施工机具使用费

施工机具使用费是指施工作业所发生的施工机械、仪器仪表使用费或其租赁费。

(1)施工机具使用费

以施工机械台班耗用量乘以施工机械台班单价表示，施工机械台班单价应由下列七项费用组成：

①折旧费：指施工机械在规定的使用年限内，陆续收回其原值的费用。

②大修理费：指施工机械按规定的大修理间隔台班进行必要的大修理，以恢复其正常功能所需的费用。

③经常修理费：指施工机械除大修理以外的各级保养和临时故障排除所需的费用。包括为保障机械正常运转所需替换设备与随机配备工具附具的摊销和维护费用，机械运转中日常保养所需润滑与擦拭的材料费用及机械停滞期间的维护和保养费用等。

④安拆费及场外运费：安拆费指施工机械(大型机械除外)在现场进行安装与拆卸所需的人工、材料、机械和试运转费用以及机械辅助设施的折旧、搭设、拆除等费用；场外运费指施工机械整体或分体自停放地点运至施工现场或由一施工地点运至另一施工地点的运输、装

卸、辅助材料及架线等费用。

⑤人工费：指机上司机(司炉)和其他操作人员的人工费。

⑥燃料动力费：指施工机械在运转作业中所消耗的各种燃料及水、电等。

⑦税费：指施工机械按照国家规定应缴纳的车船使用税、保险费及年检费等。

(2)仪器仪表使用费

是指工程施工所需使用的仪器仪表的摊销及维修费用。

4. 企业管理费

企业管理费是指建筑安装企业组织施工生产和经营管理所需的费用。内容包括：

①管理人员工资：是指按规定支付给管理人员的计时工资、奖金、津贴补贴、加班加点工资及特殊情况下支付的工资等。

②办公费：是指企业管理办公用的文具、纸张、账表、印刷、邮电、书报、办公软件、现场监控、会议、水电、烧水和集体取暖降温(包括现场临时宿舍取暖降温)等费用。

③差旅交通费：是指职工因公出差、调动工作的差旅费、住勤补助费，市内交通费和午餐补助费，职工探亲路费，劳动力招募费，职工退休、退职一次性路费，工伤人员就医路费，工地转移费以及管理部门使用的交通工具的油料、燃料等费用。

④固定资产使用费：是指管理和试验部门及附属生产单位使用的属于固定资产的房屋、设备、仪器等的折旧、大修、维修或租赁费。

⑤工具用具使用费：是指企业施工生产和管理使用的不属于固定资产的工器具、家具、交通工具和检验、试验、测绘、消防用具等的购置、维修和摊销费。

⑥劳动保险和职工福利费：是指由企业支付的职工退职金，按规定支付给离休干部的经费，集体福利费，夏季防暑降温，冬季取暖补贴，上下班交通补贴等。

⑦劳动保护费：是企业按规定发放的劳动保护用品的支出。如工作服、手套、防暑降温饮料以及在有碍身体健康的环境中施工的保健费用等。

⑧检验试验费：是指施工企业按照有关标准规定，对建筑以及材料、构件和建筑安装物进行一般鉴定、检查所发生的费用，包括自设试验室进行试验所耗用的材料等费用。不包括新结构、新材料的试验费，对构件做破坏性试验及其他特殊要求检验试验的费用和建设单位委托检测机构进行检测的费用，对此类检测发生的费用，由建设单位在工程建设其他费用中列支。但对施工企业提供的具有合格证明的材料进行检测不合格的，该检测费用由施工企业支付。

⑨工会经费：是指企业按《工会法》规定的全部职工工资总额比例计提的工会经费。

⑩职工教育经费：是指按职工工资总额的规定比例计提，企业为职工进行专业技术和职业技能培训，专业技术人员继续教育、职工职业技能鉴定、职业资格认定以及根据需要对职工进行各类文化教育所发生的费用。

⑪财产保险费：是指施工管理用财产、车辆等的保险费用。

⑫财务费：是指企业为施工生产筹集资金或提供预付款担保、履约担保、职工工资支付担保等所发生的各种费用。

⑬税金：是指企业按规定缴纳的房产税、车船使用税、土地使用税、印花税等。

⑭其他：包括技术转让费、技术开发费、投标费、业务招待费、绿化费、广告费、公证费、法律顾问费、审计费、咨询费、保险费等。

5. 利润

利润是指施工企业完成所承包工程获得的盈利。

6. 规费

规费是指按国家法律、法规规定，由省级政府和省级有关权力部门规定必须缴纳或计取的费用。包括：

（1）社会保险费

①养老保险费：是指企业按照规定标准为职工缴纳的基本养老保险费。

②失业保险费：是指企业按照规定标准为职工缴纳的失业保险费。

③医疗保险费：是指企业按照规定标准为职工缴纳的基本医疗保险费。

④生育保险费：是指企业按照规定标准为职工缴纳的生育保险费。

⑤工伤保险费：是指企业按照规定标准为职工缴纳的工伤保险费。

（2）住房公积金

住房公积金是指企业按规定标准为职工缴纳的住房公积金。

（3）工程排污费

工程排污费是指按规定缴纳的施工现场工程排污费。

其他应列而未列入的规费，按实际发生计取。

7. 税金

税金是指国家税法规定的应计入建筑安装工程造价内的营业税、城市维护建设税、教育费附加以及地方教育附加。

7.2.2　按造价形成划分的建筑安装工程费用项目组成

建筑安装工程费按照工程造价形成由分部分项工程费、措施项目费、其他项目费、规费、税金组成，分部分项工程费、措施项目费、其他项目费包含人工费、材料费、施工机具使用费、企业管理费和利润（图7-3）。

1. 分部分项工程费

分部分项工程费是指各专业工程的分部分项工程应予列支的各项费用。

（1）专业工程

专业工程是指按现行国家计量规范划分的房屋建筑与装饰工程、仿古建筑工程、通用安装工程、市政工程、园林绿化工程、矿山工程、构筑物工程、城市轨道交通工程、爆破工程等各类工程。

（2）分部分项工程

指按现行国家计量规范对各专业工程划分的项目。如房屋建筑与装饰工程划分的土石方工程、地基处理与桩基工程、砌筑工程、钢筋及钢筋混凝土工程等。

各类专业工程的分部分项工程划分见现行国家或行业计量规范。

2. 措施项目费

措施项目费是指为完成建设工程施工，发生于该工程施工前和施工过程中的技术、生活、安全、环境保护等方面的费用。内容包括：

（1）安全文明施工费

①环境保护费：是指施工现场为达到环保部门要求所需要的各项费用。

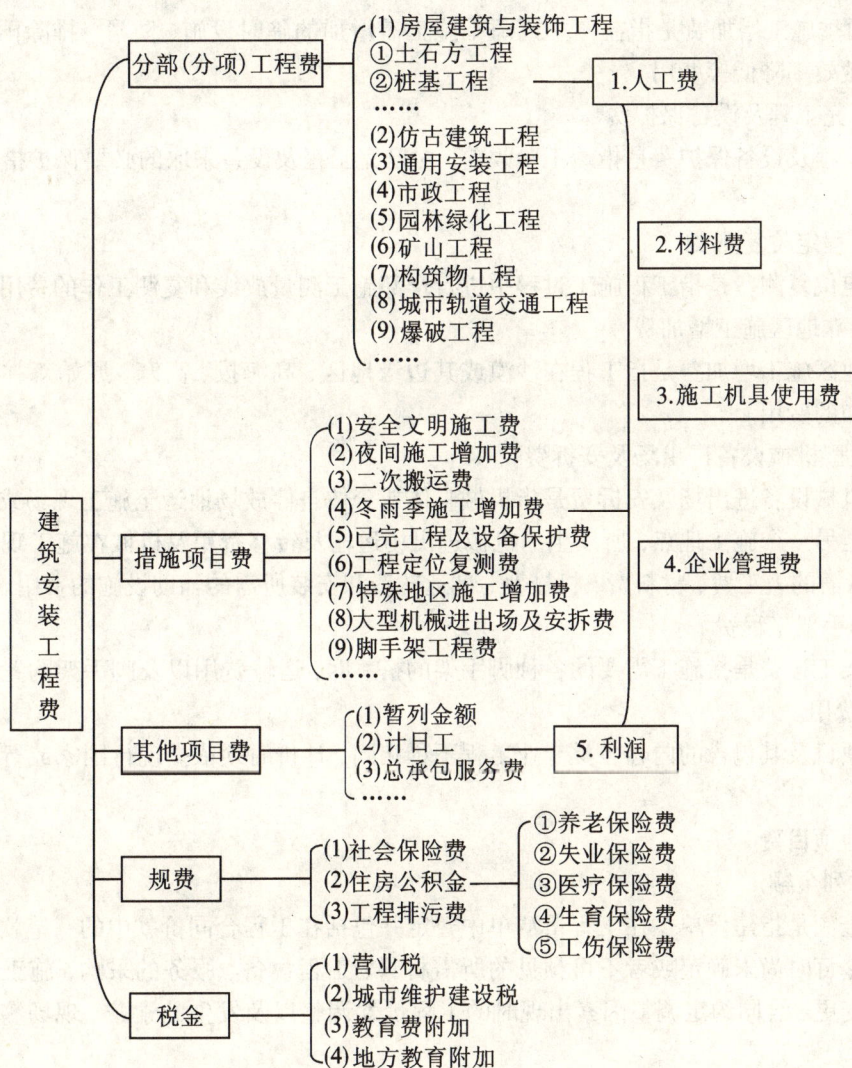

图 7 - 3　按造价形成划分的建筑安装工程费用项目组成

②文明施工费：是指施工现场文明施工所需要的各项费用。

③安全施工费：是指施工现场安全施工所需要的各项费用。

④临时设施费：是指施工企业为进行建设工程施工所必须搭设的生活和生产用的临时建筑物、构筑物和其他临时设施费用。包括临时设施的搭设、维修、拆除、清理费或摊销费等。

（2）夜间施工增加费

夜间施工增加费是指因夜间施工所发生的夜班补助费、夜间施工降效、夜间施工照明设备摊销及照明用电等费用。

（3）二次搬运费

二次搬运费是指因施工场地条件限制而发生的材料、构配件、半成品等一次运输不能到达堆放地点，必须进行二次或多次搬运所发生的费用。

（4）冬、雨季施工增加费

冬、雨季施工增加费是指在冬季或雨季施工需增加的临时设施、防滑、排除雨雪，人工及施工机械效率降低等费用。

（5）已完工程及设备保护费

已完工程及设备保护费是指竣工验收前，对已完工程及设备采取的必要保护措施所发生的费用。

（6）工程定位复测费

工程定位复测费是指工程施工过程中进行全部施工测量放线和复测工作的费用。

（7）特殊地区施工增加费

特殊地区施工增加费是指工程在沙漠或其边缘地区、高海拔、高寒、原始森林等特殊地区施工增加的费用。

（8）大型机械设备进出场及安拆费

大型机械设备进出场及安拆费是指机械整体或分体自停放场地运至施工现场或由一个施工地点运至另一个施工地点，所发生的机械进出场运输及转移费用及机械在施工现场进行安装、拆卸所需的人工费、材料费、机械费、试运转费和安装所需的辅助设施的费用。

（9）脚手架工程费

脚手架工程费是指施工需要的各种脚手架的搭、拆、运输费用以及脚手架购置费的摊销（或租赁）费用。

措施项目及其包含的内容各类专业工程不尽相同，计价时须依据现行国家或行业计量规范执行。

3. 其他项目费

（1）暂列金额

暂列金额是指建设单位在工程量清单中暂定并包括在工程合同价款中的一笔款项。用于施工合同签订时尚未确定或者不可预见的所需材料、工程设备、服务的采购，施工中可能发生的工程变更、合同约定调整因素出现时的工程价款调整以及发生的索赔、现场签证确认等的费用。

（2）计日工

计日工是指在施工过程中，施工企业完成建设单位提出的施工图纸以外的零星项目或工作所需的费用。

（3）总承包服务费

是指总承包人为配合、协调建设单位进行的专业工程发包，对建设单位自行采购的材料、工程设备等进行保管以及施工现场管理、竣工资料汇总整理等服务所需的费用。

4. 规费（定义同 7.1.2 中规费定义）

5. 税金（定义同 7.1.2 中税金定义）

7.3.3　建筑安装工程费用计算

1. 人工费

$$人工费 = \sum（工日消耗量 \times 日工资单价）\qquad (7-1)$$

$$日工资单价 = \frac{生产工人平均月工资(计时计件) + 平均月(奖金 + 津贴补贴 + 特殊情况下支付的工资)}{年平均每月法定工作日}$$

$$(7-2)$$

公式(7-1)主要适用于施工企业投标报价时自主确定人工费，也是工程造价管理机构编制计价定额确定定额人工单价或发布人工成本信息的参考依据。

$$人工费 = \sum (工程工日消耗量 \times 日工资单价) \tag{7-3}$$

日工资单价是指施工企业平均技术熟练程度的生产工人在每工作日(国家法定工作时间内)按规定从事施工作业应得的日工资总额。

工程造价管理机构确定日工资单价应通过市场调查、根据工程项目的技术要求，参考实物工程量人工单价综合分析确定，最低日工资单价不得低于工程所在地人力资源和社会保障部门所发布的最低工资标准的：普工 1.3 倍、一般技工 2 倍、高级技工 3 倍。

工程计价定额不可只列一个综合工日单价，应根据工程项目技术要求和工种差别适当划分多种日人工单价，确保各分部工程人工费的合理构成。

公式(7-3)适用于工程造价管理机构编制计价定额时确定定额人工费，是施工企业投标报价的参考依据。

2. 材料费

(1)材料费

$$材料费 = \sum (材料消耗量 \times 材料单价) \tag{7-4}$$

$$材料单价 = \{(材料原价 + 运杂费) \times [1 + 运输损耗率(\%)]\}$$
$$\times [1 + 采购保管费率(\%)] \tag{7-5}$$

(2)工程设备费

$$工程设备费 = \sum (工程设备量 \times 工程设备单价) \tag{7-6}$$

$$工程设备单价 = (设备原价 + 运杂费) \times [1 + 采购保管费率(\%)] \tag{7-7}$$

3. 施工机具使用费

(1)施工机具使用费

$$施工机具使用费 = \sum (施工机具台班消耗量 \times 机具台班单价) \tag{7-8}$$

$$机具台班单价 = 台班折旧费 + 台班大修费 + 台班经常修理费 + 台班安拆费及场外运费 +$$
$$台班人工费 + 台班燃料动力费 + 台班车船税费 \tag{7-9}$$

工程造价管理机构在确定计价定额中的施工机具使用费时，是依据《建筑施工机具台班费用计算规则》结合市场调查编制施工机具台班单价。施工企业可以参考工程造价管理机构发布的台班单价，自主确定施工机具使用费的报价，如租赁施工机具计算公式为：

$$施工机具使用费 = \sum (施工机具台班消耗量 \times 机具台班租赁单价) \tag{7-10}$$

(2)仪器仪表使用费

$$仪器仪表使用费 = 工程使用的仪器仪表摊销费 + 维修费 \tag{7-11}$$

4. 企业管理费费率

(1)以分部分项工程费为计算基础

$$企业管理费费率(\%) = \frac{生产工人年平均管理费}{年有效施工天数 \times 人工单价} \times 人工费占分部分项工程费比例(\%)$$

$$(7-12)$$

（2）以人工费和机械费合计为计算基础

$$企业管理费费率(\%) = \frac{生产工人年平均管理费}{年有效施工天数 \times (人工单价 + 每一工日机械使用费)} \times 100\%$$

$$(7-13)$$

（3）以人工费为计算基础

$$企业管理费费率(\%) = \frac{生产工人年平均管理费}{年有效施工天数 \times 人工单价} \times 100\% \qquad (7-14)$$

上述公式适用于施工企业投标报价时自主确定管理费，也是工程造价管理机构编制计价定额确定企业管理费时的参考依据。

工程造价管理机构在确定计价定额中企业管理费时，应以定额人工费或（定额人工费 + 定额机械费）作为计算基数，其费率根据历年工程造价积累的资料，辅以调查数据确定，列入分部分项工程和措施项目中。

5. 利润

施工企业根据企业自身需求并结合建筑市场实际自主确定，列入报价中。

工程造价管理机构在确定计价定额中利润时，应以定额人工费或定额人工费 + 定额机械费作为计算基数，其费率根据历年工程造价积累的资料，并结合建筑市场实际确定，以单位（单项）工程测算，利润在税前建筑安装工程费的比重可按不低于 5% 且不高于 7% 的费率计算。利润应列入分部分项工程和措施项目中。

6. 规费

（1）社会保险费和住房公积金

社会保险费和住房公积金应以定额人工费为计算基础，根据工程所在地省、自治区、直辖市或行业建设主管部门规定费率计算。

$$社会保险费和住房公积金 = \sum (工程定额人工费 \times 社会保险费和住房公积金费率)$$

$$(7-15)$$

式中：社会保险费和住房公积金费率可以每万元发、承包价的生产工人人工费和管理人员工资含量与工程所在地规定的缴纳标准综合分析取定。

（2）工程排污费

工程排污费等其他应列而未列入的规费应按工程所在地环境保护等部门规定的标准缴纳，按实计取列入。

7. 税金

$$税金 = 税前造价 \times 综合税率(\%) \qquad (7-16)$$

综合税率：

①纳税地点在市区的企业：

$$综合税率(\%) = \frac{1}{1 - 3\% - (3\% \times 7\%) - (3\% \times 3\%) - (3\% \times 2\%)} - 1$$

②纳税地点在县城、镇的企业：

$$综合税率(\%) = \frac{1}{1 - 3\% - (3\% \times 5\%) - (3\% \times 3\%) - (3\% \times 2\%)} - 1$$

③纳税地点不在市区、县城、镇的企业：

$$综合税率(\%) = \frac{1}{1 - 3\% - (3\% \times 1\%) - (3\% \times 3\%) - (3\% \times 2\%)} - 1$$

④实行营业税改增值税的，按纳税地点现行税率计算。

7.3.4　建筑安装工程计价程序

1.建筑安装工程计价计算公式

（1）分部分项工程费

$$分部分项工程费 = \sum（分部分项工程量 \times 综合单价）\tag{7-17}$$

综合单价包括人工费、材料费、施工机具使用费、企业管理费和利润以及一定范围的风险费用。

（2）措施项目费

1）国家计量规范规定应予计量的措施项目，其计算公式为

$$措施项目费 = \sum（措施项目工程量 \times 综合单价）\tag{7-18}$$

2）国家计量规范规定不宜计量的措施项目，计算方法如下

①安全文明施工费：

$$安全文明施工费 = 计算基数 \times 安全文明施工费费率(\%)\tag{7-19}$$

计算基数应为定额基价（定额分部分项工程费 + 定额中可以计量的措施项目费）、定额人工费或定额人工费 + 定额机械费，其费率由工程造价管理机构根据各专业工程的特点综合确定。

②夜间施工增加费：

$$夜间施工增加费 = 计算基数 \times 夜间施工增加费费率(\%)\tag{7-20}$$

③二次搬运费：

$$二次搬运费 = 计算基数 \times 二次搬运费费率(\%)\tag{7-21}$$

④冬、雨季施工增加费：

$$冬、雨季施工增加费 = 计算基数 \times 冬、雨季施工增加费费率(\%)\tag{7-22}$$

⑤已完工程及设备保护费：

$$已完工程及设备保护费 = 计算基数 \times 已完工程及设备保护费费率(\%)\tag{7-23}$$

上述②~⑤项措施项目的计费基数应为定额人工费或定额人工费 + 定额机械费，其费率由工程造价管理机构根据各专业工程特点和调查资料综合分析后确定。

（3）其他项目费

①暂列金额由建设单位根据工程特点，按有关计价规定估算，施工过程中由建设单位掌握使用、扣除合同价款调整后如有余额，归建设单位。

②计日工由建设单位和施工企业按施工过程中的签证计价。

③总承包服务费由建设单位在招标控制价中根据总包服务范围和有关计价规定编制，施工企业投标时自主报价，施工过程中按签约合同价执行。

（4）规费和税金

建设单位和施工企业均应按照省、自治区、直辖市或行业建设主管部门发布标准计算规

费和税金，不得作为竞争性费用。

2.建筑安装工程计价程序

建设单位工程招标控制价计价程序如表 7 - 1 所示，施工企业工程投标报价计价程序如表7 - 2所示，建设工程竣工结算计价程序如表 7 - 3 所示。

表 7 - 1　建设单位工程招标控制价计价程序

工程名称：　　　　　　　　　　　　　标段：

序号	内　　容	计算方法	金额(元)
1	分部分项工程费	按计价规定计算	
1.1			
1.2			
1.3			
2	措施项目费	按计价规定计算	
2.1	其中:安全文明施工费	按规定标准计算	
3	其他项目费		
3.1	其中:暂列金额	按计价规定估算	
3.2	其中:专业工程暂估价	按计价规定估算	
3.3	其中:计日工	按计价规定估算	
3.4	其中:总承包服务费	按计价规定估算	
4	规费	按规定标准计算	
5	税金(扣除不列入计税范围的工程设备金额)	(1 + 2 + 3 + 4) × 规定税率	

招标控制价合计 = 1 + 2 + 3 + 4 + 5

表 7 - 2　施工企业工程投标报价计价程序

工程名称：　　　　　　　　　　　　　标段：

序号	内　　容	计算方法	金额(元)
1	分部分项工程费	自主报价	
1.1			
1.2			
1.3			
2	措施项目费	自主报价	

续表 7 - 2

序号	内　容	计算方法	金额(元)
2.1	其中：安全文明施工费	按规定标准计算	
3	其他项目费		
3.1	其中：暂列金额	按招标文件提供金额计列	
3.2	其中：专业工程暂估价	按招标文件提供金额计列	
3.3	其中：计日工	自主报价	
3.4	其中：总承包服务费	自主报价	
4	规费	按规定标准计算	
5	税金(扣除不列入计税范围的工程设备金额)	(1 + 2 + 3 + 4) × 规定税率	

投标报价合计 = 1 + 2 + 3 + 4 + 5

表 7 - 3　竣工结算计价程序

工程名称：　　　　　　　　　　　标段：

序号	汇总内容	计算方法	金额(元)
1	分部分项工程费	按合同约定计算	
1.1			
1.2			
1.3			
2	措施项目	按合同约定计算	
2.1	其中：安全文明施工费	按规定标准计算	
3	其他项目		
3.1	其中：专业工程结算价	按合同约定计算	
3.2	其中：计日工	按计日工签证计算	
3.3	其中：总承包服务费	按合同约定计算	
3.4	索赔与现场签证	按发、承包双方确认数额计算	
4	规费	按规定标准计算	
5	税金(扣除不列入计税范围的工程设备金额)	(1 + 2 + 3 + 4) × 规定税率	

竣工结算总价合计 = 1 + 2 + 3 + 4 + 5

【例 7 - 1】　某高层商业办公综合楼工程建筑面积为 90586 m^2。根据计算，建筑工程造价为2300元/m²，安装工程造价为1200元/m²，装饰装修工程造价为1000元/m²，其中定额人工费占分部分项工程造价的15%。措施费以分部分项工程费为计费基础，其中安全文明施工费费率为1.5%，其他措施费费率合计1%。其他项目费合计800万，规费费率为8%，税率3.41%，计算招标控制价。

【解】 计算结果如表7-4所示。

表7-4 招标控制价计算表

序号	内　容	计算方法	金额(万元)
1	分部分项工程费	(1.1 + 1.2 + 1.3)	40763.7
1.1	建筑工程	90586×2300	20834.78
1.2	安装工程	90586×1200	10870.32
1.3	装饰装修工程	90586×1000	9058.6
2	措施项目费	分部分项工程费×2.5%	1019.0925
2.1	其中：安全文明施工费	分部分项工程费×1.5%	611.4555
3	其他项目费		800
4	规费	分部分项工程费×15%×8%	489.1644
5	税金(扣除不列入计税范围的工程设备金额)	(1+2+3+4)×3.41%	1468.75

招标控制价合计 = (1+2+3+4+5) = 44540.7(万元)

7.4　设备及工器具购置费

设备及工、器具购置费用由设备购置费和工器具及生产家具购置费组成，它是固定资产投资中的积极部分。在生产性工程建设中，设备及工、器具购置费用占工程造价比重的增大，意味着生产技术的进步和资本有机构成的提高。

7.4.1　设备购置费的构成及计算

设备购置费是指为建设项目购置或自制的达到固定资产标准的各种国产或进口设备、工器具的购置费用。它由设备原价和设备运杂费构成。

$$设备购置费 = 设备原价 + 设备运杂费 \tag{7-24}$$

式中：设备原价指国产设备或进口设备的原价；设备运杂费指除设备原价之外的关于设备采购、运输、途中包装及仓库保管等方面支出费用的总和。

1. 国产设备原价的构成及计算

国产设备原价一般指的是设备制造厂的交货价，或订货合同价。它一般根据生产厂或供应商的询价、报价、合同价确定，或采用一定的方法计算确定。国产设备原价分为国产标准设备原价和国产非标准设备原价。

（1）国产标准设备原价

国产标准设备是指按照主管部门颁布的标准图纸和技术要求，由我国设备生产厂批量生产的，符合国家质量检测标准的设备。国产标准设备原价有两种，即带有备件的原价和不带有备件的原价。在计算时，一般采用带有备件的原价。

（2）国产非标准设备原价

国产非标准设备是指国家尚无定型标准，各设备生产厂不可能在工艺过程中采用批量生产，只能按一次订货，并根据具体的设计图纸制造的设备。非标准设备原价有多种不同的计算方法，如成本计算估价法、系列设备插入估价法、分部组合估价法、定额估价法等。但无论采用哪种方法都应该使非标准设备计价接近实际出厂价，并且计算方法要简便。按成本计算估价法，非标准设备的原价由以下各项组成：

①材料费。其计算公式如下：

$$材料费 = 材料净重 \times (1 + 加工损耗系数) \times 每吨材料综合价 \qquad (7-25)$$

②加工费。加工费包括生产工人工资和工资附加费、燃料动力费、设备折旧费、车间经费等。其计算公式如下：

$$加工费 = 设备总重量（吨） \times 设备每吨加工费 \qquad (7-26)$$

③辅助材料费（简称辅材费）。辅助材料费包括焊条、焊丝、氧气、氩气、氮气、油漆、电石等费用。其计算公式如下：

$$辅助材料费 = 设备总重量 \times 辅助材料费指标 \qquad (7-27)$$

④专用工具费。按①～③项之和乘以一定百分比计算。

⑤废品损失费。按①～④项之和乘以一定百分比计算。

⑥外购配套件费。按设备设计图纸所列的外购配套件的名称、型号、规格、数量、重量，根据相应的价格加运杂费计算。

⑦包装费。按①～⑥项之和乘以一定百分比计算。

⑧利润。按①～⑤项加第⑦项之和乘以一定利润率计算。

⑨税金。国产非标准设备原价中的税金，是指增值税。

$$增值税 = 当期销项税额 - 进项税额 \qquad (7-28)$$

$$当期销项税额 = 销售额 \times 适用增值税率 \qquad (7-29)$$

⑩非标准设备设计费。按国家规定的设计费收费标准计算。

综上所述，单台非标准设备原价可用下面的公式表达：

单台非标准设备原价 = ｛[（材料费 + 加工费 + 辅材费）×（1 + 专用工具费率）×（1 + 废品损失费率）+ 外购配套件费]×（1 + 包装费率）- 外购配套件费｝×（1 + 利润率）+ 销项税金 + 非标准设备设计费 + 外购配套件费 　　　　　　　　　　　(7-30)

2. 进口设备原价的构成及计算

进口设备的原价是指进口设备的抵岸价，即抵达买方边境港口或边境车站，且交完关税等税费后形成的价格。进口设备抵岸价的构成与进口设备的交货类别有关。

（1）进口设备的交货类别

进口设备的交货类别可分为内陆交货类、目的地交货类、装运港交货类。

内陆交货类，即卖方在出口国内陆的某个地点交货。在交货地点，卖方及时提交合同规定的货物和有关凭证，并负担交货前的一切费用和风险；买方按时接受货物，交付货款，负担接货后的一切费用和风险，并自行办理出口手续和装运出口。货物的所有权也在交货后由卖方转移给买方。

目的地交货类，即卖方在进口国的港口或内地交货，有目的港船上交货价、目的港船边交货价(FOS)和目的港码头交货价(关税已付)及完税后交货价(进口国的指定地点)等几种交货价。它们的特点是：买卖双方承担的责任、费用和风险是以目的地约定交货点为分界线，只有当卖方在交货地点将货物置于买方控制下才算交货，才能向买方收取货款。这种交货类别对卖方来说承担的风险较大，在国际贸易中卖方一般不愿采用。

装运港交货类，即卖方在出口国装运港交货，主要有装运港船上交货价(FOB)，习惯称离岸价格，运费在内价(CFR)和运费、保险费在内价(CIF)，习惯称到岸价格。它们的特点是：卖方按照约定的时间在装运港交货，只要卖方把合同规定的货物装船后提供货运单据便完成交货任务，可凭单据收回货款。

装运港船上交货价(FOB)是我国进口设备采用最多的一种货价。采用装运港船上交货价时卖方的责任是：在规定的期限内，负责在合同规定的装运港口将货物装上买方指定的船只，并及时通知买方；负担货物装船前的一切费用和风险，负责办理出口手续；提供出口国政府或有关方面签发的证件；负责提供有关装运单据。买方的责任是：负责租船或订舱，支付运费，并将船期、船名通知卖方；负担货物装船后的一切费用和风险；负责办理保险及支付保险费，办理在目的港的进口和收货手续；接受卖方提供的有关装运单据，并按合同规定支付货款。

(2)进口设备抵岸价构成及计算

进口设备采用最多的是装运港船上交货价(FOB)，其抵岸价的构成可概括为：

进口设备抵岸价 = 货价 + 国际运费 + 运输保险费 + 银行财务费 + 外贸手续费 + 关税 + 增值税 + 消费税 + 海关监管手续费 + 车辆购置附加费　　　　(7 – 31)

货价，一般指装运港船上交货价(FOB)。设备货价分为原币货价和人民币货价，原币货价一律折算为美元表示，人民币货价按原币货价乘以外汇市场美元兑换人民币中间价确定。进口设备货价按有关生产厂商询价、报价、订货合同价计算。

国际运费，即从装运港(站)到达我国抵达港(站)的运费。进口设备大部分采用海洋运输，小部分采用铁路运输，个别采用航空运输。进口设备国际运费计算公式为：

$$国际运费 = 原币货价(FOB) × 运费率 \qquad (7 – 32)$$

$$国际运费 = 运量 × 单位运价 \qquad (7 – 33)$$

式中：运费率或单位运价参照有关部门或进出口公司的规定执行。

运输保险费，对外贸易货物运输保险是由保险人(保险公司)与被保险人(出口人或进口人)订立保险契约，在被保险人交付议定的保险费后，保险人根据保险契约的规定对货物在运输过程中发生的承保责任范围内的损失给予经济上的补偿。这是一种财产保险。计算公式为：

$$运输保险费 = \frac{原币货价(FOB) + 国际运费}{1 - 保险费率} × 保险费率 \qquad (7 – 34)$$

式中：保险费率按保险公司规定的进口货物保险费率计算。

银行财务费，一般是指中国银行手续费，可按下式简化计算：

$$银行财务费 = 人民币货价(FOB) \times 银行财务费率 \qquad (7-35)$$

外贸手续费,指按对外经济贸易部规定的外贸手续费率计取的费用,外贸手续费费率一般取 1.5%。计算公式为:

$$外贸手续费 = [装运港船上交货价(FOB) + 国际运费 + 运输保险费] \times 外贸手续费率$$
$$(7-36)$$

关税,由海关对进出国境或关境的货物和物品征收的一种税。计算公式为:

$$关税 = 到岸价格(CIF) \times 进口关税税率 \qquad (7-37)$$

式中:到岸价格(CIF)包括离岸价格(FOB)、国际运费、运输保险费等费用,作为关税完税价格;进口关税税率分为优惠和普通两种。优惠税率适用于与我国签订有关税互惠条款的贸易条约或协定的国家的进口设备;普通税率适用于与我国未签订有关税互惠条款的贸易条约或协定的国家的进口设备。进口关税税率按我国海关总署发布的进口关税税率计算。

增值税,是对从事进口贸易的单位和个人,在进口商品报关进口后征收的税种。我国增值税条例规定,进口应税产品均按组成计税价格和增值税税率直接计算应纳税额。即:

$$进口产品增值税额 = 组成计税价格 \times 增值税税率 \qquad (7-38)$$
$$组成计税价格 = 关税完税价格 + 关税 + 消费税 \qquad (7-39)$$

增值税税率根据所规定的税率计算。

消费税,对部分进口设备(如轿车、摩托车等)征收,一般计算公式为:

$$应纳消费税税额 = \frac{到岸价 + 关税}{1 - 消费税税率} \times 消费税税率 \qquad (7-40)$$

式中:消费税税率根据规定的税率计算。

海关监管手续费,指海关对进口减税、免税、保税货物实施监督、管理、提供服务的手续费。对于全额征收进口关税的货物不计本项费用。其计算公式如下:

$$海关监管手续费 = 到岸价 \times 海关监管手续费率(一般为 0.3\%) \qquad (7-41)$$

车辆购置附加费,进口车辆需缴纳车辆购置附加费,其计算公式如下:

$$进口车辆购置附加费 = (到岸价 + 关税 + 消费税 + 增值税) \times 进口车辆购置附加费率$$
$$(7-42)$$

3. 设备运杂费的构成及计算

(1)设备运杂费的构成

设备运杂费通常由下列各项构成:

①运费和装卸费。国产设备运费和装卸费是指设备由制造厂交货地点起至工地仓库(或施工组织设计指定的需要安装设备的堆放地点)止所发生的运输费用和装卸费用;进口设备运费和装卸费则是指进口设备由我国到岸港口或边境车站起至工地仓库(或施工组织设计指定的需要安装设备的堆放地点)止所发生的运费和装卸费。

②包装费,指设备原价中没有包含的,为运输而进行的包装支出的各种费用。

③设备供销部门的手续费,按有关部门规定的统一费率计算。

④采购与仓库保管费,指采购、验收、保管和收发设备所发生的各种费用,包括设备采购人员、保管人员和管理人员的工资、工资附加费、办公费、差旅交通费,设备供应部门办公和仓库所占固定资产使用费、工具用具使用费、劳动保护费、检验试验费等。这些费用可按主管部门规定的采购与保管费费率计算。

（2）设备运杂费的计算

设备运杂费按设备原价乘以设备运杂费率计算，其计算公式如下：

$$设备运杂费 = 设备原价 \times 设备运杂费率 \tag{7-43}$$

式中：设备运杂费率按各部门及省、市等的规定计取。

7.4.2　工器具及生产家具购置费的构成及计算

工器具及生产家具购置费，是指新建或扩建项目初步设计规定的，保证初期正常生产必须购置的没有达到固定资产标准的设备、仪器、工卡模具、器具、生产家具和备品备件等的购置费用。一般以设备购置费为计算基数，按照部门或行业规定的工器具及生产家具费率计算。计算公式为：

$$工器具及生产家具购置费 = 设备购置费 \times 定额费率 \tag{7-44}$$

7.5　工程建设其他费用

工程建设其他费用，是指从工程筹建到工程竣工验收交付使用为止的整个建设期间，除建筑安装工程费用和设备及工器具购置费用以外的，为保证工程建设顺利完成和交付使用后能够正常发挥效用而发生的各项费用。

工程建设其他费用，按其内容大体可分为三类：第一类指土地使用费；第二类指与工程建设有关的其他费用；第三类指与未来企业生产经营有关的其他费用。

7.5.1　土地使用费

土地使用费是指取得土地使用权而须付出的费用。农用地必须经国家征用后才能转成建设用地。获取国有土地使用权须支付土地使用权出让金、城市建设配套费、拆迁补偿与临时安置补助费等。

1. 农用土地征用费

农用土地征用费由土地补偿费、安置补助费、土地投资补偿费、土地管理费、耕地占用税等组成，并按被征用土地的原用途给予补偿。

征用耕地的补偿费用包括土地补偿费、安置补助费以及地上附着物和青苗的补偿费。

①征用耕地的土地补偿费，为该耕地被征用前三年平均年产值的 6~10 倍。

②征用耕地的安置补助费，按照需要安置的农业人口数计算。需要安置的农业人口数，按照被征用的耕地数量除以征地前被征用单位平均每人占有耕地的数量计算。每一个需要安置的农业人口的安置补助费标准，为该耕地被征用前三年平均年产值的 4~6 倍。但是，每公顷被征用耕地的安置补助费，最高不得超过被征用前三年平均年产值的 15 倍。征用其他土地的土地补偿费和安置补助费标准，由省、自治区、直辖市参照征用耕地的土地补偿费和安置补助费的标准规定。

③征用土地上的附着物和青苗的补偿标准，由省、自治区、直辖市规定。

④征用城市郊区的菜地，用地单位应当按照国家有关规定缴纳新菜地开发建设基金。

2. 取得国有土地使用权费用

取得国有土地使用权费用包括：土地使用权出让金、城市建设配套费、拆迁补偿与临时安置补助费等。

①土地使用权出让金，是指建设工程通过土地使用权出让方式，取得有限期的土地使用权，依照《中华人民共和国城镇国有土地使用权出让和转让暂行条例》规定，支付的土地使用权出让金。

②城市建设配套费，是指因进行城市公共设施的建设而分摊的费用。

③拆迁补偿与临时安置补助费，由两部分构成，即拆迁补偿费和临时安置补助费或搬迁补助费。拆迁补偿费是指拆迁人对被拆迁人，按照有关规定予以补偿所需的费用。拆迁补偿的形式可分为产权调换和货币补偿两种形式。产权调换的面积按照所拆迁房屋的建筑面积计算；货币补偿的金额按被拆房屋的结构和折旧程度分档，按平方米单价计算。在过渡期内，被拆迁人或者房屋承租人自行安排住处的，拆迁人应当支付临时安置补助费。

7.5.2　与项目建设有关的其他费用

根据项目的不同，与项目建设有关的其他费用的构成也不尽相同，一般包括以下各项，在进行工程估算及概算中可根据实际情况进行计算。

1. 建设单位管理费

建设单位管理费是指建设项目从立项、筹建、建设、联合试运转、竣工验收交付使用及后评估等全过程管理所需的费用。内容包括：

①建设单位开办费，指新建项目为保证筹建和建设工作正常进行所需办公设备、生活家具、用具、交通工具等购置费用。

②建设单位经费，包括工作人员的基本工资、工资性补贴、职工福利费、劳动保护费、劳动保险费、办公费、差旅交通费、工会经费、职工教育经费、固定资产使用费、工具用具使用费、技术图书资料费、生产人员招募费、工程招标费、合同契约公证费、工程质量监督检测费、工程咨询费、法律顾问费、审计费、业务招待费、排污费、竣工交付使用清理及竣工验收费、后评估等费用。不包括应计入设备、材料预算价格的建设单位采购及保管设备材料所需的费用。

建设单位管理费按照单项工程费用之和（包括设备工、器具购置费和建筑安装工程费用）乘以建设单位管理费指标计算。

建设单位管理费率按照建设项目的不同性质、不同规模确定。有的建设项目按照建设工期和规定的金额计算建设单位管理费。

2. 勘察设计费

勘察设计费是指为建设工程提供项目建议书、可行性研究报告及设计文件等所需费用，内容包括：

①编制项目建议书、可行性研究报告及投资估算、工程咨询、评价以及为编制上述文件所进行勘察、设计、研究试验等所需费用。

②委托勘察、设计单位进行初步设计、施工图设计及概预算文件编制等所需费用。

③在规定范围内由建设单位自行完成的勘察、设计工作所需费用。

勘察设计费中，项目建议书、可行性研究报告按国家颁布的收费标准计算，设计费按国家颁布的工程设计收费标准计算。

3. 研究试验费

研究试验费是指为建设项目提供和验证设计参数、数据、资料等所进行的必要的试验费用以及设计规定在施工中必须进行试验、验证所需费用。包括自行或委托其他部门研究试验所需人工费、材料费、试验设备及仪器使用费等。这项费用按照设计单位根据本工程项目的需要提出的研究试验内容和要求计算。

4. 可行性研究费

可行性研究费是指在工程项目投资决策阶段，依据调研报告对有关建设方案、技术方案或生产经营方案进行的技术经济论证，以及编制、评审可行性研究报告所需的费用。此项费用应依据前期研究委托合同计列，或参照《国家计委关于印发〈建设项目前期工作咨询收费暂行规定〉的通知》规定计算。

5. 环境影响评价费

环境影响评价费是指按照《中华人民共和国环境保护法》《中华人民共和国环境影响评价法》等规定，在工程项目投资决策过程中，为全面、详细评价本建设项目对环境可能产生的污染或造成的重大影响所需的费用。包括编制环境影响报告书(含大纲)、环境影响报告表以及对环境影响报告书(含大纲)、环境影响报告表进行评估等所需的费用。此项费用可参照《关于规范环境影响咨询收费有关问题的通知》规定计算。

6. 劳动安全卫生评价费

劳动安全卫生评价费是指按照劳动部《建设项目(工程)劳动安全卫生监察规定》和《建设项目(工程)劳动安全卫生预评价管理办法》的规定，为预测和分析建设项目存在的职业危险、危害因素的种类和危险危害程度，并提出先进、科学、合理可行的劳动安全卫生技术和管理对策所需的费用。包括编制建设项目劳动安全卫生预评价大纲和劳动安全卫生预评价报告书以及为编制上述文件所进行的工程分析和环境现状调查等所需费用。必须进行劳动安全卫生预评价的项目包括：

①属于《国家计划委员会、国家基本建设委员会、财政部关于基本建设项目和大中型划分标准的规定》中规定的大中型建设项目。

②属于《建筑设计防火规范》(GB50016—2006)中规定的火灾危险性生产类别为甲类的建设项目。

③属于劳动部颁布的《爆炸危险场所安全规定》中规定的爆炸危险场所等级为特别危险场所和高度危险场所的建设项目。

④大量生产或使用《职业性接触毒物危害程度分级》(GBZ230—2010)规定的Ⅰ级、Ⅱ级危害程度的职业性接触毒物的建设项目。

⑤大量生产或使用石棉粉料或含有10%以上的游离二氧化硅粉料的建设项目。

⑥其他由劳动行政部门确认的危险、危害因素大的建设项目。

劳动安全卫生评价费依据劳动安全卫生预评价委托合同计列，或按照建设项目所在省、自治区、直辖市劳动行政部门规定的标准计算。

7. 建设单位临时设施费

建设单位临时设施费是指建设期间建设单位所需临时设施的搭设、维修、摊销费用或租赁费用。临时设施包括临时宿舍、文化福利及公用事业房屋与构筑物、仓库、办公室、加工厂以及规定范围内的道路、水、电、管线等临时设施和小型临时设施。

$$临时设施费 = 建筑安装工程费 \times 临时设施费标准 \qquad (7-45)$$

8.建设工程监理费

工程监理费是指建设单位委托工程监理单位对工程实施监理工作所需费用。建设工程监理与相关服务收费根据建设项目性质不同情况，分别实行政府指导价或市场调节价。依法必须实行监理的建设工程施工阶段的监理收费实行政府指导价；其他建设工程施工阶段的监理收费和其他阶段的监理与相关服务收费实行市场调节价。

9.工程保险费

工程保险费是指建设工程在建设期间根据需要实施工程保险所需的费用。包括以各种建筑工程及其在施工过程中的物料、机器设备为保险标的的建筑工程一切险；以安装工程中的各种机器、机械设备为保险标的的安装工程一切险；以及机器损坏保险等。根据不同的工程类别，分别以其建筑、安装工程费乘以建筑、安装工程保险费率计算。民用建筑(住宅楼、综合性大楼、商场、旅馆、医院、学校)占建筑工程费的 2‰~4‰；其他建筑(工业厂房、仓库、道路、码头、水坝、隧道、桥梁、管道等)占建筑工程费的 3‰~6‰；安装工程(农业、工业、机械、电子、电器、纺织、矿山、石油、化学及钢铁工业、钢结构桥梁)占建筑工程费的 3‰~6‰。

10.引进技术和进口设备等费用

引进技术及进口设备等费用，包括出国人员费用、国外工程技术人员来华费用、技术引进费、分期或延期付款利息、担保费以及进口设备检验鉴定费。

①出国人员费用，指为引进技术和进口设备派出人员在国外培训和进行设计联络，设备检验等的差旅费、服装费、生活费等。这项费用根据设计规定的出国培训和工作的人数、时间及派往国家，按财政部、外交部规定的临时出国人员费用开支标准及中国民用航空公司现行国际航线票价等进行计算，其中使用外汇部分应计算银行财务费用。

②国外工程技术人员来华费用，指为安装进口设备，引进国外技术等聘用外国工程技术人员进行技术指导工作所发生的费用。包括技术服务费、外国技术人员的在华工资、生活补贴、差旅费、医药费、住宿费、交通费、宴请费、参观游览等招待费用。这项费用按每人每月费用指标计算。

③技术引进费，指为引进国外先进技术而支付的费用。包括专利费、专有技术费(技术保密费)、国外设计及技术资料费、计算机软件费等。这项费用根据合同或协议的价格计算。

④分期或延期付款利息，指利用出口信贷引进技术或进口设备采取分期或延期付款的办法所支付的利息。

⑤担保费，指国内金融机构为买方出具保函的担保费。这项费用按有关金融机构规定的担保费率计算(一般可按承保金额的 5‰计算)。

⑥进口设备检验鉴定费用，指进口设备按规定付给商品检验部门的进口设备检验鉴定费。这项费用按进口设备货价的 3‰~5‰计算。

11.特殊设备安全监督检验费

特殊设备安全监督检验费是指安全监察部门对在施工现场组装的锅炉及压力容器、压力管道、消防设备、燃气设备、电梯等特殊设备和设施实施安全检验收取的费用。此项费用按照建设项目所在省(市、自治区)安全监察部门的规定标准计算。无具体规定的，在编制投资估算和概算时可按受检设备现场安装费的比例估算。

12. 市政公用设施费

市政公用设施费是指使用市政公用设施的工程项目，按照项目所在地省级人民政府有关规定缴纳的市政公用设施建设配套费用，以及绿化工程补偿费用。此项费用按工程所在地人民政府规定标准计列。

7.5.3 与未来企业有关的其他费用

1. 联合试运转费

联合试运转费是指新建企业或新增加生产工艺过程的扩建企业在竣工验收前，按照设计规定的工程质量标准，进行整个车间的负荷或无负荷联合试运转发生的费用支出大于试运转收入的亏损部分。费用内容包括：试运转所需的原料、燃料、油料和动力的费用，机械使用费用，低值易耗品及其他物品的购置费用和施工单位参加联合试运转人员的工资等。试运转收入包括试运转产品销售和其他收入。不包括应由设备安装工程费项下开支的单台设备调试费及无负荷联动试运转费用。以"单项工程费用"总和为基础，按照工程项目的不同规模分别规定的试运转费率计算或以试运转费的总金额包干使用。

2. 生产准备费

生产准备费是指新建企业或新增生产能力的企业，为保证竣工交付使用进行必要的生产准备所发生的费用。费用内容包括：

（1）生产人员培训费，包括自行培训、委托其他单位培训的人员的工资、工资性补贴、职工福利费、差旅交通费、学习资料费、学习费、劳动保护费等。

（2）生产单位提前进厂参加施工、设备安装、调试等以及熟悉工艺流程及设备性能等人员的工资、工资性补贴、职工福利费、差旅交通费、劳动保护费等。

生产准备费一般根据需要培训和提前进厂人员的人数及培训时间，按生产准备费指标进行估算。

应该指出，生产准备费在实际执行中是一笔在时间上、人数上、培训深度上很难划分的、活口很大的支出，尤其要严格掌握。

3. 办公和生活家具购置费

办公和生活家具购置费是指为保证新建、改建、扩建项目初期正常生产、使用和管理所必须购置的办公和生活家具、用具的费用。改、扩建项目所需的办公和生活用具购置费，应低于新建项目。其范围包括办公室、会议室、资料档案室、阅览室、文娱室、食堂、浴室、理发室、单身宿舍和设计规定必须建设的托儿所、卫生所、招待所、中小学校等家具用具购置费。这项费用按照设计定员人数乘以综合指标计算。

7.6 预备费、建设期贷款利息、铺底流动资金

7.6.1 预备费

按我国现行规定，预备费包括基本项备费和涨价预备费。

1. 基本预备费

基本预备费是指在初步设计及概算内难以预料的工程费用，费用内容包括：

①在批准的初步设计范围内,技术设计、施工图设计及施工过程中所增加的工程费用;设计变更、局部地基处理等增加的费用。

②一般自然灾害造成的损失和预防自然灾害所采取的措施费用。实行工程保险的工程项目费用应适当降低。

③竣工验收时为鉴定工程质量对隐蔽工程进行必要的挖掘和修复费用。

基本预备费是按建筑安装工程费用、设备及工器具购置费和工程建设其他费用三者之和为计取基础,乘以基本预备费率进行计算。

基本预备费=(建筑安装工程费用+设备及工器具购置费+工程建设其他费用)×基本预备费率 (7-46)

基本预备费率的取值应执行国家及部门的有关规定。

2. 涨价预备费

涨价预备费是指建设项目在建设期间内由于价格等变化引起工程造价变化的预测预留费用。费用内容包括:人工、设备、材料、施工机械的价差费,建筑安装工程费及工程建设其他费用调整,利率、汇率调整等增加的费用。

涨价预备费的测算方法,一般根据国家规定的投资综合价格指数,按估算年份价格水平的投资额为基数,采用复利方法计算。计算公式为:

$$PF = \sum_{t=1}^{n} I_t [(1+f)^t - 1]$$ (7-47)

式中:PF——涨价预备费;

n——建设期年份数;

I_t——建设期第 t 年的计划投资额,包括建筑安装工程费、设备及工器具购置费、工程建设其他费用及基本预备费;

f——年平均投资价格上涨率。

【例7-2】 某建设项目,建设期为3年,各年计划投资额分别为:第一年投资4000万元,第二年投资6000万元,第三年投资2000万元,年平均投资价格上涨率为5%,求建设项目建设期间涨价预备费。

解: 第1年涨价预备费为:

$$PF_1 = I_1 [(1+f)^1 - 1] = 4000 \times 5\% = 200 (万元)$$

第2年涨价预备费为:

$$PF_2 = I_2 [(1+f)^2 - 1] = 6000 [(1+5\%)^2 - 1] = 615 (万元)$$

第3年涨价预备费为:

$$PF_3 = I_3 [(1+f)^3 - 1] = 2000 [(1+5\%)^3 - 1] = 315.25 (万元)$$

所以,建设期涨价预备费 = 200 + 615 + 315.25 = 1130.25(万元)

7.6.2 建设期贷款利息

建设期利息是指项目借款在建设期内发生并计入固定资产的利息。为了简化计算,在编制投资估算时通常假定借款均在每年的年中支用,借款第一年按半年计息,其余各年份按全年计息。计算公式为:

各年应计利息 = (年初借款本息累计 + 本年借款额 / 2) × 年利率 (7-48)

【例7－3】 某新建项目，建设期为3年，共向银行贷款1300万元，贷款时间为：第一年300万元，第二年600万元，第三年400万元。年利率为6%，计算建设期利息。

解： 在建设期，各年利息计算如下：

第1年应计利息 $= \dfrac{1}{2} \times 300 \times 6\% = 9$（万元）；

第2年应计利息 $= \left(300 + 9 + \dfrac{1}{2} \times 600\right) \times 6\% = 36.54$（万元）；

第3年应计利息 $= \left(300 + 9 + 600 + 36.54 + \dfrac{1}{2} \times 400\right) \times 6\% = 68.73$（万元）；

建设期利息总和 $= 9 + 36.54 + 68.73 = 114.27$ 万元。

7.6.3　铺底流动资金

铺底流动资金是指生产性建设工程为保证生产和经营正常进行，按规定应列入建设工程总投资的铺底流动资金。一般按流动资金的30%计算。

【例7－4】 某建设工程在建设期初的建安工程费和设备工器具购置费为45000万元。按本项目实施进度计划，项目建设期为3年，投资分年使用比例为：第一年25%，第二年55%，第三年20%，建设期内预计年平均价格总水平上涨率为5%。建设期贷款利息为1395万元，建设工程其他费用为3860万元，基本预备费率为10%。试估算该项目的建设投资。

【解】 （1）计算项目的涨价预备费

第1年末的涨价预备费 $= 45000 \times 25\% \times \left[(1 + 0.05)^1 - 1\right] = 562.5$（万元）；

第2年末的涨价预备费 $= 45000 \times 55\% \times \left[(1 + 0.05)^2 - 1\right] = 2536.88$（万元）；

第3年末的涨价预备费 $= 45000 \times 20\% \times \left[(1 + 0.05)^3 - 1\right] = 1418.63$（万元）；

该项目建设期的涨价预备费 $= 562.5 + 2536.88 + 1418.63 = 4518.01$（万元）。

（2）计算项目的建设投资

建设投资 = 静态投资 + 建设期贷款利息 + 涨价预备费

$= (45000 + 3860) \times (1 + 10\%) + 1395 + 4518.01 = 59659.01$（万元）

重点与难点

重点：①我国现行建设工程投资费用构成；②按费用构成要素划分建筑安装工程费用项目组成；③按造价形成划分的建筑安装工程费用项目组成；④建筑安装工程费用计算及建筑安装工程计价程序；⑤设备购置费的构成及计算；⑥工程建设其他费用的内容。

难点：建筑安装工程费的计算。

思考与练习

---

1. 简述我国现行建设工程投资构成。

2. 简述设备，工器具购置费用的构成。

3. 简述建筑安装工程费用的构成。

4. 简述工程建设其他费用的构成。

5. 按费用构成要素划分建筑安装工程费用项目其组成内容有哪些?

6. 按造价形成划分建筑安装工程费用项目其组成内容有哪些?

7. 措施项目费包括哪些内容?

8. 企业管理费包括哪些内容?

9. 施工机具使用费包括哪些内容?

第 8 章
建设工程决策和设计阶段计价

8.1 建设工程投资估算

8.1.1 建设工程投资估算概述

1.建设工程投资估算的概念

投资估算是指在建设工程投资决策过程中，依据现有的资料和特定的方法，对建设工程未来的全部投资数额进行预测和估计。它是项目建设前期编制项目建议书和可行性研究报告的重要组成部分，是建设项目决策的重要依据之一。投资估算的准确与否不仅影响到可行性研究工作的质量和经济评价结果，而且也直接关系到下一阶段设计概算和施工图预算的编制，对建设项目资金筹措方案也有直接的影响。因此，全面准确地估算建设项目的工程造价，是可行性研究乃至整个决策阶段造价管理的重要任务。

2.建设工程投资估算的作用

①项目建议书阶段的投资估算，是项目主管部门审批项目建议书的依据之一，并对项目的规划、规模起参考作用。

②项目可行性研究阶段的投资估算，是项目投资决策的重要依据，也是研究、分析、计算项目投资经济效果的重要条件。当可行性研究报告被批准之后，其投资估算额就作为设计任务书中下达的投资限额，即作为建设项目投资的最高限额，不得随意突破。

③项目投资估算对工程设计概算起控制作用，设计概算不得突破批准的投资估算额，并应控制在投资估算额以内。

④项目投资估算可作为项目资金筹措及制订建设贷款计划的依据，建设单位可根据批准的项目投资估算额，进行资金筹措和向银行申请贷款。

⑤项目投资估算是核算建设项目固定资产投资需要额和编制固定资产投资计划的重要依据。

3.建设工程投资估算的阶段划分与精度要求

投资估算贯穿于整个投资决策过程，投资决策过程可划分为投资机会研究阶段、项目建议书阶段及初步可行性研究阶段、详细可行性研究阶段、评估和决策阶段。因此投资估算工作也相应分为四个阶段。不同阶段所具备的条件、掌握的资料和对投资估算的要求各有不同。因而投资估算的准确程度在不同阶段也不同，进而每个阶段投资估算所起的作用也不同。

（1）投资机会研究阶段的投资估算

这一阶段主要是选择有利的投资机会，明确投资方向，提出项目投资建议，并编制项目建议书。该阶段工作比较粗略，投资额的估计一般是通过与已建类似项目的对比分析等快捷方法得来，因而投资的误差率可在 ±30% 以内。

这一阶段的投资估算是作为管理部门审批项目建议书、初步选择投资项目的主要依据之一。对初步可行性研究及其投资估算起指导作用。在这个阶段可否定一个建设项目，但不能完全肯定一个项目是否真正可行。

（2）初步可行性研究阶段的投资估算

这一阶段主要是在投资机会研究结论的基础上，进一步研究项目的投资规模、原材料来源、工艺技术、厂址、组织机构和建设进度等情况，进行经济效益评价，判断项目的可行性，做出初步投资评价。该阶段是介于投资机会研究和详细可行性研究的中间阶段，投资估算的误差率一般要求控制在 ±20% 以内。这一阶段的投资估算是作为决定是否进行详细可行性研究的依据之一，同时也是确定有哪些关键问题需要进行辅助性专题研究的依据之一。在这个阶段可对项目是否真正可行做出初步的决定。

（3）详细可行性研究阶段的投资估算

详细可行性研究阶段可称为最终可行性研究报告阶段，主要是对项目进行全面、详细、深入的技术经济分析论证，评价选择拟建项目的最佳投资方案，对项目的可行性提出结论性意见。该阶段研究内容详尽、深入，投资估算的误差率应控制在 ±10% 以内。

这一阶段的投资估算是对项目进行详细的经济评价，对拟建项目是否真正可行进行最后决定，是选择最佳投资方案的主要依据，也是编制设计文件、控制初步设计及概算的主要依据。

（4）评估和决策阶段的投资评估

该阶段主要是对拟建项目的可行性研究报告提出评价意见，最终决策该项目是否可行，确定最佳采用方案。这是建设项目前期工作中最重要的一环，投资估算的精度越高越好。一般投资估算的误差率应控制在 ±10% 以内。

在不同的阶段，工作深度不同，估算的精度要求也不一样。各阶段的投资估算精度要求如表 8 – 1 所示。

表 8 – 1 建设工程投资决策阶段投资估算的精度要求

序 号	建设工程前期决策阶段	投资估算的误差率
1	投资机会研究阶段	±30% 以内
2	初步可行性研究阶段	±20% 以内
3	可行性研究阶段	±10% 以内
4	评估阶段	±10% 以内

4.建设工程投资估算的内容

建设工程投资估算包括该项目从筹建、施工直至竣工投产所需的全部费用，按照国家有关的规定，从满足建设项目投资设计和投资规模的角度，建设工程投资的估算包括固定资产投资估算和流动资金估算两部分。

固定资产投资估算的内容按照费用性质划分，包括建筑安装工程费、设备及工器具购置费、工程建设其他费用、预备费、建设期贷款利息等。其中，建筑安装工程费、设备及工器具购置费直接形成实体固定资产，被称为工程费用；工程建设其他费用可分别形成固定资产、无形资产及其他资产。预备费、建设期贷款利息，在可行性研究阶段为简化计算，一并计入固定资产。

流动资金是指生产经营性项目投产后，用于购买原材料、燃料、支付工资及其他经营费用等所需的周转资金。它是伴随着固定资产投资而发生的长期占用的流动资产，流动资金＝流动资产－流动负债。其中，流动资金主要考虑现金、应收账款和存货；流动负债主要考虑应付账款。因此，流动资金的概念，实际上就是财务中的营运资金。

8.1.2　投资估算编制的依据、要求与步骤

1. 投资估算的编制依据

建设项目投资估算的编制依据一般包括：

①项目的基本情况，包括根据项目建议书或可行性研究报告提供的拟建项目的类型、产品方案、建设规模、建设地点、时间、总体规划、结构特征，施工方案、主要设备、类型及建设标准等。它是进行投资估算的最主要的依据，这些依据越准确，则估算结果相对越准确。

②投资估算指标、概算指标、技术经济指标。

③造价指标(包括单项工程和单位工程造价指标)。

④已建类似工程的竣工决算资料。这些依据为投资估算提供可比资料。

⑤项目所在地区的技术经济条件情况。项目所在地区的水文、地质、地貌、交通情况，当地材料、燃料动力、设备预算价格及市场价格(包括设备、材料价格、专业分包报价等)。

⑥当地的有关规定和政策。如当地建筑工程取费标准，如规费、税金以及与建设有关的其他费用标准等。

⑦拟建项目各单项工程的建设内容及工程量。

⑧资金来源与建设工期。

⑨其他经验参考数据。如材料、设备运杂费率。设备安装费率、零星工程及辅材的比率等。

以上资料越具体、越完备，编制投资估算就越准确。

2. 投资估算的编制要求

①建设工程费用构成符合要求，计算合理，不重复计算，不提高或者降低估算标准，不漏项、不少算。

②选用指标与具体工程之间存在标准或者条件差异时，应进行必要的换算或调整。

③投资估算精度应能满足控制初步设计概算要求。

3. 投资估算的编制步骤

①分别估算各单项工程所需的建筑工程费、设备及工器具购置费、安装工程费。

②在汇总各单项工程费用的基础上，估算工程建设其他费用和基本预备费。

③估算涨价预备费和建设期贷款利息。

④估算流动资金。

8.1.3 建设工程投资估算的编制方法

固定资产投资的估算包括静态投资部分的估算和动态投资部分的估算。

固定资产投资的静态部分包括：建筑安装工程费、设备及工器具购置费、工程建设其他费用、基本预备费。固定资产静态部分的投资估算，要按某一确定的时间来进行，一般以开工的前一年为基准年，以这一年的价格为依据估算，否则就会失去基准作用。固定资产投资的动态部分包括涨价预备费、建设期贷款利息的估算，估算时按实际动态变化率进行估算。

固定资产投资估算的方法包括综合估算法和分类投资估算法。综合估算法有生产能力指数法、系数估算法、投资指标估算法、资金周转率法、单位生产能力估算法、比例估算法。综合估算法主要适用于投资机会研究和初步可行性研究阶段，精度相对不高；而分类投资估算法就是按照拟建项目的总投资构成，分别计算每项的投资费用，汇总形成投资总费用的方法。分类投资估算法主要用于项目可行性研究阶段。

1. 综合估算法

（1）静态投资部分的估算

不同阶段的投资估算，其方法和允许误差都是不同的。建设项目投资机会研究和初步可行性研究阶段，投资估算精度要求低，可采取综合估算法。在详细可行性研究阶段，建设项目投资估算精度要求高，需要采用相对详细的分类投资估算方法，即指标估算法。

1）单位生产能力估算法

依据调查的统计资料，利用相近规模的单位生产能力投资乘以建设规模，即得拟建项目投资。其计算公式为：

$$C_2 = \frac{C_1}{Q_1} \cdot Q_2 \cdot f \tag{8-1}$$

式中：C_1——已建类似项目的投资额；

C_2——拟建项目投资额；

Q_1——类似项目的生产能力；

Q_2——拟建项目的生产能力；

f——不同时期、不同地点的定额、单价、费用变更等的综合调整系数。

这种方法把项目的建设投资与其生产能力的关系视为简单的线性关系，估算结果精确度较差，可达 ±30%。使用这种方法时要注意拟建项目的生产能力和类似项目的可比性，否则误差很大。

2）生产能力指数法

生产能力指数法又称指数估算法，它是根据已建成的类似项目生产能力和投资额来粗略估算拟建项目投资额的方法。其计算公式为：

$$C_2 = C_1 \left(\frac{Q_2}{Q_1}\right)^n \cdot f \tag{8-2}$$

式中：n——生产能力指数。

其他符号含义同前。

若已建类似项目的生产规模与拟建项目生产规模相差不大，Q_1 与 Q_2 的比值在 0.5 ~ 2 之间，则指数 n 的取值近似为 1。

若已建类似项目的生产规模与拟建项目生产规模相差不大于 50 倍，且拟建项目生产规模的扩大仅靠增大设备规模来达到时，则 n 的取值在 $0.6 \sim 0.7$ 之间；若是靠增加相同规格设备的数量达到时，n 的取值在 $0.8 \sim 0.9$ 之间。

指数法主要应用于拟建装置或项目与用来参考的已知装置或项目的规模不同的场合。它与单位生产能力估算法相比精确度略高，其误差可控制在 ±20% 以内，尽管估价误差仍较大，但有它独特的好处：即这种估价方法不需要详细的工程设计资料，只知道工艺流程及规模就可以；其次对于总承包工程而言，可作为估价的旁证，在总承包工程报价时，承包商大都采用这种方法估价。

3）系数估算法

系数估算法也称为因子估算法，它是以拟建项目的主体工程费或主要设备费为基数，以其他工程费占主体工程费的百分比为系数估算项目总投资的方法。这种方法简单易行，但是精度较低，一般用于项目建议书阶段。系数估算法的种类很多，下面介绍几种主要类型。

①设备系数法。以拟建项目的设备费为基数，根据已建成的同类项目的建筑安装费和其他工程费等占设备价值的百分比，求出拟建项目建筑安装工程费和其他工程费，进而求出建设项目总投资。其计算公式如下：

$$C = E(1 + f_1P_1 + f_2P_2 + f_3P_3 + \cdots) + I \qquad (8-3)$$

式中：C——拟建项目投资额；

　　　E——拟建项目设备费；

　　　$P_1, P_2, P_3, \cdots$——已建项目中建筑安装费及其他工程费等占设备费的比重；

　　　$f_1, f_2, f_3, \cdots$——由于时间因素引起的定额、价格、费用标准等变化的综合调整系数；

　　　I——拟建项目其他费用。

②主体专业系数法。以拟建项目中投资比重较大，并与生产能力直接相关的工艺设备投资为基数，根据已建同类项目的有关统计资料，计算出拟建项目各专业工程（总图、土建、采暖、给排水、管道、电气、自控等）占工艺设备投资的百分比，据以求出拟建项目各专业投资，然后加总即为项目总投资。其计算公式为：

$$C = E(1 + f_1P'_1 + f_2P'_2 + f_3P'_3 + \cdots) + I \qquad (8-4)$$

式中：$P'_1, P'_2, P'_3, \cdots$——已建项目中各专业工程费等占设备费的比重。

其他符号含义同前。

③朗格系数法。这种方法是以设备费为基数，乘以适当系数来推算项目的建设费用。其计算公式为：

$$C = E \cdot (1 + \sum K_i) \cdot K_c \qquad (8-5)$$

式中：C——总建设费用；

　　　E——主要设备费；

　　　K_i——管线、仪表、建筑物等项费用的估算系数；

　　　K_c——管理费、合同费、应急费等项费用的总估算系数。

总建设费用与设备费用之比称为朗格系数 K_L。即：

$$K_L = (1 + \sum K_i) \cdot K_c \qquad (8-6)$$

朗格系数包含的内容如表8-2所示。

表8-2 朗格系数包含的内容

项目	固体流程	固流流程	流体流程
朗格系数 K_L	3.1	3.63	4.74
内容 (1)包括基础、设备、绝热、油漆及设备安装费	$E \times 1.43$		
(2)包括上述在内和配管工程费	$(1) \times 1.1$	$(1) \times 1.25$	$(1) \times 1.6$
(3)装置直接费	$(b) \times 1.25$		
(4)包括上述在内和间接费,即总费用 C	$(3) \times 1.31$	$(1) \times 1.35$	$(1) \times 1.38$

4)比例估算法

根据统计资料,先求出已有同类企业主要设备投资占全厂建设投资的比例,然后再估算出拟建工程的主要设备投资,即可按比例求出拟建项目的建设投资。其表达式为:

$$I = \frac{1}{K} \sum_{i=1}^{n} Q_i P_i \qquad (8-7)$$

式中:I——拟建项目的建设投资;

K——主要设备投资占拟建项目投资的比例;

n——设备种类数;

Q_i——第 i 种设备的数量;

P_i——第 i 种设备的单价(到厂价格)。

(2)动态部分投资估算

建设项目的动态投资包括价格变动可能增加的投资额、建设期利息等。如果是涉外项目,还应计算汇率的影响。在实际估算时,主要考虑涨价预备费、建设期贷款利息、汇率变化等方面。

涨价预备费、建设期贷款利息的估算问题已经在第5章讨论过,这里就不再重复。

汇率是两种不同货币之间的兑换比率,或者说是以一种货币表示的另一种货币的价格。汇率的变化意味着一种货币相对于另一种货币的升值或贬值。在我国,人民币与外币之间的汇率采取以人民币表示外币价格的形式给出,如1美元=6.13元人民币。由于涉外项目的投资中包含人民币以外的币种,需要按照相应的汇率把外币投资额换算为人民币投资额,所以汇率变化就会对涉外项目的投资额产生影响。

①外币对人民币升值。项目从国外市场购买设备材料所支付的外币金额不变,但换算成人民币的金额增加;从国外借款,本息所支付的外币金额不变,但换算成人民币的金额增加。

②外币对人民币贬值。项目从国外市场购买设备材料所支付的外币金额不变,但换算成人民币的金额减少;从国外借款,本息所支付的外币金额不变,但换算成人民币的金额减少。

估计汇率变化对建设项目投资的影响,是通过预测汇率在项目建设期内的变动程度以估算年份的投资额为基数,计算求得。

2.分类投资估算法

这种方法是把建设项目划分为建筑工程、设备安装工程、设备及工器具购置费及其他基本建设费等费用项目或单位工程,再根据各种具体的投资估算指标,进行各项费用项目或单位工程投资的估算,在此基础上,可汇总成每一单项工程的投资。另外,再估算工程建设其他费用及预备费,即求得建设项目总投资。

（1）建筑工程费用估算

建筑工程费用是指为建造永久性建筑物或构筑物所需的费用,一般采用单位建筑工程投资估算法、单位实物工程量投资估算法、概算指标投资估算法等进行估算。

①单位建筑工程投资估算法,是以单位建筑工程量投资乘以建筑工程总量计算。一般工业与民用建筑以单位建筑面积（m^2）的投资、工业窑炉砌筑以单位容积（m^3）的投资、水库以水坝单位长度（m）的投资、铁路路基以单位长度（km）的投资、矿井掘进以单位长度（m）的投资,乘以相应的建筑工程量计算建筑工程费。

②单位实物工程量投资估算法,是以单位实物工程量的投资乘以实物工程总量计算。土石方工程按每立方米投资、矿井巷道衬砌工程按每延长米投资、路面铺设工程按道路等级分别以每延长米投资,乘以相应的实物工程总量计算建筑工程费。

③概算指标投资估算法,对于没有上述估算指标且建筑工程费占总投资比重较大的项目,可采用概算指标投资估算法。采用该方法,应占有较为详细的工程资料、建筑材料价格和工程费用指标,投入的时间和工作量大,但计算结果相对其他几种方法要更准确。

（2）设备及工器具购置费估算

设备购置费根据项目主要设备表及价格、费用资料编制,工器具购置费按设备费的一定比率计取。对于价格高的设备应按单台（套）估算购置费,价格较小的设备可按类估算,国内设备和进口设备应分别估算。

（3）安装工程费估算

安装工程费通常按行业或专门机构发布的安装工程定额、取费标准和指标估算投资。具体可按安装费率、每吨设备安装费或单位安装实物工程量的费用估算,即:

$$安装工程费 = 设备原价 \times 安装费率 \tag{8-8}$$

$$安装工程费 = 设备吨位 \times 每吨安装费 \tag{8-9}$$

$$安装工程费 = 安装工程实物量 \times 安装费用指标 \tag{8-10}$$

（4）工程建设其他费用估算

工程建设其他费用按各项费用项目的费率或取费标准估算。

（5）基本预备费估算

基本预备费在工程费用和工程建设其他费用的基础上乘以基本预备费率。

使用分类投资估算法,应注意以下事项:一是使用的估算指标应根据不同地区、年代进行调整。因为地区、年代不同,设备与材料的价格均有差异,调整方法可以按主要材料消耗量或"工程量"为计算依据;也可以按不同的工程项目的"万元工料消耗定额"而制定不同的系数进行调整。二是使用分类投资估算法进行投资估算决不能生搬硬套,必须对工艺流程、定额、价格及费用标准进行分析,经过实事求是的调整与换算后,才能提高其精确度。

3.建设工程流动资金估算方法

流动资金是指生产经营性项目投产后,为进行正常生产运营,用于购买原材料、燃料,支付工资及其他经营费用等所需的周转资金。流动资金估算一般采用分项详细估算法。个别情况或者小型项目可采用扩大指标法。

（1）分项详细估算法

流动资金的显著特点是在生产过程中不断周转，其周转额的大小与生产规模及周转速度直接相关。分项详细估算法是根据周转额与周转速度之间的关系，对构成流动资金的各项流动资产和流动负债分别进行估算。在可行性研究中，为简化计算，仅对存货、现金、应收账款和应付账款 4 项内容进行估算，计算公式为：

$$流动资金 = 流动资产 - 流动负债 \qquad (8-11)$$

$$流动资产 = 应收账款 + 存货 + 现金 \qquad (8-12)$$

$$流动负债 = 应付账款 \qquad (8-13)$$

$$流动资金本年增加额 = 本年流动资金 - 上年流动资金 \qquad (8-14)$$

估算的具体步骤，首先计算各类流动资产和流动负债的年周转次数，然后再分项估算占用资金额。

1）周转次数计算

周转次数是指流动资金的各个构成项目在一年内完成多少个生产过程。

$$周转次数 = 360/流动资金最低周转天数 \qquad (8-15)$$

存货、现金、应收账款和应付账款的最低周转天数，可参照同类企业的平均周转天数并结合项目特点确定。又因为：

$$周转次数 = 周转额/各项流动资金平均占用额 \qquad (8-16)$$

如果周转次数已知，则：

$$各项流动资金平均占用额 = 周转额/周转次数 \qquad (8-17)$$

2）应收账款估算

应收账款是指企业对外赊销商品、劳务而占用的资金。应收账款的周转额应为全年赊销销售收入。在可行性研究时，用销售收入代替赊销收入。计算公式为：

$$应收账款 = 年销售收入/应收账款周转次数 \qquad (8-18)$$

3）存货估算

存货是企业为销售或者生产耗用而储备的各种物资，主要有原材料、辅助材料、燃料、低值易耗品、维修备件、包装物、在产品、自制半成品和产成品等。为简化计算，仅考虑外购原材料、外购燃料、在产品和产成品，并分项进行计算。计算公式为：

$$存货 = 外购原材料 + 外购燃料 + 在产品 + 产成品 \qquad (8-19)$$

$$外购原材料占用资金 = 年外购原材料总成本/原材料周转次数 \qquad (8-20)$$

$$外购燃料 = 年外购燃料/按种类分项周转次数 \qquad (8-21)$$

$$在产品 = \frac{年外购原材料、燃料 + 年工资及福利 + 年修理费 + 年其他制造费}{在产品周转次数} \qquad (8-22)$$

$$产成品 = 年经营成本/产成品周转次数 \qquad (8-23)$$

4）现金需要量估算

项目流动资金中的现金是指货币资金，即企业生产运营活动中停留于货币形态的那部分资金，包括企业库存现金和银行存款。计算公式为：

$$现金需要量 = （年工资及福利费 + 年其他费用）/现金周转次数 \qquad (8-24)$$

$$年其他费用 = 制造费用 + 管理费用 + 销售费用 - （以上三项费用中所含的工资及福利$$
费、折旧费、维简费、摊销费、修理费）　　　　　　　　　　　　$(8-25)$

5）流动负债估算

流动负债是指在一年或者超过一年的一个营业周期内，需要偿还的各种债务。在可行性研究中，流动负债的估算只考虑应付账款一项。计算公式为：

$$应付账款 = (年外购原材料 + 年外购燃料)/应付账款周转次数 \qquad (8-26)$$

（2）扩大指标估算法

扩大指标估算法是根据现有同类企业的实际资料，求得各种流动资金率指标，亦可依据行业或部门给定的参考值或经验确定比率。将各类流动资金率乘以相对应的费用基数来估算流动资金。一般常用的基数有销售收入、经营成本、总成本费用和固定资产投资等，究竟采用何种基数依行业习惯而定。扩大指标估算法简便易行，但准确度不高，适用于项目建议书阶段的估算。扩大指标估算法计算流动资金的公式为：

$$年流动资金额 = 年费用基数 \times 各类流动资金率 \qquad (8-27)$$

$$年流动资金额 = 年产量 \times 单位产品产量占用流动资金额 \qquad (8-28)$$

（3）估算流动资金应注意的问题

①在采用分项详细估算法时，应根据项目实际情况分别确定现金、应收账款、存货和应付账款的最低周转天数，并考虑一定的保险系数。因为最低周转天数减少，将增加周转次数，从而减少流动资金需用量，因此，必须切合实际地选用最低周转天数。对于存货中的外购原材料和燃料，要分品种和来源，考虑运输方式和运输距离，以及占用流动资金的比重大小等因素确定。

②在不同生产负荷下的流动资金，应按不同生产负荷所需的各项费用金额，分别按照上述的计算公式进行估算，而不能直接按照100%生产负荷下的流动资金乘以生产负荷百分比求得。

③流动资金属于长期性（永久性）流动资产，流动资金的筹措可通过长期负债和资本金（一般要求占30%）的方式解决。流动资金一般要求在投产前一年开始筹措，为简化计算，可规定在投产的第一年开始按生产负荷安排流动资金需用量。其借款部分按全年计算利息，流动资金利息应计入生产期间财务费用，项目计算期末收回全部流动资金（不含利息）。

8.2　建设工程设计概算

建筑工程设计概算是初步设计文件的重要组成部分，是在投资估算的控制下，由设计单位根据初步设计（或扩大初步设计）图纸、概算定额或概算指标、各项费用定额（或取费标准）、建设地区自然条件和技术经济条件，以及设备、材料预算价格等资料，编制和确定的建设项目从筹建至竣工交付生产或使用所需全部费用的经济文件。它是设计文件的一个重要组成部分。

采用两阶段设计的建设项目，初步设计阶段必须编制设计概算；采用三阶段设计的建设项目在技术设计阶段，必须编制修正概算。

设计概算文件必须完整地反映工程项目初步设计的内容，严格执行国家有关的方针、政策和制度，实事求是地根据工程所在地的建设条件。按有关的依据及资料进行编制。设计概算文件包括概算编制说明书、总概算书、单项工程综合概算书、单位工程概算书、工程建设其他费用概算书、分年度投资汇总表、资金供应量汇总表、主要材料表等。

8.2.1　设计概算的编制原则与依据

1. 设计概算的编制原则

①严格执行国家的建设方针和经济政策的原则。设计概算是一项重要的技术经济工作，要严格按照党和国家的方针、政策办事，坚决执行勤俭节约的方针，严格执行规定的设计标准。

②完整、准确地反映设计内容的原则。编制设计概算时，要认真了解设计意图，根据设计文件、图纸准确计算工程量，避免重算和漏算。设计修改后，要及时修正概算。

③坚持结合拟建工程的实际，反映工程所在地当时价格水平的原则。为提高设计概算的准确性，要实事求是地对工程所在地的建设条件，可能影响造价的各种因素进行认真的调查研究。在此基础上正确使用定额、指标、费率和价格等各项编制依据，按照现行工程造价的构成，根据有关部门发布的价格信息及价格调整指数，考虑建设期的价格变化因素，使概算尽可能地反映设计内容、施工条件和实际价格。

2. 设计概算的编制依据

设计概算编制的主要依据有：

①批准的可行性研究报告。

②设计工程量。

③项目涉及的概算指标或定额。

④国家、行业和地方政府有关法律、法规或规定。

⑤资金筹措方式。

⑥施工组织设计。

⑦项目涉及的设备材料供应及价格。

⑧项目的管理(含监理)及施工条件。

⑨项目所在地区有关的气候、水文、地质地貌等自然条件。

⑩项目所在地区有关的经济、人文等社会条件。

⑪项目的技术复杂程度，以及新技术、专利使用情况等。

⑫有关文件、合同、协议等。

8.2.2　设计概算的作用和内容

1. 设计概算的作用

①设计概算是编制建设项目投资计划、确定和控制建设项目投资的依据。

设计概算一经批准，将作为控制建设项目投资的最高限额。竣工结算不能突破施工图预算，施工图预算不能突破设计概算。如果由于设计变更等原因使建设费用超过概算，必须重新审查批准。

②设计概算是向银行申请贷款的依据。银行贷款或各单项工程的拨款累计总额不能超过设计概算，如果项目投资计划所列支的投资额与贷款突破设计概算，必须查明原因。之后由建设单位报请上级主管部门调整或追加设计概算总投资，凡未批准之前，银行对其超支部分拒不拨付。

③设计概算是控制施工图设计和施工图预算的依据。设计单位必须按批准的初步设计和

总概算进行施工图设计,施工图预算不得突破设计概算,如确需突破总概算时,应按规定程序报批。

④设计概算是衡量设计方案经济合理性和选择最佳设计方案的依据。设计部门在初步设计阶段要选择最佳设计方案,设计概算是从经济角度衡量设计方案经济合理性的重要依据。因此,设计概算是衡量设计方案经济合理性和选择最佳设计方案的依据。

⑤设计概算是考核建设项目投资效果的依据。通过设计概算与竣工决算对比,可以分析和考核投资效果的好坏,同时还可以验证设计概算的准确性,有利于加强设计概算管理和建设项目的造价管理工作。

2. 设计概算的内容

设计概算可分单位工程概算、单项工程综合概算和建设项目总概算三级。各级之间概算的相互关系如图 8-1 所示。

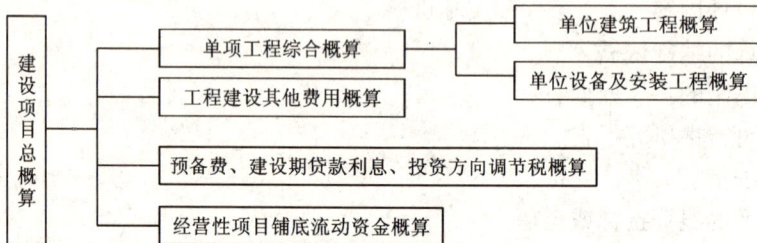

图 8-1 设计概算的内容和组成

(1)单位工程概算

单位工程概算是确定各单位工程建设费用的文件,是编制单项工程综合概算的依据,是单项工程综合概算的组成部分。单位工程概算按其工程性质分为建筑工程概算和设备及安装工程概算两大类。

(2)单项工程综合概算

单项工程综合概算是确定一个单项工程所需建设费用的文件,它是由单项工程中的各单位工程概算汇总编制而成的,是建设项目总概算的组成部分。单项工程综合概算的组成内容如图 8-2 所示。

(3)建设项目总概算

建设项目总概算是确定整个建设项目从筹建到竣工验收所需全部费用的文件,它是由各单项工程综合概算、工程建设其他费用概算、预备费、建设期贷款利息和固定资产投资方向调节税概算汇总编制而成的,如图 8-3 所示。

若干个单位工程概算汇总后成为单项工程综合概算,若干个单项工程综合概算和工程建设其他费用、预备费、建设期贷款利息等概算文件汇总后成为建设项目总概算。单项工程综合概算和建设项目总概算仅是一种归纳、汇总性文件,因此,最基本的文件是单位工程概算书。建设项目若为一个独立的单项工程,则建设项目总概算书与单项工程综合概算书可合并编制。

```
                                        ┌─ 一般土建工程概算
                                        ├─ 给排水工程概算
                                        ├─ 通风工程概算
                      各单位工程概算 ──────┤
                                        ├─ 电气照明工程概算
                                        ├─ 采暖工程概算
                                        └─ 特殊构筑物工程概算

单项                                     ┌─ 机械设备及安装工程概算
工程                                     ├─ 电气设备及安装工程概算
综合 ─── 设备及安装工程概算 ──────────────┤
概算                                     ├─ 热力设备及安装工程概算
                                        └─ 工器具及生产家具购置费概算

                      工程建设其他费用概算
                      （不编制总概算时列入）
```

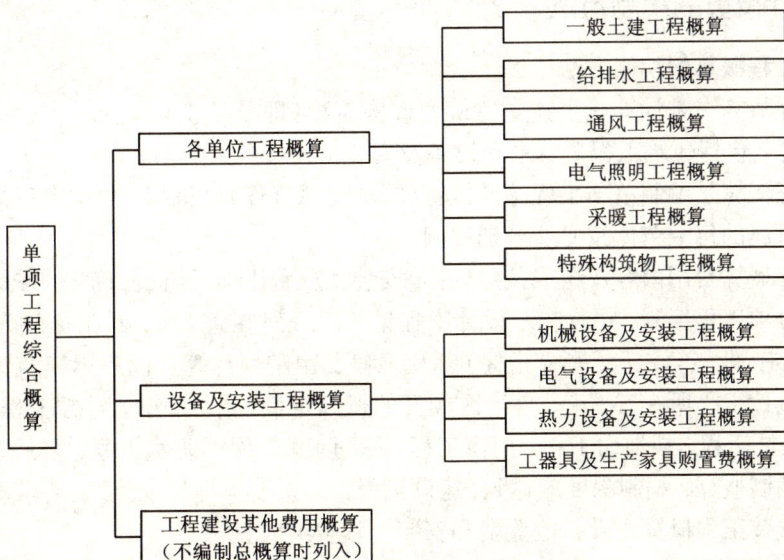

图 8 – 2　单项工程综合概算的组成

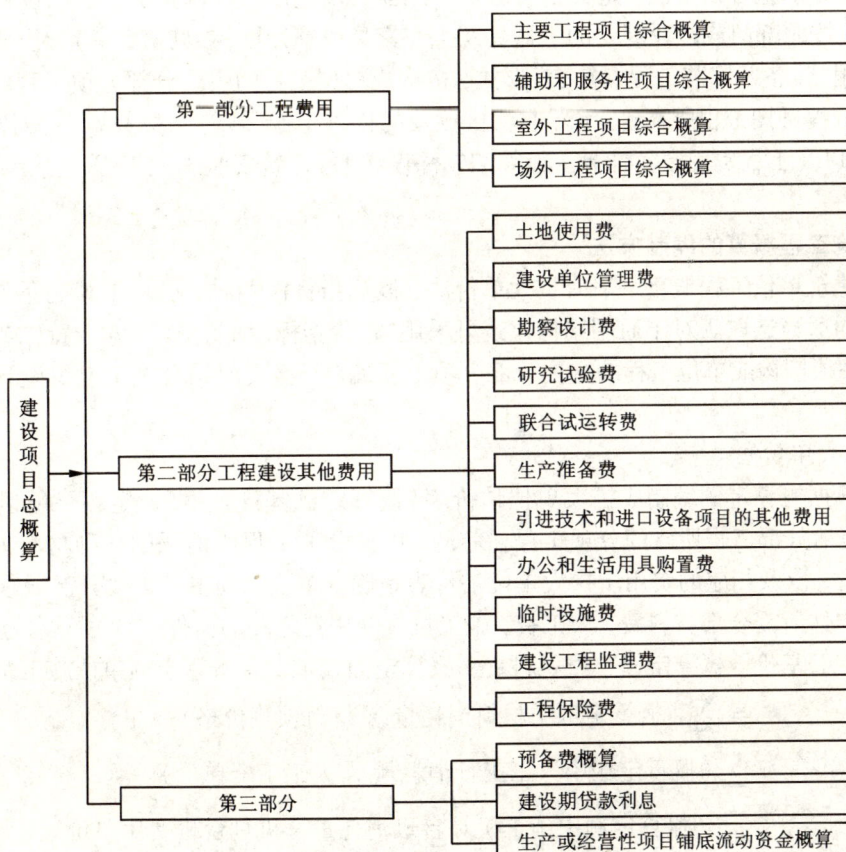

```
                                        ┌─ 主要工程项目综合概算
                                        ├─ 辅助和服务性项目综合概算
            第一部分工程费用 ────────────┤
                                        ├─ 室外工程项目综合概算
                                        └─ 场外工程项目综合概算

                                        ┌─ 土地使用费
                                        ├─ 建设单位管理费
                                        ├─ 勘察设计费
                                        ├─ 研究试验费
                                        ├─ 联合试运转费
建设                                     ├─ 生产准备费
项目   第二部分工程建设其他费用 ──────────┤
总                                       ├─ 引进技术和进口设备项目的其他费用
概                                       ├─ 办公和生活用具购置费
算                                       ├─ 临时设施费
                                        ├─ 建设工程监理费
                                        └─ 工程保险费

                                        ┌─ 预备费概算
            第三部分 ────────────────────┤─ 建设期贷款利息
                                        └─ 生产或经营性项目铺底流动资金概算
```

图 8 – 3　建设工程总概算的组成

8.2.3　设计概算的编制方法

1. 单位工程概算的编制方法

单位工程概算书是计算一个独立建筑物或构筑物（即单项工程）中每个专业工程所需工程费用的文件，包括建筑工程概算书和设备及安装工程概算书两类。

单位工程概算是编制单项工程综合概算（或项目总概算）的依据，单位工程概算项目根据单项工程中所属的每个单体按专业分别编制。

建筑工程概算费用内容及组成按照《建筑安装工程费用项目组成》确定，按构成单位工程的主要分部分项工程编制，根据初步设计工程量按工程所在省、市、自治区颁发的概算定额（概算指标）或行业概算定额（概算指标）以及工程费用定额计算。以房屋建筑为例，根据初步设计工程量按工程所在省、市、自治区颁发的概算定额（指标）分土石方工程、基础工程、墙壁工程、梁柱工程、楼地面工程、门窗工程、屋面工程、保温防水工程、室外附属工程、装饰工程等项编制概算，编制深度应达到《建设工程工程量清单计价规范》的要求。

设备及安装工程概算由设备购置费和安装工程费组成。

$$定型或成套设备购置费 = 设备出厂价格 + 运输费 + 采购保管费 \qquad (8-29)$$

非标准设备原价有多种不同的计算方法，如综合单价法、成本计算估价法、系列设备插入估价法、分部组合估价法、定额估价法等。工器具及生产家具购置费一般以设备购置费为计算基数，按照部门或行业规定的工器具及生产家具费率计算（参见第 5 章）。设备及安装工程概算采用"设备及安装工程概算表"形式，按构成单位工程的主要分部分项工程编制，根据初步设计工程量按工程所在省、市、自治区颁发的概算定额（概算指标）或行业概算定额（概算指标），以及工程费用定额计算。概算编制深度参照《建筑安装工程工程量清单计价规范》深度执行。

2. 建筑工程概算的编制方法

编制建筑单位工程概算一般有扩大单价法、概算指标法两种，可根据编制条件、依据和要求的不同适当选取。对于通用结构建筑可采用"造价指标"编制概算；对于特殊或重要的建构筑物，必须按构成单位工程的主要分部分项工程编制，必要时结合施工组织设计进行详细计算。

（1）扩大单价法

首先根据概算定额编制成扩大单位估价表（概算定额基价）。概算定额一般以分部工程为对象，包括分部工程所含的分项工程，完成某单位分部工程所消耗的各种材料人工、机具的数量额度，以及相应的费用。扩大单位估价表是确定单位工程中各扩大分部分项工程或完整的结构构件所需全部材料费、人工费、施工机具使用费之和的文件。计算公式为：

$$概算定额基价 = 概算定额单位材料费 + 概算定额人工费 + 概算定额单位施工机具使用费$$

$$= \sum (概算定额中材料消耗量 \times 材料预算价格) +$$

$$\sum (概算定额中人工工日消耗量 \times 人工工资单价) +$$

$$\sum (概算定额中施工机具台班消耗量 \times 机具台班费用单价) \qquad (8-30)$$

将扩大分部分项工程的工程量乘以扩大单位估价进行计算。其中工程量的计算，必须按概算定额中规定的各个分部分项工程内容，遵循定额中规定的计量单位、工程量计算规则及方法来进行。具体的编制步骤为：

①根据初步设计图纸和说明书，按概算定额中划分的项目计算工程量。

②根据计算的工程量套用相应的扩大单位估价，计算出材料费、人工费、施工机具使用费三者之和。

③根据有关取费标准计算企业管理费、规费、利润和税金。

④将上述各项费用累加，其和为建筑工程概算造价。

采用扩大单价法编制建筑工程概算比较准确，但计算较烦琐。在套用扩大单位估价表时，若所在地区的工资标准及材料预算价格与概算定额不符，则需要重新编制扩单位估价或测定系数加以修正。

当初步设计达到一定深度、建筑结构比较明确时，可采用这种方法编制建筑工程概算。

（2）概算指标法

由于设计深度不够等原因，对一般附属、辅助和服务工程等项目，以及住宅和文化福利工程项目或投资比较小、比较简单的工程项目，可采用概算指标法编制概算。

概算指标是比概算定额更综合和简化的综合造价指标。一般以单位工程或分部工程为对象，包括所含的分部工程或分项工程，完成某计量单位的单位工程或分部工程所需的直接费用。通常以每 $100 \, m^2$ 建筑面积或每 $1000 \, m^3$ 建筑体积的人工、材料消耗以及施工机具消耗指标，结合本地的工资标准、材料预算价格计算人工费、材料费、施工机具使用费。

其具体步骤如下：

①计算单位建筑面积或体积（以 100 或 1000 为单位）的人工费、材料费、施工机具使用费。

②计算单位建筑面积或体积的企业管理费、利润、规费、税金及概算单价。概算单价为各项费用之和。

③计算单位工程概算价值

$$概算价值 = 单位工程建筑面积或建筑体积 \times 概算单价 \tag{8-31}$$

④计算技术经济指标。当设计对象结构特征与概算指标的结构特征局部有差别时，可用修正概算指标，再根据已计算的建筑面积或建筑体积乘以修正后的概算指标及单位价值，算出工程概算价值。

3. 设备及安装工程概算的编制

设备及安装工程分为机械设备及安装工程和电气设备及安装工程两部分。设备及安装工程的概算由设备购置费和安装工程费两部分组成。

设备购置费构成内容及估算方法参见第 5 章。

设备安装工程概算编制的基本方法有：

①预算单价法。当初步设计有详细设备清单时，可直接按预算单价（预算定额单价）编制设备安装工程概算。根据计算的设备安装工程量，乘以安装工程预算单价，经汇总求得。

用预算单价法编制概算，计算比较具体，精确性较高。

②扩大单价法。当初步设计的设备清单不完备，或仅有成套设备的重量时，可采用主体设备，成套设备或工艺线的综合扩大安装单价编制概算。

③概算指标法。当初步设计的设备清单不完备，或安装预算单价及扩大综合单价不全，无法采用预算单价法和扩大单价法时，可采用概算指标编制概算。

4. 建设工程总概算及单项工程综合概算的编制

(1) 单项工程综合概算的编制

单项工程综合概算是确定单项工程建设费用的综合性文件，是由该单项工程的各专业的单位工程概算汇总而成的，是建设项目总概算的组成部分。

单项工程综合概算文件一般包括编制说明(不编制总概算时列入)、综合概算表(含其所附的单位工程概算表和建筑材料表)两大部分。当建设项目只有一个单项工程时，此时综合概算文件(实为总概算)除包括上述两大部分外，还应包括工程建设其他费用、建设期贷款利息、预备费和固定资产投资方向调节税的概算。

单项工程综合概算文件的内容包括以下几个部分：

1) 编制说明

编制说明应列在综合概算表的前面，其内容为；

①工程概况。简述建设项目性质、特点、生产规模、建设周期、建设地点等主要情况。引进项目要说明引进内容以及与国内配套工程等主要情况。

②编制依据。包括国家和有关部门的规定、设计文件。现行概算定额或概算指标、设备材料的预算价格和费用指标等。

③编制方法。说明设计概算是采用概算定额法，还是采用概算指标法，或其他方法。

④其他必要的说明。

2) 综合概算表

综合概算表是根据单项工程所辖范围内的各单位工程概算等基础资料，按照国家或部委所规定统一表格进行编制。

①综合概算表的项目组成。工业建设项目综合概算表由建筑工程和设备及安装工程两大部分组成；民用工程项目综合概算表就是建筑工程一项。

②综合概算的费用组成。一般应包括建筑工程费用、安装工程费用、设备购置及工器具和生产家具购置费。当不编制总概算时，还应包括工程建设其他费用、建设期贷款利息、预备费等费用项目。

(2) 建设项目总概算的编制

建设项目总概算是设计文件的重要组成部分，是确定整个建设项目从筹建到竣工交付使用所预计花费的全部费用的文件。它是由各单项工程综合概算、工程建设其他费用、建设期贷款利息、预备费和经营性项目的铺底流动资金概算所组成、按照主管部门规定的统一表格进行编制而成的。

设计总概算文件一般应包括：编制说明、总概算表、各单项工程综合概算表、工程建设其他费用概算表、主要建筑安装材料汇总表等。独立装订成册的总概算文件应加封面、签署页(扉页)和目录。

1) 概算编制说明

概算编制说明应包括以下主要内容：

①项目概况。简述建设项目的建设地点、设计规模、建设性质(新建、扩建或改建)、工程类别、建设期(年限)主要工程内容、主要工程量、主要工艺设备及数量等。

②主要技术经济指标。项目概算总投资(有引进的给出所需外汇额度)及主要分项投资、主要技术经济指标(主要单位投资指标)等。

③资金来源。按资金来源的不同渠道分别说明，发生资产租赁的说明租赁方式及租金。

④编制依据。

⑤其他需要说明的问题。

⑥附录表：建筑、安装工程工程费用计算程序表；引进设备材料清单及从属费用计算表；具体建设项目概算要求的其他附表及附件。

2）总概算表

概算总投资由工程费用、其他费用、预备费及应列入项目概算总投资中的几项费用组成。

第一部分工程费用按单项工程综合概算组成编制，采用二级编制的按单位工程概算组成编制（图 8-1，图 8-2）。市政民用建设项目一般排列顺序：主体建（构）筑物、辅助建（构）筑物、配套系统。工业建设项目一般排列顺序：主要工艺生产装置、辅助工艺生产装置、公用工程、总图运输、生产管理服务性工程、生活福利工程、场外工程。

第二部分其他费用一般按其他费用概算顺序列项。

第三部分预备费包括基本预备费和涨价预备费。

第四部分应列入项目概算总投资中的几项费用建设期利息、铺底流动资金。

8.2.4　设计概算的审查

1. 概算文件的质量要求

设计概算文件编制必须建立在正确、可靠、充分的编制依据基础之上。

设计概算文件编制人员应与设计人员密切配合，以确保概算的质量，项目设计负责人和概算负责人应对全部设计概算的质量负责。有关的设计概算文件编制人员应参与设计方案的讨论，与设计人员共同做好方案的技术经济比较工作，以选出技术先进、经济合理的最佳设计方案。设计人员要坚持正确的设计指导思想，树立以经济效益为中心的观念，严格按照批准的可行性研究报告或立项批文所规定的内容及控制投资额度进行限额设计，并严格按照规定要求，提出满足概算文件编制深度的设计技术资料。设计概算文件编制人员应对投资的合理性负责，杜绝不合理的人为增加或减少投资额度。

设计单位完成初步设计概算后发送发包人，发包人必须及时组织力量对概算进行审查，并提出修改意见反馈设计单位。由设计、建设双方共同核实取得一致意见后，由设计单位进行修改，再随同初步设计一并报送主管部门审批。

概算负责人、审核人、审定人应由国家注册造价工程师担任，具体规定由省、市建委或行业造价主管部门制定。

设计概算应按编制时项目所在地的价格水平编制，总投资应完整地反映编制时建设项目的实际投资；设计概算应考虑建设项目施工条件等因素对投资的影响；还应按项目合理工期预测建设期价格水平，以及资产租赁和贷款的时间价值等动态因素对投资的影响；建设项目总投资还应包括铺底流动资金。

2. 设计概算审查的主要内容

（1）审查设计概算的编制依据

①合法性审查。采用的各种编制依据必须经过国家或授权机关的批准，符合国家的编制规定。未经过批准的不得以任何借口采用，不得强调特殊理由擅自提高费用标准。

②时效性审查。对定额、指标、价格、取费标准等各种依据，都应根据国家有关部门的现行规定执行。对颁发时间较长、已不能全部适用的应按有关部门做的调整系数执行。

③适用范围审查。各主管部门、各地区规定的各种定额及其取费标准均有其各自的适用范围，特别是各地区的材料预算价格区域性差别较大，在审查时应给予高度重视。

（2）审查设计概算构成内容

由于单位工程概算是设计概算的主要组成部分，本节主要介绍单位工程设计概算构成的审查。

1）建筑工程概算的审查

①工程量审查。根据初步设计图纸、概算定额、工程量计算规则的要求进行审查。

②采用的定额或指标的审查。审查定额或指标的使用范围、定额基价、指标的调整、定额或指标缺项的补充等。其中，审查补充的定额或指标时，其项目划分、内容组成、编制原则等须与现行定额水平相一致。

③材料预算价格的审查。以耗用量最大的主要材料作为审查的重点，同时着重审查材料原价、运输费用及节约材料运输费用的措施。

④各项费用的审查。审查各项费用所包含的具体内容是否重复计算或遗漏、取费标准是否符合国家有关部门或地方规定的标准。

2）设备及安装工程概算的审查

设备及安装工程概算审查的重点是设备清单与安装费用的计算。

①标准设备原价，应根据设备所被管辖的范围，审查各级规定的统一价格标准。

②非标准设备原价，除审查价格的估算依据、估算方法外还要分析研究非标准设备估价准确度的有关因素及价格变动规律。

③设备运杂费审查，需注意：若设备价格中已包括包装费和供销部门手续费时不应重复计算，应相应降低设备运杂费率。

④进口设备费用的审查，应根据设备费用各组成部分及国家设备进口、外汇管理、海关、税务等有关部门不同时期的规定进行。

⑤设备安装工程概算的审查，除编制方法、编制依据外，还应注意审查：采用预算单价或扩大综合单价计算安装费时的各种单价是否合适、工程量计算是否符合规则要求、是否准确无误；当采用概算指标计算安装费时采用的概算指标是否合理、计算结果是否达到精度要求；审查所需计算安装费的设备数量及种类是否符合设计要求，避免某些不需安装的设备安装费计入在内。

3. 设计概算审查的方式

设计概算审查一般采用集中会审的方式进行。根据审查人员的业务专长分组，将概算费用进行分解，分别审查，最后集中讨论定案。

设计概算审查是一项复杂而细致的技术经济工作，审查人员既应懂得有关专业技术知识，又应具有熟练编制概算的能力，可按如下步骤进行：

（1）概算审查的准备

概算审查的准备工作包括了解设计概算的内容组成、编制依据和方法；了解建设规模、设计能力和工艺流程；熟悉设计图纸和说明书，掌握概算费用的构成和有关技术经济指标；明确概算各种表格的内涵；收集概算定额、概算指标、取费标准等有关规定的文件资料等。

（2）进行概算审查

根据审查的主要内容，分别对设计概算的编制依据、单位工程设计概算、综合概算、总概算进行逐级审查。

（3）进行技术经济对比分析

利用规定的概算定额或指标以及有关的技术经济指标与设计概算进行分析对比，根据设计和概算列明的工程性质、结构类型、建设条件、费用构成、投资比例、占地面积、生产规模、建筑面积、设备数量、造价指标、劳动定员等与国内外同类型工程规模进行对比分析，找出与同类型项目的主要差距。

（4）调查研究

对概算审查中出现的问题要在对比分析、找出差距的基础上深入现场进行实际调查研究。了解设计是否经济合理、概算编制依据是否符合现行规定和施工现场实际、有无扩大规模、多估投资或预留缺口等情况，并及时核实概算投资。对于当地没有同类型的项目而不能进行对比分析时，可向国内同类型企业进行调查，收集资料，作为审查的参考。经过会审决定的定案问题应及时调整概算，并经原批准单位下发文件。

（5）概算调整

对审查过程中发现的问题要逐一理清，对建成项目的实际成本和有关数据资料等进行整理调整并积累相关资料。

设计概算投资一般应控制在立项批准的投资控制额以内；如果设计概算值超过控制额，必须修改设计或重新立项审批；设计概算批准后不得任意修改和调整；如需修改或调整时，须经原批准部门重新审批。

8.3 建设工程施工图预算

8.3.1 施工图预算概述

1. 施工图预算及计价模式

施工图预算是以施工图设计文件为主要依据，按照规定的程序、方法和依据，在施工招投标阶段编制的预测工程造价的经济文件。

按预算造价的计算方式和管理方式的不同，施工图预算可以划分为以下两种计价模式。

（1）传统计价模式

传统计价模式是采用国家、部门或地区统一规定的定额和取费标准进行工程计价的模式，通常也称为定额计价模式。发包人和承包人均先根据预算定额中的工程量计算规则计算工程量，再根据定额单价计算出对应工程所需的人料机费用、管理费用及利润和税金等，汇总得到工程造价。

传统计价模式对我国建设工程的投资计划管理和招投标起到过很大的作用，但其计价模式的工、料、机消耗量是根据"社会平均水平"综合测定，取费标准是根据不同地区价格水平的平均测算，企业自主报价的空间很小，不能结合项目具体情况、自身技术管理水平和市场价格自主报价，也不能满足招标人对建筑产品质优价廉的要求。同时，由于工程量计算由招投标的各方单独完成，计价基础不统一，不利于招标工作的规范性。在工程完工后，工程结算烦琐，易引起争议。

（2）工程量清单计价模式

工程量清单计价模式是指按照建设工程工程量计算规范规定的工程量计算规则，由招标人提供工程量清单和有关技术说明，投标人根据自身实力，按企业定额、资源市场单价以及市场供求及竞争状况进行施工图预算的计价模式。

2. 施工图预算的作用

（1）施工图预算对发包人的作用

①施工图预算是施工图设计阶段确定建设项目造价的依据。

②施工图预算是编制招标控制价的基础。

③施工图预算是发包人在施工期间安排建设资金计划和使用建设资金的依据。

④施工图预算是发包人采用经审定批准的施工图纸及其预算方式发包形成的总价合同时，按约定工程计量的形象目标或时间节点进行计量、拨付进度款及办理结算的依据。

（2）施工图预算对承包人的作用

①施工图预算是确定投标报价的依据。在竞争激烈的建筑市场，承包人需要根据施工图预算造价，结合企业的投标策略，确定投标报价。

②施工图预算是承包人进行施工准备的依据，是承包人在施工前组织材料、机具、设备及劳动力供应的重要参考，是承包人编制进度计划、统计完成工作量、进行经济核算的参考依据。施工图预算的工、料、机分析，为承包人材料购置、劳动力及机具和设备的配备提供参考。

③施工图预算是控制施工成本的依据。根据施工图预算确定的中标价格是施工企业收取工程款的依据，企业只有合理利用各项资源，采取技术措施、经济措施和组织措施降低成本，将成本控制在施工图预算以内，企业才能获得良好的经济效益。

（3）施工图预算对其他方面的作用

①施工图预算编制的质量好坏，体现了工程咨询企业为委托方提供服务的业务水平、素质和信誉。

②施工图预算是工程造价管理部门监督检查企业执行定额标准情况、确定合理的工程造价、测算造价指数及审定招标工程标底的依据。

③施工图预算是仲裁、管理、司法机关在处理合同经济纠纷时的重要依据。

3. 施工图预算的编制依据

①国家、行业和地方政府发布的计价依据，有关法律、法规和规定。

②建设项目有关文件、合同、协议等。

③批准的概算。

④批准的施工图设计图纸及相关标准图集和规范。

⑤相应预算定额和地区单位估价表。

⑥合理的施工组织设计和施工方案等文件。

⑦项目有关的设备、材料供应合同、价格及相关说明书。

⑧项目所在地区有关的气候、水文、地质地貌等的自然条件。

⑨项目的技术复杂程度，以及新技术、专利使用情况等。

⑩项目所在地区有关的经济、人文等社会条件。

⑪建筑工程费用定额和各类成本与费用价差调整的有关规定。

⑫造价工作手册及有关工具书。

8.3.2　施工图预算的编制内容

根据《建设项目施工图预算编审规程》(CECA/GC5—2010)，施工图预算的构成如图 8 - 4 所示。

施工图预算根据建设项目实际情况可采用三级预算编制或二级预算编制形式。当建设项目有多个单项工程时，应采用三级预算编制形式，三级预算编制形式由建设项目总预算、单项工程综合预算、单位工程预算组成。当建设项目只有一个单项工程时，应采用二级预算编制形式，二级预算编制形式由建设项目总预算和单位工程预算组成。

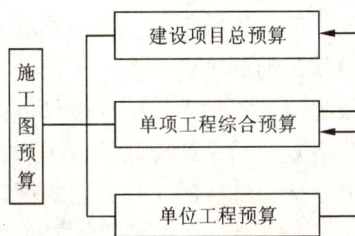

图 8 - 4　施工图预算构成

1.建设项目总预算

建设项目总预算是反映施工图设计阶段建设项目投资总额的造价文件，是施工图预算文件的主要组成部分。总预算由组成该建设项目的各个单项工程综合预算和相关费用组成。

2.单项工程综合预算

单项工程综合预算是反映施工图设计阶段一个单项工程(设计单元)造价的文件，是总预算的组成部分。单项工程综合预算由构成该单项工程的各个单位工程施工图预算组成。

3.单位工程预算

单位工程预算是依据单位工程施工图设计文件、现行预算定额以及人工、材料和施工机具台班价格等，按照规定的计价方法编制的工程造价文件。

4.工程预算文件的内容

采用三级预算编制形式的工程预算文件包括：封面、签署页及目录、编制说明、总预算表、综合预算表、单位工程预算表、附件等内容。

采用二级预算编制形式的工程预算文件包括：封面、签署页及目录、编制说明、总预算表、单位工程预算表、附件等内容。

各表格形式详见《建设项目施工图预算编审规程》(CECA/GC5—2010)。

8.3.3　单位工程施工图预算的编制

单位工程施工图预算的编制是编制各级预算的基础。单位工程预算包括单位建筑工程预算和单位设备及安装工程预算。单位建筑工程预算与安装工程预算包含的内容如图 8 - 5 所示。

《建设项目施工预算编审规程》(CECA/GC5—2010)中给出的单位工程施工图预算的编制方法，如图 8 - 5 所示。

1.单价法

(1)定额单价法

图 8 - 5　施工图预算的编制方法

定额单价法(也称为预算单价法、定额计价法)是用事先编制好的分项工程的单位估价表来编制施工图预算的方法。按施工图及计算规则计算的各分项工程的工程量，乘以相应工料机单价，汇总相加，得到单位工程的人工费、材料费、施工机具使用费之和；再加上按规定程序计算出企业管理费、利润、措施费、其他项目费、规费、税金，便可得出单位工程的施工图预算造价。

定额单价法编制施工图预算的基本步骤如下：

1）编制前的准备工作

编制施工图预算的过程是具体确定建筑安装工程预算造价的过程。编制施工图预算，不仅要严格遵守国家计价政策、法规，严格按施工图计量，而且还要考虑施工现场条件因素，是一项复杂而细致的工作，是一项政策性和技术性都很强的工作。因此，必须事前做好充分准备，方能编制出高水平的施工图预算。准备工作包括两大方面：一是组织准备；二是资料的收集和现场情况的调查。

2）熟悉图纸和预算定额以及单位估价表

图纸是编制施工图预算的基本依据。熟悉图纸不但要弄清图纸的内容，还应对图纸进行审核。

①纸间相关尺寸是否有误。

②设备与材料表上的规格、数量是否与图示相符，详图、说明、尺寸和其他符号是否正确等，若发现错误应及时纠正。

③图纸是否有设计更改通知或类似文件通过对图纸的熟悉，要了解工程的性质、系统的组成，设备和材料的规格型号和品种，以及有无新材料、新工艺的采用。

预算定额和单位估价表是编制施工图预算的计价标准，对其适用范围、工程量计算规则及定额系数等都要充分了解，做到心中有数，这样才能使预算编制准确、迅速。

3）了解施工组织设计和施工现场情况

要熟悉与施工安排相关的内容。例如各分部分项工程的施工方法，土方工程中余土外运使用的工具、运距，施工平面图对建筑材料、构件等堆放点到施工操作地点的距离等，以便能正确计算工程量和正确套用或确定某些分项工程的基价。

4）划分工程项目和计算工程量

①划分工程项目。划分的工程项目必须和定额规定的项目一致，这样才能正确地套用定额。不能重复列项计算，也不能漏项少算。

②计算并整理工程量。必须按定额规定的工程量计算规则进行计算，当按照工程项目将工程量全部计算完以后，要对工程项目和工程量进行整理，即合并同类项和按序排列，为套用定额，计算人、料、机费用和进行工料分析打下基础。

工程量计算一般按如下步骤进行：

a. 根据工程内容和定额项目，列出需计算工程量的分部分项工程；

b. 根据一定的计算顺序和计算规则，列出分部分项工程量的计算式；

c. 根据施工图纸上的设计尺寸及有关数据，代入计算式进行数值计算；

d. 对计算结果的计量单位进行调整，使之与定额中相应的分部分项工程的计量单位保持一致。

5）套单价（计算定额基价）

即将定额子项中的基价填于预算表单价栏内，并将单价乘以工程量得出合价，将结果填入合价栏。在进行套价时，需注意以下几项内容：

①分项工程的名称、规格、计量单位与预算单价或单位估价表中所列内容完全一致时，可以直接套用预算单价。

②分项工程的主要材料品种与预算单价或单位估价表中规定材料不一致时，不能直接套用预算单价；需要按实际使用材料价格换算预算单价。

③分项工程施工工艺条件与预算单价或单位估价表不一致而造成人工、机械的数量增减时，一般调量不换价。

④分项工程不能直接套用定额、不能换算和调整时，应编制补充单位估价表。

⑤由于预算定额的时效性，在编制施工图预算时，应动态调整相应的人工、材料费用价差。

6）工料分析

工料分析即按分项工程项目，依据定额或单位估价表，计算人工和各种材料的实物耗量，并将主要材料汇总成表。工料分析的方法是首先从定额项目表中分别将各分项工程消耗的每项材料和人工的定额消耗量查出；再分别乘以该工程项目的工程量，得到分项工程工料消耗量，最后将各分项工程工料消耗量加以汇总，得出单位工程人工、材料的消耗数量。

7）计算主材费（未计价材料费）

因为有些定额项目（如许多安装工程定额项目）基价为不完全价格，即未包主材费用在内。计算所在地定额基价费（基价合计）之后，还应计算出主材费，以便计算工程造价。

8）按费用定额取费

如不可计量的总价措施费、管理费、规费、利润、税金等应按相关的定额取费标准（或范围）合理取费。

9）计算汇总工程造价

将人料机费用及各类取费汇总，确定工程造价。

10）复核

对项目填列、工程量计算公式、计算结果、套用的单价、采用的取费费率、数字计算、数据精确度等进行全面复核，以便及时发现差错，及时修改，提高预算的准确性。

11）编制说明、填写封面

编制说明主要应写明预算所包括的工程内容范围、依据的图纸编号、承包方式、有关部门现行的调价文件号、套用单价需要补充说明的问题及其他需说明的问题等。封面应写明工程编号、工程名称、预算总造价和单方造价、编制单位名称、负责人和编制日期以及审核单位的名称、负责人和审核日期等。

（2）工程量清单单价法

工程量清单单价法是指招标人按照设计图纸和国家统一的工程量计算规则提供工程数量，采用综合单价的形式计算工程造价的方法。综合单价是指完成一个规定计量单位的分部分项工程量清单项目或措施清单项目所需的人工费、材料费、施工机具使用费和企业管理费与利润，以及一定范围内的风险费用。工程量清单计价法已在第7章详细叙述。

2. 实物量法

实物量法编制施工图预算即依据施工图纸和预算定额的项目划分及工程量计算规则，先计算出分部分项工程量，然后套用预算定额（实物量定额）计算出各类人工、材料、机械的实物消耗量，根据预算编制出的人工、材料、机械价格，计算出人工费、材料费、施工机具使用费、企业管理费和利润，再加上按规定程序计算出的措施费、其他项目费、规费、税金，便可得出单位工程的施工图预算造价。

实物量法编制施工图预算的步骤为：

（1）准备资料、熟悉施工图纸

全面收集各种人工、材料、机械的当时当地的实际价格，应包括不同品种、不同规格的材料预算价格；不同工种、不同等级的人工工资单价；不同种类、不同型号的机械台班单价等。要求获得的各种实际价格应全面、系统、真实、可靠。具体可参考预算单价法相应步骤的内容。

（2）计算工程量

本步骤的内容与预算单价法相同。

（3）套用消耗量定额，计算人料机消耗量

定额消耗量中的"量"应是符合国家技术规范和质量标准要求、并能反映现行施工工艺水平的分项工程计价所需的人工、材料、施工机具的消耗量。

根据预算人工定额所列各类人工工日的数量，乘以各分项工程的工程量，计算出各分项工程所需各类人工工日的数量，统计汇总后确定单位工程所需的各类人工工日消耗量。同理，根据材料预算定额、机具预算台班定额分别确定出工程各类材料消耗数量和各类施工机具台班数量。

（4）计算并汇总人工费、材料费、施工机具使用费

根据当时当地工程造价管理部门定期发布的或企业根据市场价格确定的人工工资单价、材料预算价格、施工机具台班单价分别乘以人工、材料、机具消耗量，汇总即为单位工程人工费、材料费和施工机具使用费。

（5）计算其他各项费用，汇总造价

其他各项费用的计算及汇总，可以采用与预算单价法相似的计算方法，只是有关的费率是根据当时当地建浇市场供求情况来确定。

（6）复核

检查人工、材料、机具台班的消耗量计算是否准确，有无漏算、重算或多算；套取的定额是否正确；检查采用的实际价格是否合理。其他内容可参考预算单价法相应步骤的介绍。

（7）编制说明、填写封面

本步骤的内容和方法与预算单价法相同。

实物量法编制施工图预算的步骤与预算单价法基本相似，但在具体计算人工费、材料费和施工机具使用费及汇总三种费用之和方面有一定区别。实物量法编制施工图预算所用人工、材料和机具台班的单价都是当时当地的实际价格，编制出的预算可较准确地反映实际水平，误差较小，适用于市场经济条件波动较大的情况。

8.3.4 单项工程综合预算和建设项目总预算的编制

1. 单项工程综合预算的编制

单项工程综合预算造价由组成该单项工程的各个单位工程预算造价汇总而成。计算公式如下：

$$单项工程施工图预算 = \sum 单位建筑工程费用 + \sum 单位设备及安装工程费用$$
$$(8-32)$$

2. 建设项目总预算的编制

建设项目总预算的编制费用项目是各单项工程的费用汇总,以及经计算的工程建设其他费、预备费和建设期利息和铺底流动资金汇总而成。

三级预算编制中总预算由综合预算和工程建设其他费、预备费、建设期利息及铺底流动资金汇总而成,计算公式如下:

$$总预算 = \sum 单项工程施工图预算 + 工程建设其他费 + 预备费 + 建设期利息 +$$
$$铺底流动资金 \qquad (8-33)$$

8.3.5　施工图预算的审查

1. 施工图预算审查的内容

施工图预算文件的审查,应当委托具有相应资质的工程造价咨询机构进行。

从事建设工程施工图预算审查的人员,应具备相应的执业(从业)资格,需要在施工图预算审查文件上签署注册造价工程师执业资格专用章或造价员从业资格专用章,并出具施工图预算审查意见报告,报告要加盖工程造价咨询企业的公章和资格专用章。

①审查施工图预算的编制是否符合现行国家、行业、地方政府有关法律、法规和规定要求。

②审查工程量计算的准确性、工程量计算规则与计价规范规则或定额规则的一致性。工程量是确定建筑安装工程造价的决定因素,是预算审查的重要内容。工程量审查中常见的问题有:

a. 多计工程量。计算尺寸以大代小,按规定应扣除的不扣除。

b. 重复计算工程量,虚增工程量。

c. 项目变更后,该减的工程量未减。

d. 未考虑施工方案对工程量的影响。

③审查在施工图预算的编制过程中,各种计价依据使用是否恰当,各项费率计取是否正确;审查依据主要有施工图设计资料、有关定额、施工组织设计、有关造价文件规定和技术规范、规程等。

④审查各种要素市场价格选用、应计取的费用是否合理。

预算单价是确定工程造价的关键因素之一,审查的主要内容包括单价的套用是否正确,换算是否符合规定,补充的定额是否按规定执行。

根据现行规定,除规费、措施费中的安全文明施工费和税金外,企业可以根据自身管理水平自主确定费率,因此,审查各项应计取费用的重点是费用的计算基础是否正确。

除建筑安装工程费用组成的各项费用外,还应列入调整某些建筑材料价格变动所发生的材料差价。

⑤审查施工图预算是否超过概算以及进行偏差分析。

2. 施工图预算审查常用方法

(1)逐项审查法

逐项审查法又称全面审查法，即按定额顺序或施工顺序，对各项工程细目逐项全面详细审查的一种方法。其优点是全面、细致，审查质量高、效果好。缺点是工作量大，时间较长。这种方法适合于一些工程量较小、工艺比较简单的工程。

（2）标准预算审查法

标准预算审查法就是对利用标准图纸或通用图纸施工的工程，先集中力量编制标准预算，以此为准来审查工程预算的一种方法。按标准设计图纸施工的工程，一般上部结构和做法相同，只是根据现场施工条件或地质情况不同，仅对基础部分做局部改变。凡这样的工程，以标准预算为准，对局部修改部分单独审查即可，不需逐一详细审查。该方法的优点是时间短、效果好、易定案。其缺点是适用范围小，仅适用于采用标准图纸的工程。

（3）分组计算审查法

分组计算审查法就是把预算中有关项目按类别划分若干组，利用同组中的一组数据审查分项工程量的一种方法。这种方法首先将若干分部分项工程按相邻且有一定内在联系的项目进行编组，利用同组分项工程间具有相同或相近计算基数的关系，审查一个分项工程数，由此判断同组中其他几个分项工程的准确程度。如一般的建筑工程中将底层建筑面积可编为一组。先计算底层建筑面积或楼（地）面面积，从而得知楼面找平层、天棚抹灰的工程量等，依此类推。该方法特点是审查速度快、工作量小。

（4）对比审查法

对比审查法是当工程条件相同时，用已完工程的预算或未完但已经过审查修正的工程预算对比审查拟建工程的同类工程预算的一种方法。采用该方法一般须符合下列条件：

①拟建工程与已完或在建工程预算采用同一施工图，但基础部分和现场施工条件不同，则相同部分可采用对比审查法。

②工程设计相同，但建筑面积不同，两个工程的建筑面积之比与两个工程各分部分项工程量之比大体一致。此时可按分项工程量的比例，审查拟建工程各分部分项工程的工程量，或用两个工程每平方米建筑面积造价、每平方米建筑面积的各分部分项工程量对比进行审查。

③两个工程面积相同，但设计图纸不完全相同，则相同的部分，如厂房中的柱子、屋架、屋面、砖墙等，可进行工程量的对照审查。对不能对比的分部分项工程可按图纸计算

（5）筛选审查法

"筛选"是能较快发现问题的一种方法。建筑工程虽面积和高度不同，但其各分部分项工程的单位建筑面积指标变化却不大。将这样的分部分项工程加以汇集、优选，找出其单位建筑面积工程量、单价、用工的基本数值，归纳为工程量、价格、用工三个单方基本指标，并注明基本指标的适用范围。这些基本指标用来筛选各分部分项工程，对不符合条件的应进行详细审查，若审查对象的预算标准与基本指标的标准不符，就应对其进行调整。

筛选法的优点是简单易懂，便于掌握，审查速度快，便于发现问题。但问题出现的原因尚需继续审查。该方法适用于审查住宅工程或不具备全面审查条件的工程。

（6）重点审查法

重点审查法就是抓住施工图预算中的重点进行审核的方法。审查的重点一般是工程量大或者造价较高的各种工程、补充定额、计取的各种费用（计费基础、取费标准）等。重点审查法的优点是突出重点，审查时间短、效果好。

应当注意的是，除了逐项审查法之外，其他各种方法应注意综合运用，单一使用某种方法可能会导致审查不全面或者漏项。

重点与难点

重点：①建设项目总概算及单项工程综合概算和单位工程概算的编制方法；②建设项目总预算及单项工程综合预算和单位工程预算的编制方法；③工程预算文件的组成内容。

难点：单位工程概算和单位工程预算的编制。

思考与练习

1. 什么是设计概算？设计概算的作用有哪些？

2. 什么是建设工程总概算？总概算的内容有哪些？

3. 什么是单位工程概算？其编制方法有哪些？

4. 什么是单项工程概算？包括哪些内容？

5. 概算指标法的适用范围包括哪些？

6. 简述施工图预算的计价模式并分析其特点。

7. 简述单位工程施工图预算的编制方法。分析定额单价法和实物法在编制中的主要区别。

8. 简述建设工程投资估算的编制方法。

第9章

建设工程招投标阶段计价

9.1 建设工程工程量清单计价概述

按照我国现行规定,工程量清单计价已经成为招标投标中的主要计价方式。工程招标是招标人选择工程承包商、确定工程合同价格的过程。招标人在组织工程招标的过程中,最重要的工作之一就是确定合同价格。为了合理确定合同价格,招标人需编制招标控制价;而投标人需编制投标报价。

9.1.1 工程量清单的概念

1. 工程量清单计价的产生

工程量清单计价,是我国改革传统的工程造价计价方法和招标投标中报价方法与国际通行惯例接轨所采取的一种方式。

长期以来,我国沿袭前苏联工程造价计价模式,建筑工程项目或建筑产品实行"量价合一、固定取费"的政府指令性计价模式,即"定额预算计价法"。这种方法按预算定额规定的分部分项子目,逐项计算工程量,套用定额单价(或单位估价表)确定直接工程税费,然后按规定的取费标准计算措施费、间接费、利润、税金、加上材料价差和适当的不可预见费,经汇总即成为工程预算价,用作标底和投标报价。这种方法,重复"算量、套价、取费、调差(扯皮)"的模式,使本来就千差万别的工程造价,却统一在预算定额体系中;这种方法计算出的标价看起来似乎很准确详细,但其弊端是显而易见的。

随着我国市场经济体系的建立,2003 年我国颁布了《建设工程工程量清单计价规范》,经过这些年的实践和不断总结完善,继 2008 年之后,2013 年又对规范进行了修订。修订后的《建设工程工程量清单计价规范》(GB50500—2013)于 2013 年 7 月 1 日起实施。

2. 工程量清单的概念

建设工程的工程量清单是载明分部分项工程项目、措施项目、其他项目、规费项目和税金项目的名称和相应数量等的明细清单。工程量清单分为以下两类:

(1)招标工程量清单

招标人依据国家标准、招标文件、设计文件以及施工现场实际情况编制的,随招标文件发布供投标报价的工程量清单,包括其说明和表格。

(2)已标价工程量清单

构成合同文件组成部分的投标文件中已标明价格,经算术性错误修正(如有)且承包人已确认的工程量清单,包括其说明和表格。

3. 工程量清单的作用

工程量清单的主要作用为：

①在招投标阶段，招标工程量清单为投标人的投标竞争提供了一个平等和共同的基础。工程量清单将要求投标人完成的工程项目及其相应工程实体数量全部列出，为投标人提供拟建工程的基本内容、实体数量和质量要求等信息。这使所有投标人所掌握的信息相同，受到的待遇是客观、公正和公平的。

②工程量清单是建设工程计价的依据。在招标投标过程中，招标人根据工程量清单编制招标工程的招标控制价；投标人按照工程量清单所表述的内容，依据企业定额计算投标价格，自主填报工程量清单所列项目的单价与合价。

③工程量清单是工程付款和结算的依据。发包人根据承包人是否完成工程量清单规定的内容以投标时在工程量清单中所报的单价作为支付工程进度款和进行结算的依据。

④工程量清单是调整工程量、进行工程索赔的依据。在发生工程变更、索赔、增加新的工程项目等情况时，可以选用或者参照工程量清单中的分部分项工程或计价项目与合同单价来确定变更项目或索赔项目的单价和相关费用。

4. 工程量清单的适用范围

①工程量清单适用于建设工程发、承包及实施阶段的计价活动，包括工程量清单的编制、招标控制价的编制、投标报价的编制、工程合同价款的约定、工程施工过程中计量与合同价款的支付、索赔与现场签证、竣工结算的办理和合同价款争议的解决以及工程造价鉴定等活动。

②现行计价规范规定，使用国有资金投资的工程建设工程发、承包项目，必须采用工程量清单计价。

③对于非国有资金投资的工程建设项目，是否采用工程量清单方式计价由项目业主自主确定。当确定采用工程量清单计价时，则按现行计价规范规定执行；对于不采用工程量清单计价的建设工程，除不执行工程量清单计价的专门性规定外，仍应执行现行计价规范规定的工程价款调整、工程计量和价款支付、索赔与现场签证、竣工结算以及工程造价争议处理等条文。

5. 工程量清单计价规范的构成

现行的《建设工程工程量清单计价规范》（GB50500—2013）包括规范条文和附录两部分。

规范条文共 16 章，包括总则、术语、一般规定、工程量清单编制、招标控制价、投标报价、合同价款约定、工程计量、合同价款调整、合同价款期中支付、竣工结算与支付、合同解除的价款结算与支付、合同价款争议的解决、工程造价鉴定、工程计价资料与档案、工程计价表格。

规范条文就适用范围、作用以及计量活动中应遵循的原则、工程量清单编制的规则、工程量清单计价的规则、工程量清单计价格式及编制人员资格等作出了明确规定。

附录分为 A，B，C，D，E，F，G，H，J，K，L，共计 11 个。除附录 A 外，其余为工程计价表格。附录分别对招标控制价、投标报价、竣工结算的编制等使用的表格作出了明确规定。

9.1.2　工程量清单的编制

工程量清单应由具有编制能力的招标人或受其委托具有相应资质的工程造价咨询人编制。采用工程量清单方式招标，招标工程量清单必须作为招标文件的组成部分，其准确性和完整性由招标人负责。

工程量清单由分部分项工程量清单、措施项目清单、其他项目清单、规费项目清单、税金项目清单组成。

1. 工程量清单编制依据

①现行计价规范和相关工程的国家计量规范。

②国家或省级、行业建设主管部门颁发的计价定额和办法。

③建设工程设计文件及相关资料。

④与建设工程项目有关的标准、规范、技术资料。

⑤拟定的招标文件。

⑥施工现场情况、地勘水文资料、工程特点及常规施工方案。

⑦其他相关资料。

2. 分部分项工程项目清单

分部分项工程项目清单为不可调整的闭口清单。在投标阶段，投标人对招标文件提供的分部分项工程项目清单必须逐一计价，对清单所列内容不允许进行任何更改变动。投标人如果认为清单内容有不妥或遗漏，只能通过质疑的方式由清单编制人作统一的修改更正。清单编制人应将修正后的工程量清单发往所有投标人。

分部分项工程量清单应按《建设工程工程量清单计价规范》的规定，确定项目编码、项目名称、项目特征、计量单位，并按不同专业工程量计量规范给出的工程量计算规则，进行工程量的计算。

（1）项目编码

项目编码是分部分项工程量清单项目名称的数字标志。现行计量规范项目编码由 12 位数字构成。1 ~ 9 位应按现行计量规范的规定设置，10 ~ 12 位应根据拟建工程的工程量清单项目名称和项目特征设置，同一招标工程的项目编码不得有重码。

在 12 位数字中，1 ~ 2 位为专业工程码，如建筑工程与装饰工程为 01、仿古建筑工程为 02、通用安装工程为 03、市政工程为 04、园林绿化工程为 05、矿山工程为 06、构筑物工程为 07、城市轨道交通工程为 08、爆破工程为 09。

3 ~ 4 位为附录分类顺序码；5 ~ 6 位为分部工程顺序码；7 ~ 9 位为分项工程项目名称顺序码；10 ~ 12 位为清单项目名称顺序码，如图 9 - 1 所示。

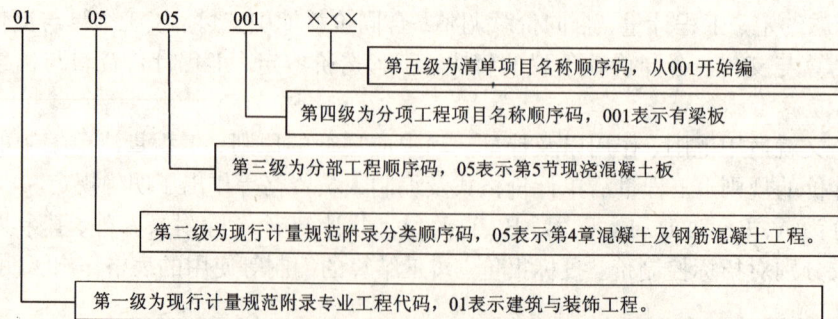

```
01    05    05    001    ×××
                          │
                          └─ 第五级为清单项目名称顺序码，从001开始编
                   │
                   └─ 第四级为分项工程项目名称顺序码，001表示有梁板
             │
             └─ 第三级为分部工程顺序码，05表示第5节现浇混凝土板
       │
       └─ 第二级为现行计量规范附录分类顺序码，05表示第4章混凝土及钢筋混凝土工程。
 │
 └─ 第一级为现行计量规范附录专业工程代码，01表示建筑与装饰工程。
```

图 9 - 1　项目编码示意图

（2）项目名称

分部分项工程项目清单的项目名称应按现行计量规范的项目名称结合拟建工程的实际确定。分项工程项目清单的项目名称一般以工程实体命名，项目名称如有缺项，编制人应作补充，并报省级或行业工程造价管理机构备案。补充项目的编码由现行计量规范的专业工程代码 X 即(01~09)与 B 和 3 位阿拉伯数字组成，并应从 XB001 起顺序编制，同一招标工程的项目不得重码。分部分项工程项目清单中应附补充项目名称、项目特征、计量单位、工程量计算规则、工作内容。

（3）项目特征

项目特征是确定分部分项工程项目清单综合单价的重要依据，在编制的分部项工程项目清单时，必须对其项目特征进行准确和全面的描述。

但有的项目特征用文字往往又难以准确和全面地描述，因此为达到规范、简捷、准确、全面描述项目特征的要求，在描述分部分项工程项目清单项目特征时应按以下原则进行：

①项目特征描述的内容应按现行计量规范，结合拟建工程的实际，满足确定综合单价的需要。

②对采用标准图集或施工图纸能够全部或部分满足项目特征描述要求的，项目特征描述可直接采用详见××图集或××图号的方式。但对不能满足项目特征描述要求的部分，仍应用文字描述。

（4）计量单位

分部分项工程项目清单的计量单位应按现行计量规范规定的计量单位确定，如"t"、"m^2"、"m^3"、"m"、"kg"或"项"、"个"等。在现行计量规范中有两个或两个以上计量单位的，如门窗工程的计量单位为"樘/m^2"，钢筋混凝土桩的单位为"m^3/根"，应结合拟建工程实际情况，确定其中一个为计量单位。同一工程项目计量单位应一致。

（5）工程量计算

现行计量规范明确了清单项目的工程量计算规则，其工程量是以形成工程实体为准，并以完成后的净值来计算的。这一计算方法避免了因施工方案不同而造成计算的工程量大小各异的情况，为各投标人提供了一个公平的平台。

3. 措施项目清单

措施项目清单为可调整清单，投标人对招标文件中所列项目，可根据企业自身特点做适当的变更增减。投标人要对拟建工程可能发生的措施项目和措施费用作通盘考虑，清单一经报出，即被认为是包括了所有应该发生的措施项目的全部费用。如果报出的清单中没有列项，且施工中又必须发生的项目，业主有权认为，其已经综合在分部分项工程量清单的综合单价中，将来措施项目发生时投标人不得以任何借口提出索赔与调整。

现行计价规范中，将措施项目分为能计量和不能计量的两类。

对能计量的措施项目（即单价措施项目），同分部分项工程量一样，编制措施项目清单时应列出项目编码、项目名称、项目特征、计量单位，并按现行计量规范规定，采用对应的工程量计算规则计算其工程量。

对不能计量的措施项目（即总价措施项目），措施项目清单中仅列出了项目编码、项目名称，但未列出项目特征、计量单位的项目，编制措施项目清单时，应按现行计量规范附录（措施项目）的规定执行。

由于工程建设施工的特点和承包人组织施工生产的施工装备水平、施工方案及其管理水平的差异，同一工程、不同的承包人组织施工采用的施工措施并不完全一致，因此，措施项目清单应根据拟建工程和承包人的实际情况列项。

4. 其他项目清单

其他项目清单是指因招标人的特殊要求而发生的与拟建工程有关的其他费用项目和相应数量的清单。其他项目清单应根据拟建工程的具体情况列项。

（1）暂列金额

暂列金额是招标人暂定并包括在合同中的一笔款项。中标人只有按照合同约定程序，实际发生了暂列金额所包的工作，才能将其纳入合同结算价款中。扣除实际发生金额后的暂列金额余额仍属于招标人所有。

（2）暂估价

暂估价包括材料暂估价、工程设备暂估价和专业工程暂估价。暂估价中的材料、工程设备暂估价应根据工程造价信息或参照市场价格估算，列出明细表；专业工程暂估价应分不同专业，按有关计价规定估算，列出明细表。

一般而言，为方便合同管理和计价，需要纳入分部分项工程量清单项目综合单价中的暂估价则最好只是材料、工程设备费，以方便投标人组价。对专业工程暂估价一般应是综合暂估价，应当包括除规费、税金以外的管理费、利润等。

（3）计日工

计日工是为了解决现场发生的零星工作的计价而设立的。计日工对完成零星工作所消耗的人工工时、材料数量、施工机械台班进行计量，并按照计日工表中填报的适用项目的单价进行计价支付。

计日工适用的零星工作一般是指合同约定之外的或者因变更而产生的、工程量清单中没有相应项目的额外工作，尤其是那些时间不允许事先商定价格的额外工作。为了获得合理的计日工单价，在计日工表中一定要尽可能把项目列全，并给出一个比较贴近实际的暂定数量。

（4）总承包服务费

总承包服务费是为了解决招标人在法律、法规允许的条件下进行专业工程发包以及自行采购供应材料、设备时，要求总承包人对发包的专业工程提供协调和配合服务（如分包人使用总包人的脚手架、水电接剥等）；对供应的材料、设备提供收、发和保管服务以及对施工现场进行统一管理；对竣工资料进行统一汇总整理等发生并向总承包人支付的费用。招标人应当预计该项费用并按投标人的投标报价向投标人支付该项费用。

5. 规费项目清单

规费是指按国家法律、法规规定，由省级政府和省级有关权力部门规定必须缴纳或计取的费用。现行的规费内容已在第 7 章列出，不再赘述。

6. 税金项目清单

目前国家税法规定应计入建筑安装工程造价内的税种，详见第 5 章。如国家税法发生变化或地方政府及税务部门依据职权对税种进行了调整，应对税金项目清单进行相应调整。

9.2　工程量清单计价

9.2.1　工程量清单计价的计算方法

工程量清单计价是按照工程造价的构成分别计算各类费用，再经过汇总而得。计算方法如下：

$$分部分项工程费 = \sum 分部分项工程量 \times 分部分项工程综合单价 \qquad (9-1)$$

$$措施项目费 = \sum 措施项目工程量 \times 措施项目综合单价 + \sum 单项措施费 \quad (9-2)$$

$$单位工程造价 = 分部分项工程费 + 措施项目费 + 其他项目费 + 规费 + 税金 \quad (9-3)$$

$$单项工程造价 = \sum 单位工程造价 \qquad (9-4)$$

$$建设项目造价 = \sum 单项工程造价 \qquad (9-5)$$

9.2.2　工程量清单计价表格

1. 表格组成

依据《建设工程工程量清单计价规范》(GB50500—2013)湖南省工程量清单及工程量清单计价由以下表格组成。

①工程量清单(封-1)。

②招标控制价(封-2)。

③投标总价(封-3)。

④竣工结算总价(封-4)。

⑤编制说明(表-01)。

⑥工程项目招标控制价/投标报价汇总表(表-02)。

⑦单项工程招标控制价/投标报价汇总表(表-03)。

⑧单位工程招标控制价/投标报价汇总表(表-04)。

⑨工程项目竣工结算汇总表(表-05)。

⑩单项工程竣工结算汇总表(表-06)。

⑪单位工程竣工结算汇总表(表-07)。

⑫分部分项工程量清单/施工措施项目清单与计价表(表-08)。

⑬分部分项工程量清单/施工措施项目清单综合单价分析表(表-09)。

⑭施工措施项目清单与计价表(表-10)。

⑮其他项目清单与计价汇总表(表-11)。

⑯暂列金额明细表(表-11-1)。

⑰材料暂估单价表(表-11-2)。

⑱专业工程暂估价表(表-11-3)。

⑲计日工表(表-11-4)。

⑳总承包服务费计价表(表-11-5)。

㉑索赔与现场签证计价汇总表(表-11-6)。

㉒费用索赔申请(核准)表(表-11-7)。

㉓现场签证表(表-11-8)。

㉔人工、主要材料、机械汇总表(表-12)。

㉕工程款支付申请(核准)表(表-13)。

2. 表格样式

依据《建设工程工程量清单计价规范》湖南省现行的工程量清单计价表格包括了工程量清单、招标控制价、投标报价、竣工结算和工程造价鉴定等各个阶段计价使用的表样及说明。

如图9-1~图9-4和表9-1~表9-21所示。

_____工程

工 程 量 清 单

招标人：_____（单位盖章）

法定代表人：_____（签字或盖章）

工程造价
咨 询 人：_____（单位资质专用章）

法定代表人：_____（签字或盖章）

编制人：_____（造价工程师签字盖专用章）

编制时间：   年 月 日

图9-1 工程量清单(封-1)

_____工程

招 标 控 制 价

招标控制价（小写）：_____

（大写）：_____

招标人：_____（单位盖章）

法定代表人：_____（签字或盖章）

工程造价
咨 询 人：_____（单位资质专用章）

法定代表人：_____（签字或盖章）

编制人：_____（造价工程师字盖专用章）

编制时间：   年 月 日

图9-2 招标控制价(封-2)

投 标 总 价

招 标 人：_____

工 程 名 称：_____

投标总价（小写）：_____

（大写）：_____

投 标 人：_____（单位盖章）

法定代表人：_____（签字或盖章）

编制人：_____（造价工程师字盖专用章）

编制时间：   年 月 日

图9-3 投标总价(封-3)

_____工程

竣 工 结 算 总 价

中标价（小写）：_____（大写）：_____

结算价（小写）：_____（大写）：_____

发 包 人：_____（单位盖章）

法定代表人：_____（签字或盖章）

承 包 人：_____（单位盖章）

法定代表人：_____（签字或盖章）

工程造价
咨 询 人：_____（单位资质专用章）

法定代表人 _____（签字或盖章）

编制时间：年 月 日 核对时间：年 月 日

图9-4 竣工结算总价(封-4)

表 9 – 1　编制说明（表 – 01）

工程名称：　　　　　　　　　　　　　　　　　　　　　　　　　　　第　页、共　页

编制：　　　　　　　　复核：　　　　　　　　核对：

说明：编制工程量清单、招标控制价、投标报价、竣工结算时，均应填写此表。

表 9 – 2　工程项目招标控制价/投标报价汇总表（表 – 02）

工程名称：　　　　　　　　　　　　　　　　　　　　　　　　　　　第　页、共　页

序号	单项工程名称	金额（元）	其中（元）		
			暂估价	安全文明施工费	规费
合　　计					

说明：本表适用于工程项目招标控制价或投标报价的汇总。

表 9 – 3　单项工程招标控制价/投标报价汇总表（表 – 03）

工程名称：　　　　　　　　　　　　　　　　　　　　　　　　　　　第　页、共　页

序号	单位工程名称	金额（元）	其中（元）		
			暂估价	安全文明施工费	规费
合　　计					

说明：本表适用于单项工程招标控制价或投标报价的汇总。暂估价包括分部分项工程中的暂估价和专业工程暂估价。

表 9 – 4　单位工程招标控制价/投标报价汇总表（表 – 04）

工程名称：　　　　　　　　标段：　　　　　　　　　　　　　　第 页、共 页

序号	汇总内容	金额（元）	其中：暂估价（元）
1	分部分项工程费		
1.1			
1.2			
1.3			
1.4			
1.5			
2	措施项目费		
2.1	安全文明施工费		
2.2	冬、雨季施工增加费		
2.3	施工措施项目费		
3	其他项目费		
3.1	暂列金额		
3.2	专业工程暂估价		
3.3	计日工		
3.4	总承包服务费		
4	规费		
4.1	工程排污费		
4.2	职工教育经费		
4.3	养老保险费		
4.4	其他规费		
5	税金		
合　计			

说明：1. 本表适用于单位工程招标控制价或投标报价的汇总，如无单位工程划分，单项工程也使用本汇总表。

2. 其他规费栏包括失业保险费、医疗保险费、工伤保险费、危险作业意外伤害保险费、住房公积金、工会经费等六项。

表 9 – 5　工程项目竣工结算汇总表（表 – 05）

工程名称：　　　　　　　　　　　　　　　　　　　　第 页、共 页

序号	单项工程名称	金额（元）	其中（元）	
			安全文明施工费	规费
合　计				

表 9 - 6 单位工程竣工结算汇总表 (表 - 07)

工程名称： 标段： 第 页、共 页

序号	汇 总 内 容	金额(元)
1	分部分项工程费	
1.1		
1.2		
1.3		
1.4		
1.5		
2	措施项目费	
2.1	安全文明施工费	
2.2	冬、雨季施工增加费	
2.3	施工措施项目费	
3	其他项目费	
3.1	专业工程结算价	
3.2	计日工	
3.3	总承包服务费	
3.4	索赔与现场签证	
4	规费	
4.1	工程排污费	
4.2	职工教育经费	
4.3	养老保险费	
4.4	其他规费	
5	税金	
	合 计	

说明：1. 如无单位工程划分，单项工程也使用本表汇总。

2. 其他规费栏包括失业保险费、医疗保险费、工伤保险费、危险作业意外伤害保险费、住房公积金、工会经费等六项。

表 9 - 7 分部分项工程量清单/施工措施项目清单与计价表 (表 - 08)

工程名称： 标段： 第 页、共 页

序号	项目编码	项目名称及特征描述	计量单位	工程量	金额(元)		
					综合单价	合价	其中：暂估价
		本页小计					
		合 计					

说明：可以计算工程量的施工措施项目按本表列项计价。

表9-8　分部分项工程清单/施工措施项目清单综合单价分析表（表-09）

工程名称：　　　　　　　　　　　　标　段：　　　　　　　　　　　　　　　第　页，共　页

清单编码		名称				计量单位				综合单价			合价（元）

消耗量标准编号	项目名称	单位	数量	取费基价		动态基价				数量	管理费	利润	合价（元）
				人工费	机械费	人工费	材料费	机械费	小计		%	%	

人工单价：　　　元/工日

人工价：　　　　　累计（元）

材料费或机械费明细

主要材料、机械名称、规格、型号	单位	数量	材料单价	材料合价	材料暂估单价	材料暂估合价	机械台班单价	机械台班合价
其他材料费、其他机械费	元	—	—	—	—	—	—	—
材料费、机械费合计	元	—	—	—	—	—	—	—

说明：1. 清单综合单价＝累计合价÷清单数量；2. 管理费或利润＝数量×取费基价中的人工费（或人工费加机械费）×相应费率；3. 合价＝数量×动态基价×相应费率；6. 可以计算工程量的施工措施项目按本表列项计价。

4. 招标文件提供了暂估单价的材料，按暂估单价填入表内"暂估单价"栏及"暂估合价"栏；5. 材料费或机械费明细栏内数据仅为一个计量单位的综合单价含量；

表 9 – 9　单项工程竣工结算汇总表（表 – 06）

工程名称：　　　　　　　　　　　　　　　　　　　　　　　　　　第　页、共　页

序号	单项工程名称	金额(元)	其中(元)	
			安全文明施工费	规费
合　计				

表 9 – 10　施工措项施项目清单与计价表（表 – 10）

工程名称：　　　　　标段：　　　　　　　　　　　　　　　　　　第　页、共　页

序号	项目名称	计算基础	费率(%)	金额(元)
1				
2				
3				
4				
5				
6				
7				
8				
合　计				

说明：本表适用于以"项"计价的措施项目。可以计算工程量的施工措施项目按表 – 08、表 – 09 列表计价。

表 9 – 11　其他项目清单与计价汇总表（表 – 11）

工程名称：　　　　　标段：　　　　　　　　　　　　　　　　　　第　页、共　页

序号	项目名称	计量单位	金额(元)	备注
1	暂列金额			明细详见表 – 11 – 1
2	暂估价			
2.1	材料暂估价			明细详见表 – 11 – 2
2.2	专业工程暂估价			明细详见表 – 11 – 3
3	计日工			明细详见表 – 11 – 4

续表9－11

序号	项目名称	计量单位	金额(元)	备注
4	总承包服务费			明细详见 表－11－5
合　计				

说明：材料暂估单价进入清单项目综合单价，此处不汇总。

表9－12　暂列金额明细表(表－11－1)

工程名称：　　　　　　　标段：　　　　　　　　　　　　　第　页、共　页

序号	项目名称	计量单位	暂定金额(元)	备　注
1				
2				
3				
4				
5				
6				
7				
合　计				

说明：此表由招标人填写，也可只列暂定金额总额，投标人应将上述暂列金额计入投标总价中。

表9－13　材料暂估单价表(表－11－2)

工程名称：　　　　　　　标段：　　　　　　　　　　　　　第　页、共　页

序号	材料名称、规格、型号	计量单位	单价(元)	备　注

说明：1.此表由招标人填写，并在备注栏说明暂估价的材料拟用在哪些清单项目上，投标人应将上述材料暂估单价计入工程量清单综合单价报价中。2.材料包括原材料、燃料、构配件以及按规定应计入建筑安装工程造价的设备。

表 9 – 14 专业工程暂估价表（表 – 11 – 3）

工程名称： 标段： 第 页、共 页

序号	工程名称	工程内容	金额(元)	备 注
合 计				

说明：此表由招标人填写，投标人应将上述专业工程暂估价计入投标总价中。

表 9 – 15 计日工表（表 – 11 – 4）

工程名称： 标段： 第 页、共 页

编号	项目名称	单位	暂定数量	综合单价	合价(元)
一	人工				
1					
2					
3					
	人工费小计				
二	材料				
1					
2					
3					
	材料费小计				
三	施工机械				
1					
2					
3					
	施工机械费小计				
合 计					

说明：此表项目名称、数量由招标人填写，编制招标控制价时，单价由招标人按有关计价规定确定；投标时，单价由投标人自主报价，计入投标总价中。

表 9 – 16 总承包服务费计价表（表 – 11 – 5）

工程名称：　　　　　　　标段：　　　　　　　　　　　　　　　第　页、共　页

序号	工程名称	项目价值（元）	服务内容	费率（%）	金额（元）
1	发包人发包专业工程				
2	发包人供应材料				
合　计					

表 9 – 17 索赔与现场签证计价汇总表（表 – 11 – 6）

工程名称：　　　　　　　标　段：　　　　　　　　　　　　　　第　页、共　页

序号	签证及索赔项目名称	计量单位	数量	单价（元）	合价（元）	索赔及签证依据
本页小计						
合　计						

说明：签证及索赔依据是指经双方认可的签证单和索赔依据的编号。

表 9 – 18 费用索赔申请(核准)表(表 –11 –7)

工程名称: 标段: 编号:

致: _____(发包人全称)

　　根据施工合同条款第_____条的约定,由于_____原因,我方要求索赔金额(大写)_____

_____元,(小写)_____元,请予核准。

附:1.费用索赔的详细理由和依据:
　　2.索赔金额的计算:
　　3.证明材料:

承包人(章)
承包人代表
日　　　期

复核意见: 　　根据施工合同条款第____条的约定,你方提出的费用索赔申请经复核: 　　□不同意此项索赔,具体意见见附件。 　　□同意此项索赔,索赔金额的计算,由造价工程师复核。 　　　　　　　　监理工程师_____ 　　　　　　　　日　　　期_____	复核意见: 　　根据施工合同条款第____条的约定,你方提出的费用索赔申请经复核,索赔金额为(大写) _____元,(小写)_____元。 　　　　　　　　造价工程师_____ 　　　　　　　　日　　　期_____
审核意见: 　　□不同意此项索赔。 　　□同意此项索赔,与本期进度款同期支付。 　　　　　　　　发包人(章) 　　　　　　　　发包人代表_____ 　　　　　　　　日　　　期_____	

　　说明:1.在选择栏中的"□"内作标志"√"。2.本表一式四份,由承包人填报,发包人、监理人、造价咨询人、承包人各存一份。

表 9 – 19 人工、主要材料、机械汇总表(表 –12)

工程名称: 第　　页、共　　页

序号	编码	名　称 (材料、机械规格型号)	单位	数量	单价 (元)	合价 (元)	备注
本页小计		元					
合　计		元					

表 9 – 20 现场签证表（表 – 11 – 8）

工程名称：＿＿＿＿＿＿   标段：＿＿＿＿＿＿   编号：＿＿＿＿＿＿

施工单位		日期	

致：＿＿＿＿＿＿＿＿＿＿＿＿＿＿＿＿＿＿＿＿＿＿＿＿＿＿（发包人全称）

根据＿＿＿＿（指令人姓名）年 月 日的口头指令或你方＿＿＿＿＿＿（或监理人）年 月 日的书面通知，我方要求完成此项工作应支付价款金额为（大写）＿＿＿＿＿＿＿＿元，（小写）＿＿＿＿＿＿元，请予核准。

附：1.签证事由及原因：

2.附图及计算式：

承包人（章）

承包人代表＿＿＿＿＿＿＿＿＿

日　　期＿＿＿＿＿＿＿＿＿

复核意见：

你方提出的此项签证申请申请经复核：

□不同意此项签证，具体意见见附件。

□同意此项签证，签证金额的计算，由造价工程师复核。

监理工程师＿＿＿＿＿＿＿

日　　期＿＿＿＿＿＿＿

复核意见：

□此项签证按承包人中标的计日工单价计算，金额为（大写）＿＿＿＿＿＿＿＿元，（小写）＿＿＿＿＿＿元。

□此项签证因无计日工单价，金额为（大写）＿＿＿＿＿＿元，（小写）＿＿＿＿＿＿元。

造价工程师＿＿＿＿＿＿＿

日　　期＿＿＿＿＿＿＿

审核意见：

□不同意此项签证赔。

□同意此项签证，价款与本期进度款同期支付。

发包人（章）

发包人代表＿＿＿＿＿＿＿＿＿

日　　期＿＿＿＿＿＿＿＿＿

说明：1.在选择栏中的"□"内作标志"√"。2.本表一式四份，由承包人在收到发包人（监理人）的口头或书面通知后填写，发包人、监理人、造价咨询人、承包人各存一份。

表 9 – 21　工程款支付申请(核准)表(表 – 13)

工程名称：　　　　　　　　标段：　　　　　　　　　　编号：

致：＿＿＿＿＿＿＿＿＿＿＿＿＿＿＿＿＿＿＿＿＿＿＿(发包人全称)

　　我方于＿＿＿＿＿至＿＿＿＿＿＿期间已完成了＿＿＿＿＿＿＿工作,根据施工合同的约定,现申请支付本期的工程价款为(大写)＿＿＿＿＿＿＿元,(小写)＿＿＿＿＿元,请予核准。

序号	名　　称	金额(元)	备注
1	累计已完成的工程价款		
2	累计已实际支付的工程价款		
3	本周期已完成的工程价款		
4	本周期完成的计日工金额		
5	本周期应增加和扣减的变更金额		
6	本周期应增加和扣减的索赔金额		
7	本周期应抵扣的预付款		
8	本周期应扣减的质保金		
9	本周期应增加或扣减的其他金额		
10	本周期实际应支付的工程价款		

承包人(章)

承包人代表＿＿＿＿＿＿

日　　期＿＿＿＿＿＿

复核意见：

　　□与实际施工情况不相符,修改意见见附件。

　　□与实际施工情况相符,具体金额由造价工程师复核。

　　监理工程师

　　日　　期＿＿＿＿＿＿

复核意见：

　　你方提出的支付申请经复核,本周期已完成工程价款为(大写)＿＿＿＿＿＿元,(小写)＿＿＿＿＿＿元,本期间应支付金额为(大写)＿＿＿＿＿＿元,(小写)＿＿＿＿元。

　　造价工程师＿＿＿＿＿＿

　　日　　期＿＿＿＿＿＿

审核意见：

　　□不同意。

　　□同意,支付时间为本表签发后的 15 天内。

　　　　发包人(章)

　　　　发包人代表＿＿＿＿＿＿

　　　　日　　期＿＿＿＿＿＿

　　说明：1. 在选择栏中的"□"内作标志"√"。2. 本表一式四份,由承包人填报,发包人、监理人、造价咨询人、承包人各存一份。

3. 计价表格使用规定

依据《建设工程工程量清单计价规范》工程量清单与计价采用统一格式。

（1）编制说明编写内容

①工程概况：建设规模、工程特征、计划工期或合同工期、实际工期、施工现场实际情况、自然地理条件、环境保护要求等。

②工程招标和分包或承包范围。

③工程量清单或计价编制依据。

④工程质量、材料、施工等的特殊要求。

⑤工程总造价及分部分项工程费、措施项目费（其中：安全文明施工费）、其他项目费、规费（其中：职工教育经费、养老保险费）、税金等费用组成。

⑥其他需要说明的问题。

（2）工程量清单的编制按下列规定组表

①工程量清单编制使用表格包括：封 - 1、表 - 01、表 - 08、表 - 10、表 - 11、表 - 11 - 1 ~ 表 - 11 - 5、表 - 12。

②封面应按规定的内容填写、签字、盖章。

（3）招标控制价、投标报价、竣工结算的编制按下列规定组表

①招标控制价使用表格包括：封 - 2、表 - 01、表 - 02、表 - 03、表 - 04、表 - 08、表 - 09、表 - 10、表 - 11、表 - 11 - 1 ~ 表 - 11 - 5、表 - 12。

②投标报价使用的表格包括：封 - 3、表 - 01、表 - 02、表 - 03、表 - 04、表 - 08、表 - 09、表 - 10、表 - 11、表 - 11 - 1 ~ 表 - 11 - 5、表 - 12。

③竣工结算使用的表格包括：封 - 4、表 - 01、表 - 05、表 - 06、表 - 07、表 - 08、表 - 09、表 - 10、表 - 11、表 - 11 - 4 ~ 表 - 11 - 6、表 - 12、表 - 13。

④封面应按规定的内容填写、签字、盖章。

（4）投标人应按招标文件的要求，附工程量清单综合单价分析表

工程量清单与计价表中列明的所有需要填写的单价和合价，投标人均应填写，未填写的单价和合价，视为此项费用已包含在工程量清单的其他单价和合价中。

9.3　招标控制价的编制

招标控制价是招标人根据国家或省级、行业建设主管部门颁发的有关计价依据和办法，以及拟定的招标文件和招标工程量清单，结合工程具体情况编制的招标工程的最高投标限价。

招标控制价也称为拦标价或预算控制价，是招标人根据工程量清单计价规范计算的招标工程的工程造价，是业主对招标工程发包的最高投标限价。

招标控制价的作用决定了它不同于标底，无须保密。为体现招标的公开、公正，防止招标人有意抬高或压低工程造价，招标控制价应在招标时公布，不应上调或下浮，并应将招标控制价及有关资料报送工程所在地工程造价管理机构备查。

9.3.1　招标控制价编制的原则及注意事项

1.招标控制价的编制原则

《建设工程工程量清单计价规范》(GB50500—2013)规定,国有资金投资的建设工程招标,招标人必须编制招标控制价。招标控制价应由具有编制能力的招标人或受其委托具有相应资质的工程造价咨询人编制和复核。工程造价咨询人接受招标人委托编制招标控制价,不得再就同一工程接受投标人委托编制投标报价。

2.招标控制价编制的注意事项

①严格依据招标文件(包括招标答疑纪要)和发布的工程量清单编制招标控制价。

②正确全面地使用行业和地方的计价定额(包括相关文件)和价格信息,对招标文件规定可使用的市场价格应有可靠依据。

③依据国家有关规定计算不参与竞争的措施费用、规费和税金。

④竞争性的措施方案依据专家论证后的方案进行合理确定,并正确计算其费用。

⑤编制招标控制价时,施工机械设备的选型应根据工程特点和施工条件,本着经济适用、先进高效的原则确定。

⑥严格执行、准确理解工程量计算规范。计算工程量时,计算规范中的规则要准确理解、反复推敲、严格执行。

⑦计算必须准确。计算工程量时,计算底稿要整洁,计算数据要清晰,项目部位要注明,计算精度要一致。

⑧计算工程量要做到不重不漏。

9.3.2　招标控制价的编制方法

1.招标控制价的编制流程

招标控制价的编制流程如图 9 - 5 所示。

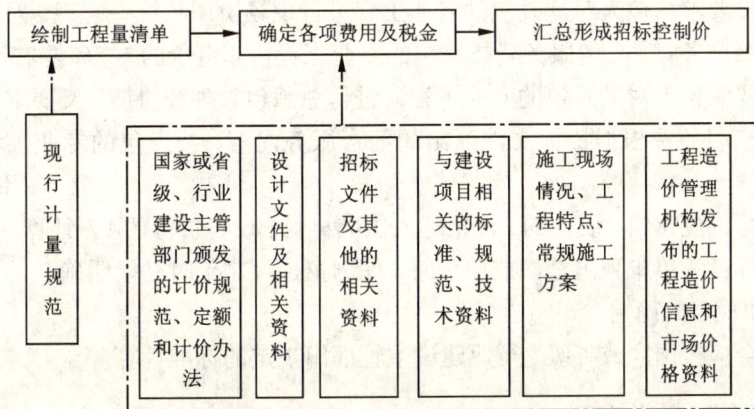

图 9 - 5　招标控制价的编制流程

2. 各项费用及税金的确定方法

（1）分部分项工程费的确定

分部分项工程费由各分项工程的综合单价与对应的工程量（清单所列工程量）相乘后汇总而得。

综合单价应根据拟定的招标文件和招标工程量清单项目中的特征描述及有关要求确定，综合单价还应包括招标文件中划分的应由投标人承担的风险范围及其费用。工程量按国家有关行政主管部门颁布的不同专业的工程量计算规范确定。

如招标文件提供了暂估单价材料的，按暂估的单价计入综合单价。

（2）措施项目费的确定

措施项目应按招标文件中提供的措施项目清单确定，措施项目采用分部分项工程综合单价形式进行计价的工程量，应按措施项目清单中的工程量确定综合单价；以"项"为单位的方式计价的，价格包括除规费、税金以外的全部费用。措施项目费中的安全文明施工费应当按照国家或省级、行业建设主管部门的规定标准计价。

（3）其他项目费的确定

①暂列金额。应按招标工程量清单中列出的金额填写。

②暂估价。暂估价中的材料、工程设备单价、控制价应按招标工程量清单列出的单价计入综合单价。暂估价中专业工程金额应按招标工程量清单中列出的金额填写。

③计日工。编制招标控制价时，对计日工中的人工单价和施工机械台班单价应按省级、行业建设主管部门或其授权的工程造价管理机构公布的单价计算；材料应按工程造价管理机构发布的工程造价信息中的材料单价计算，工程造价信息未发布材料单价的，其价格应按市场调查确定的单价计算。

④总承包服务费。编制招标控制价时，总承包服务费应按照省级或行业建设主管部门的规定计算，或参考相关规范计算。在现行计价规范条文的说明中，总承包服务费的参考值一般按如下比例确定：

当招标人仅要求总包人对其发包的专业工程进行现场协调和统一管理、对竣工资料进行统一汇总整理等服务时，总包服务费按发包的专业工程估算造价的1.5%左右计算。

当招标人要总包人对其发包的专业工程既进行总承包管理和协调，又要求提供相应配合服务时，总承包服务费根据招标文件列出的配合服务内容，按发包的专业工程估算造价的3%~5%计算。

招标人自行供应材料、设备的，按招标人供应材料、设备价值的1%计算。暂列金额、暂估价如招标工程量清单未列出金额或单价时，编制招标控制价时必须明确。

（4）规费和税金的确定

规费和税金应按国家或省级、行业建设主管部门规定的标准计算。

9.3.3 招标控制价的应用

招标人应在招标文件中如实公布招标控制价，不得对所编制的招标控制价进行上浮或下调。为体现招标的公开、公平、公正性，防止招标人有意抬高或压低工程造价，给投标人以错误信息，招标人在招标文件中应公布招标控制价各组成部分的详细内容，不得只公布招标控制价总价，并应将招标控制价报工程所在地工程造价管理机构备查。编制招标控制价时现行湖南省相关费率和税率如表 9 - 22 ~ 表 9 - 25 所示。

表 9 - 22　施工企业管理费及利润

项目名称		计费基础	费率（%）	
			企业管理费	利 润
建筑工程		人工费 + 机械费	33.30	22.00
装饰装修工程		人工费	32.20	29.00
安装工程		人工费	37.90	39.00
园林（景观）绿化工程		人工费	28.60	19.00
仿古建筑		人工费	33.10	24.00
市政工程	给水、排水、燃气、	人工费	35.2	34.00
	道路、桥涵、隧道	人工费 + 机械费	31.00	21.00
机械土石方		人工费 + 机械费	7.50	5.00
打桩工程		人工费 + 机械费	14.4	12.00

表 9 - 23　安全文明施工费

项目名称		计费基础	费率（%）
建筑工程		人工费 + 机械费	20.07
装饰装修工程		人工费	22.06
安装工程		人工费	21.26
园林（景观）绿化工程		人工费	14.95
仿古建筑		人工费	19.57
市政工程	给水、排水、燃气	人工费	14.95
	道路、桥涵、隧道	人工费 + 机械费	15.19
机械土石方		人工费 + 机械费	5.46
打桩工程		人工费 + 机械费	6.54

注：安全文明施工费包括文明措施、安全措施、临时设施费和环境保护费。单位工程建筑面积在以下范围内的其建筑工程、装饰装修工程、安装工程安全文明施工费分别乘以下规定的系数：5000 m² 以下乘 1.2；5000 ~ 10000 m² 乘 1.1；>20000 m² 且 ≤30000 m² 乘 0.9；>30000 m² 乘 0.8。其他专业工程执行同一标准。

表9-24 规费

序号	项目名称	计费基础	费率(%)
1	工程排污费	分部分项工程费+措施项目费+其他项目费	0.4
2	职工教育经费	分部分项工程费+措施项目费+计日工中的人工费总额	1.5
3	养老保险费	分部分项工程费+措施项目费+其他项目费	3.5
4	其他规费	分部分项工程费+措施项目费+计日工中的人工费总额	18.9

说明:其他规费栏包括失业保险费、医疗保险费、工伤保险费、危险作业意外伤害保险费、住房公积金、工会经费等六项。

表9-25 税金

项目名称	计费基础	费率(%)
纳税地点在市区的企业	分部分项工程费+措施项目费+其他项目费+规费	3.461
纳税地点在县城镇的企业		3.397
纳税地点不在市区县城镇的企业		3.268

9.4 投标报价的编制

工程投标是投标人通过投标竞争,获得工程承包权的一种方法。投标价是投标人投标时,响应招标文件要求所报出的对已标价工程量清单(或项目涉及的工作内容)汇总后标明的总价。它是投标人对拟建工程的期望价格。

9.4.1 投标价格的编制

1.编制原则

①投标价应由投标人或受其委托具有相应资质的工程造价咨询人编制。

②投标人应依据行业部门的相关规定自主确定投标报价。

③投标人必须按招标工程量清单填报价格。项目编码、项目名称、项目特征、计量单位、工程量必须与招标工程量清单一致。

④投标人的投标报价不得低于工程成本。

⑤投标人的投标报价高于招标控制价的应予以废标。

2.编制流程

投标价格的编制流程如图9-6所示。由图可知,投标价格的编制流程虽与招标控制价有相似之处,但却复杂一些,其关键问题是要合理地确定各项目的综合单价。投标报价既要保证没有遗漏的项目与费用,又要使其具有竞争性。

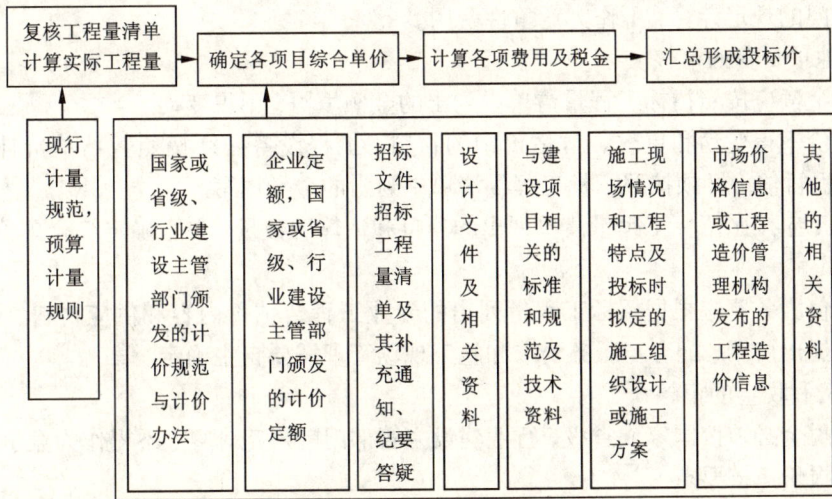

图 9 - 6　投标报价的编制流程

9.4.2　投标报价的审核

投标人编制投标价格,可采用工料单价法或综合单价法。编制方法选用取决于招标文件规定的合同形式。当拟建工程采用总价合同形式时,投标人应按规定对整个工程涉及的工作内容做出总报价。当拟建工程采用单价合同形式时,投标人关键是正确估算出各分部分项工程项目的综合单价。

1. 投标报价的审核内容

(1)分部分项工程和措施项目报价的审核

1)分部分项工程和措施项目中的综合单价审核

综合单价的确定依据。投标人投标报价时应依据招标工程量清单项目的特征描述确定清单项目的综合单价。在招投标过程中,当出现招标工程量清单特征描述与设计图纸不符时,投标人应以招标工程量清单的项目特征描述为准,确定投标报价的综合单价。若在施工中施工图纸或设计变更导致项目特征与招标工程量清单项目特征描述不一致时,发、承包双方应按实际施工的项目特征依据合同约定重新确定综合单价。

材料、工程设备暂估价。招标工程量清单中提供了暂估单价的材料、工程设备,按暂估的单价进入综合单价。

风险费用。招标文件中要求投标人承担的风险内容和范围,投标人应将其考虑到综合单价中。在施工过程中,当出现的风险内容及其范围(幅度)在招标文件规定的范围内时,合同价款不作调整。

2)措施项目中的总价项目的报价审核

招标人提出的措施项目清单是根据一般情况确定的,由于各投标人拥有的施工装备、技术水平和采用的施工方法有所差异,投标人投标时应根据自身编制的投标施工组织设计(或施工方案)确定措施项目及报价,投标人根据投标施工组织设计(或施工方案)调整和确定的措施项目应通过评标委员会的评审。措施项目中的安全文明施工费应按照国家或省级、行业建设主管部门的规定计算，不作为竞争性费用。

（2）其他项目费的审核

①暂列金额应按照招标工程量清单中列出的金额填写，不得变动。

②暂估价不得变动和更改。暂估价中的材料、工程设备必须按照暂估单价计入综合单价；专业工程暂估价必须按照招标工程量清单中列出的金额填写。

③计日工应按照招标工程量清单列出的项目和估算的数量，自主确定综合单价并计算计日工金额。

④总承包服务费应根据招标工程量列出的专业工程暂估价内容和供应材料、设备情况，按照招标人提出协调、配合与服务要求和施工现场管理需要自主确定。

（3）规费和税金的审核

规费和税金必须按国家或省级、行业建设主管部门的规定计算，不得作为竞争性费用。

2. 投标报价审核要点

招标工程量清单与计价表中列明的所有需要填写单价和合价的项目，投标人均应填写且只允许有一个报价。未填写单价和合价的项目，视为此项费用已包含在已标价工程量清单中其他项目的单价和合价之中。当竣工结算时，此项目不得重新组价予以调整。

投标总价应与分部分项工程费、措施项目费、其他项目费和规费、税金的合计金额一致。即投标人在进行工程量清单招标的投标报价时，不能进行投标总价优惠（或降价、让利），投标人对投标报价的任何优惠（如降价、让利）均应反映在相应清单项目的综合单价中。

重点与难点

重点：①工程量清单的概念、作用、适用范围以及工程量清单计价规范的构成；②分部分项工程项目清单和措施项目清单的编制；③工程量清单计价方法；④招标控制价的编制及各项费用及税金的确定方法；⑤投标价格的编制。

难点：分部分项工程项目清单和措施项目清单的编制以及工程量清单计价方法。

思考与练习

1. 简述工程量清单的构成与作用。

2. 简述分部分项工程项目清单的特点与编制内容。

3. 分部分项工程量清单包括哪些内容？

4. 计价表格的使用有哪些规定？

5. 什么是招标控制价？

6. 简述招标控制价的编制流程。

7. 简述投标报价的编制流程。

8. 简述各项费用和税金的确定方法。

第 10 章
建设工程价款结算和竣工决算

10.1　建设工程价款结算

10.1.1　工程价款结算的概念

工程价款结算，亦称为工程结算。是指依据施工合同进行工程预付款、工程进度款、工程竣工价款结算的活动。在履行施工合同过程中。工程价款结算分为预付款结算、进度款结算和竣工价款结算三个阶段。

建筑工程价款结算可以根据不同情况，采取多种方式。现行价款结算主要方法有按月结算、竣工后一次结算、分段结算、目标结算方式。

1. 按月结算

按月结算实行旬末或月中预支工程款项，月中实施结算。跨年度竣工的工程，在年终进行工程盘点，办理年度结算。对在建施工工程，每月月末（或下月初）由承包商提出已完工程月报表和工程款结算清单，交现场监理工程师审查签证并经业主确认后，办理已完工程的工程款结算和支付业务。

按月结算时，对已完成的施工部分产品，必须严格按规定标准检查质量并逐一清点工程量。对质量不合格或未完成预算定额规定的全部工序内容，则不能办理工程结算。

2. 分阶段结算

分阶段结算是指以单项（或单位）工程为对象，按其施工对象进度划分为若干施工阶段，按阶段进行工程价款结算，具体做法有以下几种：

①按施工阶段预支，该施工阶段完工后结算。这种做法是将工程总造价通过计算拆分到各个施工阶段，从而得到各个施工阶段的工程费用。承包商据此填写工程价款预支账单，监理工程师签证并经业主确认后办理结算。

②按施工阶段预支，竣工后一次结算。

③分次预支，竣工后一次结算。分次预支，每次预支金额数应与施工进度大体一致。此种结算方法的优点是可以简化结算手续，适用于投资少、工期短、技术简单的工程。

3. 竣工后一次结算

竣工后一次结算是指工程竣工后，按照合同（或协议）的规定，向建设单位办理最后的工程价款结算。建设项目或单项工程的全部建筑安装工程建设工期在 12 个月以内，或者工程承包合同价在 100 万元以内的，可以实行工程价款每月月中预支（或按合同规定），竣工后一次结算的方式。

4. 目标结算方式

目标结算即在工程合同中，将承包工程的内容分解成不同的控制界面，以业主验收控制界面作为支付工程价款的前提条件。也就是说，将合同中的工程内容分解成不同的验收单元，当承包商完成单元工程内容并经业主（或其委托人）验收后，业主即支付构成单元工程内容的工程价款。

目标结算方式下，承包商要想获得工程价款，必须按照合同约定的质量标准完成界面内的工程内容。要想尽早获得工程价款，承包商必须充分发挥自己的组织实施能力，在保证质量的前提下，加快施工进度。

我国现行建筑安装工程价款结算中，相当一部分是按月计算。这种结算办法是按分部分项工程，即以"假定建筑安装产品"为对象，按月结算（或预支），待工程竣工后再办理竣工结算，一次结算，找补余款。

10.1.2　工程预付款及安全文明施工费

工程预付款是建设工程施工合同订立后由发包人按照合同约定，在正式开工前预先支付给承包人的工程款。它是施工准备和所需要材料、结构件等流动资金的主要来源。工程是否实行预付款，取决于工程性质、承包工程量的大小及发包人在招标文件中的规定。工程实行预付款的，发包人应按照合同约定支付工程预付款，承包人应将预付款专用于合同工程。支付的工程预付款，按照合同约定在工程进度款中抵扣。

1. 预付款的支付

（1）预付款的额度

包工包料工程的预付款的支付比例不得低于签约合同价（扣除暂列金额）的 10%，不宜高于签约合同价（扣除暂列金额）的 30%。对重大工程项目，按年度工程计划逐年预付。实行工程量清单计价的工程，实体性消耗和非实体性消耗部分应在合同中分别约定预付款比例（或金额）。

（2）预付款的支付时间

承包人应在签订合同或向发包人提供与预付款等额的预付款保函后向发包人提交预付款支付申请。发包人应在收到支付申请的 7 天内进行核实后向承包人发出预付款支付证书，并在签发支付证书后的 7 天内向承包人支付预付款。发包人没有按合同约定按时支付预付款的，承包人可催告发包人支付；发包人在预付款期满后的 7 天内仍未支付的，承包人可在付款期满后的第 8 天起暂停施工。发包人应承担由此增加的费用和延误的工期，并应向承包人支付合理利润。

2. 预付款的扣回

发包人拨付给承包人的工程预付款属于预支的性质。随着工程进度的推进，拨付的工程进度款数额不断增加，工程所需主要材料、构件的储备逐步减少，原已支付的预付款应以抵扣的方式从工程进度款中予以陆续扣回。预付款应从每一个支付期应支付给承包人的工程进度款中扣回，直到扣回的金额达到合同约定的预付款金额为止。承包人的预付款保函的担保金额根据预付款扣回的数额相应递减，但在预付款全部扣回之前一直保持有效。发包人应在预付款扣完后的 14 天内将预付款保函退还给承包人。

预付的工程款必须在合同中约定扣回方式，常用的扣回方式有以下几种：

①在承包人完成金额累计达到合同总价一定比例（双方合同约定）后，采用等比率或等额扣款的方式分期抵扣。也可针对工程实际情况具体处理，如有些工程工期较短、造价较低，就无须分期扣还；有些工期较长，如跨年度工程，其预付款的占用时间很长，根据需要可以少扣或不扣。

②从未完施工工程尚需的主要材料及构件的价值相当于工程预付款数额时起扣，从每次中间结算工程价款中，按材料及构件比重抵扣工程预付款，至竣工之前全部扣清。其基本计算公式如下：

扣点的计算公式

$$T = P - \frac{M}{N} \tag{10-1}$$

式中：T——起扣点，即工程预付款开始扣回的累计已完工程价值；

　　　P——承包工程合同总额；

　　　M——工程预付款数额；

　　　N——主要材料及构件所占比重。

第一次扣还工程预付款数额的计算公式

$$a_1 = \left(\sum_{i=1}^{n} T_i - T \right) \times N \tag{10-2}$$

式中：a_1——第一次扣还工程预付款数额；

　　　$\sum\limits_{i=1}^{n} T_i$——累计已完工程价值。

第二次及以后各次扣还工程预付款数额的计算公式

$$a_i = T_i \times N \tag{10-3}$$

式中：a_i——第 i 次扣还工程预付款数额（$i > 1$）；

　　　T_i——第 i 次扣还工程预付款时，当期结算的已完工程价值。

3. 安全文明施工费

财政部、国家安全生产监督管理总局印发的《企业安全生产费用提取和使用管理办法》（财企〔2012〕16 号）第 19 条对企业安全费用的使用范围作了规定，建设工程施工阶段的安全文明施工费包括的内容和使用范围，应符合此规定。

鉴于安全文明施工的措施具有前瞻性，必须在施工前予以保证。因此，发包人应在工程开工后的 28 天内预付不低于当年施工进度计划的安全文明施工费总额的 60%，其余部分按照提前安排的原则进行分解，与进度款同期支付。发包人没有按时支付安全文明施工费的，承包人可催告发包人支付；发包人在付款期满后的 7 天内仍未支付的，若发生安全事故，发包人应承担相应责任。

承包人对安全文明施工费应专款专用，在财务账目中单独列项备查，不得挪作他用，否则发包人有权要求其限期改正；逾期未改正的，造成的损失和延误的工期由承包人承担。

10.1.3　工程进度款

建设工程合同是先由承包人完成建设工程，后由发包人支付合同价款的特殊承揽合同，由于建设工程具有投资大、施工期长等特点，合同价款的履行顺序主要通过"阶段小结、最终结清"来实现。当承包人完成了一定阶段的工程量后，发包人就应该按合同约定履行支付工程进度款的义务。

发、承包双方应按照合同约定的时间、程序和方法，根据工程计量结果，办理期中价款结算，支付进度款。进度款支付周期，应与合同约定的工程计量周期一致。其中，工程量的正确计量是发包人向承包人支付进度款的前提和依据。计量和付款周期可采用分段或按月结算的方式，按照财政部、建设部印发的《建设工程价款结算暂行办法》的规定：

①按月结算与支付，即实行按月支付进度款，竣工后结算的办法。合同工期在两个年度以上的工程，在年终进行工程盘点，办理年度结算。

②分段结算与支付，即当年开工、当年不能竣工的工程按照工程形象进度，划分不同阶段，支付工程进度款。

当采用分段结算方式时，应在合同中约定具体的工程分段划分方法，付款周期应与计量周期一致。

《建设工程工程量清单计价规范》规定：已标价工程量清单中的单价项目，承包人应按工程计量确认的工程量与综合单价计算；如综合单价发生调整的，以发、承包双方确认调整的综合单价计算进度款。已标价工程量清单中的总价项目，承包人应按合同中约定的进度款支付分解，分别列入进度款支付申请中的安全文明施工费和本周期应支付的总价项目的金额中。发包人提供的甲供材料金额，应按照发包人签约提供的单价和数量从进度款支付中扣出，列入本周期应扣减的金额中。进度款的支付比例按照合同约定，按期中结算价款总额计，不低于60%，不高于90%。

1. 承包人支付申请的内容

承包人应在每个计量周期到期后的7天内向发包人提交已完工程进度款支付申请一式四份，详细说明此周期认为有权得到的款额，包括分包人已完工程的价款。支付申请应包括下列内容：

（1）累计已完成的合同价款

（2）累计已实际支付的合同价款

（3）本周期合计完成的合同价款

①本周期已完成单价项目的金额；

②本周期应支付的总价项目的金额；

③本周期已完成的计日工价款；

④本周期应支付的安全文明施工费；

⑤本周期应增加的金额。

（4）本周期合计应扣减的金额

①本周期应扣回的预付款；

②本周期应扣减的金额。

（5）本周期实际应支付的合同价款

2. 发包人支付进度款

发包人应在收到承包人进度款支付申请后的14天内根据计量结果和合同约定对申请内容予以核实，确认后向承包人出具进度款支付证书。若发、承包双方对有的清单项目的计量结果出现争议，发包人应对无争议部分的工程计量结果向承包人出具进度款支付证书。发包人应在签发进度款支付证书后的 14 天内，按照支付证书列明的金额向承包人支付进度款。若发包人逾期未签发进度款支付证书，则视为承包人提交的进度款支付申请已被发包人认可，承包人可向发包人发出催告付款的通知。发包人应在收到通知后的 14 天内，按照承包人支付申请的金额向承包人支付进度款。发包人未按规定支付进度款的，承包人可催告发包人支付，并有权获得延迟支付的利息；发包人在付款期满后的 7 天内仍未支付的，承包人可在付款期满后的第 8 天起暂停施工。发包人应承担由此增加的费用和延误的工期，向承包人支付合理利润，并应承担违约责任。

发现已签发的任何支付证书有错、漏或重复的数额，发包人有权予以修正，承包人也有权提出修正申请。经发、承包双方复核同意修正的，应在本次到期的进度款中支付或扣除。

10.2　建设工程竣工结算与支付

工程完工后，发、承包双方必须在合同约定时间内办理工程竣工结算。工程竣工结算由承包人或受其委托具有相应资质的工程造价咨询人编制，由发包人或受其委托具有相应资质的工程造价咨询人核对。竣工结算办理完毕，发包人应将竣工结算文件报送工程所在地(或有该工程管辖权的行业管理部门)工程造价管理机构备案，竣工结算文件作为工程竣工验收备案、交付使用的必备文件。

10.2.1　工程竣工结算的编制

1. 工程竣工结算编制的依据

①《建设工程工程量清单计价规范》(GB50500—2013)。

②工程合同。

③发、承包双方实施过程中已确认的工程量及其结算的合同价款。

④发、承包双方实施过程中已确认调整后追加(减)的合同价款。

⑤建设工程设计文件及相关资料。

⑥投标文件。

⑦其他依据。

2. 工程竣工结算的计价原则

①分部分项工程和措施项目中的单价项目应依据双方确认的工程量与已标价工程量清单的综合单价计算；如发生调整的，应以发、承包双方确认调整的综合单价计算。

②措施项目中的总价项目应依据已标价工程量清单的项目和金额计算；发生调整的，应以发、承包双方确认调整的金额计算，其中安全文明施工费应按国家或省级、行业建设主管部门的规定计算。

③其他项目应按下列规定计价：计日工应按发包人实际签证确认的事项计算；暂估价应按计价规范相关规定计算；总包服务费应依据已标价工程量清单的金额计算；发生调整的，应以发、承包双方确认调整的金额计算；索赔费用应依据发、承包双方确认的索赔事项和金额计算；现场签证费用应依据发、承包双方签证资料确认的金额计算；暂列金额应减去工程价款调整(包括索赔、现场签证)金额计算，如有余额归发包人。

④规费和税金按国家或省级、建设主管部门的规定计算。规费中的工程排污费应按工程所在地环境保护部门规定标准缴纳后按实列入。

⑤发、承包双方在合同工程实施过程中已经确认的工程计量结果和合同价款，在竣工结算办理中应直接进入结算。

3. 工程竣工结算的程序

合同工程完工后，承包方应在经发、承包双方确认的合同工程期中价款结算的基础上汇总编制完成竣工结算文件，并在合同约定的时间内，提交竣工验收申请的同时向发包人提交竣工结算文件。

承包人未在合同约定的时间内提交竣工结算文件，经发包人催告后 14 天内仍未提交或没有明确答复，发包人有权根据已有资料编制竣工结算文件，作为办理竣工结算和支付结算款的依据，承包人应予以认可。

发包人应在收到承包人提交的竣工结算文件后的 28 天内核对。发包人经核实，认为承包人还应进一步补充资料和修改结算文件，应在上述时限内向承包人提出核实意见，承包人在收到核实意见后的 28 天内按照发包人提出的合理要求补充资料，修改竣工结算文件，并应再次提交给发包人复核后批准。

发包人应在收到承包人再次提交的竣工结算文件后的 28 天内予以复核，并将复核结果通知承包人。若发、承包双方对复核结果无异议的，应在 7 天内在竣工结算文件上签字确认，竣工结算办理完毕；若发包人或承包人对复核结果认为有误的，无异议部分按照上述规定办理不完全竣工结算；有异议部分由发、承包双方协商解决；协商不成的，按照合同约定的争议解决方式处理。

发包人在收到承包人竣工结算文件后的 28 天内，不核对竣工结算或未提出核对意见的，应视为承包人提交的竣工结算文件已被发包人认可，竣工结算办理完毕。

承包人在收到发包人提出的核实意见后的 28 天内，不确认也未提出异议的，应视为发包人提出的核实意见已被承包人认可，竣工结算办理完毕。

发包人委托工程造价咨询人核对竣工结算的，工程造价咨询人应在 28 天内核对完毕，核对结论与承包人竣工结算文件不一致的，应提交给承包人复核；承包人应在 14 天内将同意核对结论或不同意见的说明提交工程造价咨询人。工程造价咨询人收到承包人提出的异议后，应再次复核，复核无异议的，应在 7 天内在竣工结算文件上签字确认，竣工结算办理完毕。复核后仍有异议的，无异议部分办理不完全竣工结算；有异议部分由发、承包双方协商解决，协商不成的，按照合同约定的争议解决方式处理。承包人逾期未提出书面异议，视为工程造价咨询人核对的竣工结算文件已经承包人认可。

对发包人或发包人委托的工程造价咨询人指派的专业人员与承包人指派的专业人员经核对后无异议并签名确认的竣工结算文件，除非发、承包人能提出具体、详细的不同意见，发、承包人都应在竣工结算文件上签名确认，如其中一方拒不签认的，按以下规定办理：

①若发包人拒不签认的，承包人可不提供竣工验收备案资料，并有权拒绝与发包人或其上级部门委托的工程造价咨询人重新核对竣工结算文件。

②若承包人拒不签认的，发包人要求办理竣工验收备案的，承包人不得拒绝提供竣工验收资料，否则，由此造成的损失，承包人承担相应责任。

合同工程竣工结算核对完成，发、承包双方签字确认后，禁止发包人又要求承包人与另一个或多个工程造价咨询人重复核对竣工结算。

发包人以对工程质量有异议，拒绝办理工程竣工结算的，已竣工验收或已竣工未验收但实际投入使用的工程，其质量争议按该工程保修合同执行，竣工结算应按合同约定办理；已竣工未验收且未实际投入使用的工程以及停工、停建工程的质量争议，双方应就有争议的部分委托有资质的检测鉴定机构进行检测，根据检测结果确定解决方案，或按工程质量监督机构的处理决定执行后办理竣工结算，无争议部分的竣工结算按合同约定办理。

4. 最终结清

缺陷责任期终止后，承包人应按照合同约定向发包人提交最终结清支付申请。发包人对最终结清支付申请有异议的，有权要求承包人进行修正和提供补充资料。承包人修正后，应再次向发包人提交修正后的最终结清支付申请。发包人应在收到最终结清支付申请后的14 天内予以核实，并应向承包人签发最终结清支付证书，并在签发最终结清支付证书后的 14 天内，按照最终结清支付证书列明的金额向承包人支付最终结清款。如果发包人未在约定的时间内核实，又未提出具体意见的，视为承包人提交的最终结清支付申请已被发包人认可。

发包人未按期最终结清支付的，承包人可催告发包人支付，并有权获得延迟支付的利息。最终结清时，如果承包人被扣留的质量保证金不足以抵减发包人工程缺陷修复费用的，承包人应承担不足部分的补偿责任。承包人对发包人支付的最终结清款有异议的，按照合同约定的争议解决方式处理。

10.2.2　工程竣工结算的审查

工程竣工结算要有严格的审查，一般从以下几个方面入手。

1. 核对合同条款

首先，应核对竣工工程内容是否符合合同条件要求，工程是否竣工验收合格，只有按合同要求完成全部工程并验收合格才能竣工结算；其次，应按合同规定的结算方法、计价定额、取费标准、主材价格和优惠条款等，对工程竣工结算进行审核，若发现合同开口或有漏洞，应请发包人与承包人认真研究，明确结算要求。

2. 检查隐蔽验收记录

所有隐蔽工程均需进行验收，两人以上签证；实行工程监理的项目应经监理工程师签证确认。审核竣工结算时应核对隐蔽工程施工记录和验收签证，手续完整，工程量与竣工图一致方可列入结算。

3. 落实设计变更签证

设计修改变更应有原设计单位出具设计变更通知单和修改的设计图纸、校审人员签字并加盖公章，经发包人和监理工程师审查同意、签证；重大设计变更应经原审批部门审批，否则不应列入结算。

4. 按图核实工程数量

竣工结算的工程量应依据竣工图、设计变更单和现场签证等进行核算，并按国家统一规定的计算规则计算工程量。

5. 执行定额单价

结算单价应按合同约定或招标规定的计价定额与计价原则执行。

6. 防止各种计算误差

工程竣工结算子目多、篇幅大，往往有计算误差，应认真核算，防止因计算误差多计或少算。

10.2.3　工程竣工结算款的支付

1. 承包人提交竣工结算款支付申请

承包人应根据办理的竣工结算文件，向发包人提交竣工结算款支付申请。申请应包括下列内容：

①竣工结算合同价款总额。

②累计已实际支付的合同价款。

③应预留的质量保证金。

④实际应支付的竣工结算款金额。

2. 发包人签发竣工结算支付证书与支付结算款

发包人应在收到承包人提交竣工结算款支付申请后 7 天内予以核实，向承包人签发竣工结算支付证书，并在签发竣工结算支付证书后的 14 天内，按照竣工结算支付证书列明的金额向承包人支付结算款。

发包人在收到承包人提交的竣工结算款支付申请后 7 天内不予核实，不向承包人签发竣工结算支付证书的，视为承包人的竣工结算款支付申请已被发包人认可；发包人应在收到承包人提交的竣工结算款支付申请 7 天后的 14 天内，按照承包人提交的竣工结算款支付申请列明的金额向承包人支付结算款。

发包人未按照上述规定支付竣工结算款的，承包人可催告发包人支付，并有权获得延迟支付的利息。发包人在竣工结算支付证书签发后或者在收到承包人提交的竣工结算款支付申请 7 天后的 56 天内仍未支付的，除法律另有规定外，承包人可与发包人协商将该工程折价，也可直接向人民法院申请将该工程依法拍卖。承包人应就该工程折价或拍卖的价款优先受偿。

10.2.4　质量保证金

发包人应按照合同约定的质量保证金比率从结算款中扣留质量保证金。承包人未按照合同约定履行属于自身责任的工程缺陷修复义务的，发包人有权从质量保证金中扣留用于缺陷修复的各项支出。经查验，工程缺陷属于发包人原因造成的，应由发包人承担查验和缺陷修复的费用。在合同约定的缺陷责任期终止后，发包人应按照合同中最终结清的相关规定，将剩余的质量保证金返还给承包人。当然，剩余质量保证金的返还，并不能免除承包人按照合同约定应承担的质量保修责任和应履行的质量保修义务。

1. 缺陷和缺陷责任期

（1）缺陷

缺陷是指建设工程质量不符合工程建设强制性标准，设计文件、以及承包合同的约定。

（2）缺陷责任期

缺陷责任期一般为 6 个月、12 个月或 24 个月，具体可由发、承包双方在合同中约定。缺陷责任期从工程通过竣（交）工验收之日起，由于承包人的原因导致工程无法按规定期限进行竣（交）工验收的，缺陷责任期从实际工程通过竣（交）工验收之日起计。由于发包人的原因导致工程无法按规定期限进行竣（交）工验收的，在承包人提交竣（交）工验收报告 90 天后，工程自动进入缺陷责任期。

2. 质量保证金的预留和返还

（1）发、承包双方的约定

发包人应当在招标文件中明确质量保证金的预留、返还等内容，并与承包人在合同条款中对涉及质量保证金的下列事项进行约定：

①保证金的预留、返还方式。

②保证金预留比率、期限。

③保证金是否计付利息，如计付利息，利息的计算方式。

④缺陷责任期的期限及计算方式。

⑤保证金预留、返还及工程维修质量、费用等争议的处理程序。

⑥缺陷责任期内出现缺陷的索赔方式。

（2）保证金的预留

建设工程结算后，发包人应按照合同约定及时向承包人支付工程结算款并预留保证金。全部或者部分使用政府投资的建设项目，按工程价款结算总额 5% 左右的比率预留保证金。社会投资项目采用预留保证金方式的，其预留保证金的比率可参照执行。

（3）保证金的返还

缺陷责任期内，承包人认真履行合同约定的责任，到期后，承包人向发包人申请返还保证金。发包人在接到承包人返还保证金的申请后，应于 14 日内会同承包人按照合同约定的内容进行核实。如无异议，发包人应当在核实后 14 日内将保证金返还给承包人，预期支付的，从逾期之日起，按照同期银行贷款利率计付利息，并承担违约责任。发包人在接到承包人返还保证金的申请后 14 日内不予答复，经催告后 14 日内仍不予答复，视同认可承包人返还保证金的申请。

3. 保证金的管理及缺陷修复

（1）保证金的管理

缺陷责任期内，实行国库集中支付的政府投资项目，保证金的管理应按国库集中支付的有关规定执行。其他的政府投资项目，保证金可以预留在财政部门或发包方。缺陷责任期内，若发包人被撤销，保证金随交付使用资产一并移交使用单位管理，由使用单位代行发包人职责。社会投资项目采用保证金方式的，发、承包双方可以约定将保证金交由金融机构托管；采用工程质量担保、工程质量保险等其他保证方式的，发包人不再预留保证金，并按照有关规定执行。

（2）缺陷责任期内缺陷责任的承担

缺陷责任期内，由承包人原因造成的缺陷，承包人应负责维修，并承担鉴定及维修费用。如承包人不维修也不承担费用，发包人可按合同约定扣除保证金，并由承包人承担违约责任。承包人维修并承担费用后，不免除对工程的一般损失赔偿责任。由他人原因造成的缺陷，发包人负责组织维修，承包人不承担费用，且发包人不得从保证金中扣除费用。

10.3　建设工程竣工决算

竣工决算是项目竣工报告的重要组成部分，对于总结分析建设过程的经验教训，提高工程造价管理水平和积累技术经济资料，为有关部门制订类似工程的建设计划与修订概(预)算定额指标提供资料和经验，都具有重要意义。

10.3.1　工程竣工决算的概念及作用

1. 工程竣工决算的概念

竣工决算是指建设项目竣工后，业主按照国家有关规定在新建、改建和扩建工程建设项目竣工验收阶段编制的决算报告，竣工决算由竣工财务决算报表、竣工财务决算说明书、竣工工程平面示意图、工程造价比较分析四部分组成。其中，竣工财务决算报表、竣工财务决算说明书属于竣工财务决算的内容。竣工财务决算是竣工决算的组成部分，是正确核定新增固定资产价值、考核分析投资效果、建立健全经济责任制的依据，也是竣工验收报告的重要组成部分。

2. 工程竣工决算的作用

竣工验收是工程项目建设全过程的最后一个程序，是全面考核基本建设工作是否合乎设计要求和工程质量的重要环节，是投资成果转入生产或使用的标志。而所有竣工验收的项目在办理验收手续之前，必须对所有财产和物资进行清理，编好竣工决算。

(1)竣工决算是国家对基本建设投资实行计划管理的重要手段

在基本建设项目从筹建到竣工投产或交付使用的全过程中，各项费用的实际发生额，基本建设投资计划的实际执行情况，只能从建设单位编制的建设工程竣工决算中全面反映出来，通过把竣工决算的各项费用数额与设计概算中的相应费用指标相比，可得出节约或超支的情况，通过分析节约或超支的原因，总结经验教训。加强投资计划管理，以提高基本建设投资效果。

(2)竣工决算是对基本建设实行"三算"对比的基本依据

"三算"对比是指设计概算、施工图预算和竣工决算的对比。这里的设计概算和施工图预算都是人们在建筑施工前不同建设阶段根据有关资料进行计算，确定拟建工程所需的费用。在一定意义上，它们属于人们主观上的估算范畴。而建设工程竣工决算所确定的建设费用是人们在建设活动中实际支出的费费用，它在"三算"对比中具有特殊的作用，能够直接反映出固定资产投资计划完成情况和投资效果。

(3)竣工决算是基本建设成果和财务状况的综合反映

建设项目竣工决算包括基本建设项目从开始筹建到竣工验收为止的全部实际费用。它采用货币指标、建设工期、实物数量和各种技术经济指标，综合、全面地反映基本建设项目的建设成果和财务状况。

(4)竣工决算是竣工验收的主要依据

按国家基本建设程序规定，当批准的设计文件规定的工业项目经负荷运转和试生产，并生产出合格的产品。民用项目符合设计要求。能够正常使用时,应该及时组织竣工验收工作,对建设项目进行全面考核。在竣工验收之前,建设单位向主管部门提出验收报告,其中主要组成部分是建设单位编制的竣工决算文件,作为验收委员会(或小组)验收依据。

验收人员要检查建设项目实际建筑物、构筑物和生产设备与设施的生产和使用情况,同时审查竣工决算文件中的有关内容和指标,确定建设项目的验收结果。

(5)竣工决算是确定建设单位新增资产价值的依据

在竣工决算中详细计算了建设项目所有的建筑工程费、安装工程费、设备费和其他费用等新增固定资产总额及流动资金,作为建设管理部门向使用单位移交财产的依据。

10.3.2　工程竣工决算的编制依据及编制步骤

1. 工程竣工决算的编制依据

①可行性研究报告、投资估算书、初步设计或扩大初步设计、修正总概算及其他批复文件。

②原始概(预)算书。

③设计图交底或施工图会审的会议纪要。

④设计变更通知书、现场工程变更签证、施工记录、各种验收资料、停(复)工报告。

⑤关于材料、设备等价差调整的有关规定,其他施工中发生的费用记录。

⑥竣工图。

⑦各种结算资料。包括建筑工程的竣工结算文件、设备安装工程结算文件、设备购置费用结算文件、工(器)具和生产用具购置结算文件等。

⑧国家和地方主管部门颁发的有关建设工程竣工决算的文件。

2. 工程竣工决算的编制步骤

竣工决算可按以下步骤进行编制:

①收集、整理和分析原始资料:从工程开始就按编制依据的要求,收集、清点、整理有关资料,如设计文件、施工记录、上级批文、概(预)算文件、工程结算的归集整理、财务处理、财产物资的盘点核实及债权债务的清偿,做到账账、账证、账实、账表相符。

②进行工程对照,核实工程变动情况,重新核实各单位工程、单项工程造价。将竣工图与原设计图纸进行核实,必要时可实地测量,确认实际变更情况。按照有关规定对原工程合同结算价款进行增减调整。

③核定其他各项投资费用。对经审定的待摊投资、其他投资、待核销基建支出和非经营项目的转出投资,按照财政部印发的通知要求,严格划分和核定后,分别计入相应的基建支出(占用)栏目内。

④编制竣工财务决算说明书,按相关要求编制,力求内容具体、简明扼要、文字流畅、重点突出、分析问题全面透彻。

⑤填报竣工财务决算报表。

⑥工程造价对比分析。

⑦制作工程竣工图。

⑧按国家规定上报审批、存档。

3. 工程竣工结算与竣工决算的关系

建设项目的竣工决算是以竣工结算为基础进行编制的，它是在整个建设项目竣工结算的基础上，加上从筹建开始到工程全部竣工过程中有关基本建设的其他工程和费用支出，便构成了建设项目的竣工决算。它们的区别表现在以下几个方面：

（1）编制单位不同

竣工结算是由施工单位编制的，竣工决算是由建设单位编制。

（2）编制范围不同

竣工结算主要是针对单位工程编制的，单位工程竣工后便可以进行编制；而竣工决算是针对建设项目编制的，必须在整个建设项目全部竣工后才可以进行编制。

（3）编制作用不同

竣工结算是建设单位与施工单位结算工程价款的依据，是核定施工企业生产成果、考核工程成本的依据，是建设单位编制建设项目竣工决算的依据。而竣工决算是建设单位考核基本建设投资效果的依据，是正确确定固定资产价值和正确计算固定资产折旧费的依据。

10.3.3　工程竣工决算的内容

竣工决算的内容包括竣工决算报告说明书、竣工财务决算报表、建设工程竣工图和工程造价比较分析四个部分。前两个部分又称为建设项目竣工财务决算，是竣工决算的核心内容和重要组成部分。

1. 竣工决算报告说明书

竣工决算报告说明书反映了竣工项目建设成果和经验，是全面考核工程投资与造价的书面总结文件，是竣工决算报告的重要组成部分，其主要内容包括：

（1）建设项目概况

对工程总的评价一般从进度、质量、安全、造价及施工方面进行分析说明。对工程进度，主要说明开工和竣工时间，对照合同工期的要求，分析工期是提前还是延期；对工程质量，要根据竣工验收委员会或质量监督部门的验收评定等级，对合格率和优良率进行说明；对工程安全，要根据劳动工资和施工部门记录，对有无设备事故和人身事故进行说明；对工程造价，应对照概算造价，说明是节约还是超支，并用金额和百分率进行分析说明。

（2）资金来源及运用等财务分析

主要包括工程价款结算、会计账务的处理、财产物资情况及债权债务的清偿情况。

（3）基本建设收入、投资包干结余、竣工结余资金的上缴分配情况

通过对基本建设投资包干情况的分析，说明投资包干数、实际支用数和节约额、投资包干节余的有机构成和包干节余的分配情况。

（4）主要技术经济指标的分析、计算情况

①概算执行情况分析，根据实际投资完成额与概算进行对比分析。②新增生产能力的效益分析，说明交付使用财产占总投资额的比率，不增加固定资产的造价占投资总额的比率，分析其有机构成和成果。

（5）工程建设的经验、项目管理和财务管理工作以及竣工财务决算中有待解决的问题

（6）需说明的其他事项

2. 竣工财务决算报表

建设项目竣工财务决算报表按大、中型建设项目和小型建设项目分别制定。其中大、中型建设项目竣工财务决算报表包括：建设项目竣工财务决算审批表；大、中型建设项目概况表；大、中型建设项目竣工财务决算表；大、中型建设项目交付使用资产总表；建设项目交付使用资产明细表。

(1)建设项目竣工财务决算审批表

该表作为竣工决算上报有关部门审批时使用。其格式如表 10-1 所示。

表 10-1　　建设项目竣工财务决算审批表

项目法人(建设单位)		建设性质	
工程项目名称		主管部门	

开户银行意见：

盖　章
年　　月　　日

专员办审批意见：

盖　章
年　　月　　日

主管部门或财务部门审批意见：

盖　章
年　　月　　日

(2)大、中型建设项目概况表

该表综合反映大中型建设项目的基本概况，其格式如表 10-2 所示。

(3)大、中型建设项目竣工财务决算表

该表反映竣工的大、中型建设项目从开工到竣工为止全部资金来源和资金运用的情况，其格式如表 10-3 所示。

(4)大、中型建设项目交付使用资产总表

该表反映建设项目建成后新增固定资产、流动资产、无形资产和其他资产价值的情况，作为办理财产交接、检查投资计划完成情况和分析投资效果的依据。其格式如表 10-4 所示。

表 10 – 2　大、中型建设项目竣工工程概况表

建设项目名称			建设地址					项目	概算	实际	主要指标
主要设计单位			主要施工企业				基建支出	建筑安装工程			
								待摊投资 其中：建设单位管理费			
占地面积	计划	实际	总投资额 （万元）	设计		实际		其他投资			
				固定资产	流动资产	固定资产	流动资产				
新增生产能力	效益名称	设计	实际					合计			
建设起止时间	设计		从　年　月　开工至　年　月竣工				主要材料消耗	名称	单位	概算	实际
								钢材	t		
	实际		从　年　月　开工至　年　月竣工					木材	m³		
								水泥	t		
设计概算批准文号							主要技术经济指标				
完成主要工程量	建筑面积（m²）		设备（台、套、t）								
	设计	实际	设计	实际							
收尾工程	工程内容	投资额	完成时间								

表 10 – 3　大、中型建设项目竣工财务决算表　　　　　　　　（单位：元）

资金来源	金额	资金占用	金额	补充资料
一、基建拨款		一、基本建设支出		1. 基建投资借款期末余额
1. 预算拨款		1. 支付使用资产		
2. 基建基金拨款		2. 在建工程		
3. 进口设备转账拨款		3. 待摊销基建支出		2. 生产单位投资借款期末余额
4. 器材转账拨款		4. 非经营项目转出投资		
5. 自筹资金拨款		二、应收生产单位投资借款		

续表 10 - 3

资金来源	金额	资金占用	金额	补充资料
6.煤代油专用基金拨款		三、拨付所属投资借款		3.基建结余资金
7.拨款、其他		四、器材		
二、项目资本		其中：待处理器材损失		
1.国家资本		五、货币资金		
2.法人资本		六、预付及应收款		
3.个人资本		七、有价证券		
三、项目资本公积金		八、固定资产		
四、基建借款		固定资产原价		
五、上级拨入投资借款		减：累计折旧		
六、企业债券资金		固定资产净值		
七、待冲基金支出		固定资产清理		
八、应付款		待处理固定资产损失		
九、未交款				
1.未交税金				
2.未交基金收入				
3.未交基建包干结余				
4.其他未交款				
十、上级拨入资金				
十一、留成收入				
合计		合计		

表 10 - 4 大、中型建设项目交付使用资产总表　　　　　　（单位：元）

建设项目名称	总计	固定资产				流动资产	无形资产	其他资产
		建安工程	设备	其他	合计			
1								
2								
…								

（5）建设项目交付使用资产明细表

该表反映交付使用的固定资产、流动资产、无形资产和其他资产及其价值的明细情况，是办理资产交接的依据和接收单位登记资产账目的依据，是使用单位建立资产明细账和登记新增资产价值的依据。其格式如表 10 – 5 所示。

表 10 – 5　　建设项目交付使用资金明细表

工程项目名称	结构	面积（m²）	价值（元）	名称	规格型号	单位	数量	价值（元）	设备安装费（元）	名称	价值（元）	名称	价值（元）	名称	价值（元）

3. 建设工程竣工图

建设工程竣工图是真实地记录各种地上、地下建筑物，构筑物等情况的技术文件，是工程进行交工验收、维护改建和扩建的依据，是国家的重要技术档案。国家规定：各项新建、扩建、改建的基本建设工程，特别是基础、地下建筑、管线、结构、井巷、桥梁、隧道、港口、水坝以及设备安装等隐蔽部位，都要编制竣工图。为确保竣工图质量，必须在施工过程中（不能在竣工后）及时做好隐蔽工程检查记录，整理好设计变更文件。

4. 工程造价比较分析

经批准的概（预）算是考核实际建设工程造价和进行工程造价比较分析的依据。在分析时，可先对比整个项目的总概算，然后将建筑安装工程费、设备工（器）具购置费和其他工程费用逐一与竣工决算表中所提供的实际数据和相关资料及批准的概算和预算指标、实际的工程造价进行对比分析，以确定竣工项目总造价是节约还是超支，并在对比的基础上，总结先进经验，找出节约和超支的内容和原因，提出改进措施。

重点与难点

重点：①工程价款结算的概念及工程进度款结算；②预付款的支付及扣回；③建设工程竣工结算与支付；④工程竣工决算的概念及作用，工程竣工决算的内容。

难点：建设工程竣工结算与支付。

思考与练习

---

1. 进度款的结算方式有哪些？
2. 竣工结算编制与复核的依据有哪些？
3. 什么是竣工决算？其编制依据和编制步骤是什么？
4. 简述竣工决算的主要内容。

参考文献

[1] 刘武成，黄南清. 施工组织设计与工程造价计价[M]. 中国铁道出版社，2007.

[2] 刘富勤，程瑶. 建筑工程概预算[M]. 武汉理工大学出版社，2013.

[3] 中国建设监理协会. 建设工程投资控制[M]. 中国建筑工业出版社，2014.

[4] 马楠. 工程估价[M]. 人民交通出版社，2006.

[5] 沈祥华. 建筑工程概预算[M]. 武汉理工大学出版社，2005.

[6] 袁建新. 建筑工程预算与清单报价[M]. 机械工业出版社，2013.

[7] 唐明怡，石志峰. 建筑工程定额与清单计价[M]. 中国水利水电出版社，2012.

[8] 陈钢，郭琦. 建筑工程计价[M]. 中国电力出版社，2007.

[9] 建筑工程工程量清单计价规范(GB50500—2013)[M]. 中国计划出版社 2013.

[10] 周国恩，周兆银. 建筑工程施工组织设计[M]. 重庆大学出版社，2012.

[11] 于立君，孙宝庆. 建筑施工组织[M]. 高等教育出版社，2005.

[12] 李建华，孔若江. 建筑施工组织与管理[M]. 清华大学出版社，2003.

[13] 陈乃佑. 建筑施工组织[M]. 机械工业出版社，2003.

[14] 陈燕顺. 建筑施工组织与进度控制[M]. 机械工业出版社，2003.

[15] 高民欢. 工程项目施工组织设计原理与实例[M]. 中国建材工业出版社，2004.

[16] 赵正印，张迪. 建筑施工组织设计与管理[M]. 黄河水利出版社，2003.

[17] 李辉，蒋宁生. 工程施工组织设计与管理[M]. 人民交通出版社，2003.

[18] 张宝兴. 建筑施工组织[M]. 中国建材工业出版社，2003.

[19] 李志成. 建筑施工[M]. 科学出版社，2005.

[20] 张贵良，牛季收. 施工项目管理[M]. 科学出版社，2004.

[21] 应惠清. 土木工程施工. 高等教育出版社，2004.

[22] 毛义华. 工程网络计划的理论与实践. 浙江大学出版社，2003.

[23] 王玉龙. 工程项目工程量清单计价实用手册. 同济大学出版社，2003.

[24] 宁素莹. 建设工程价格管理[M]. 中国建材工业出版社，2005.

[25] 投资项目可行性研究指南编写组. 投资项目可行性研究编制指南[M]. 中国电力出版社，2002.

[26] 俞国风，吕茫茫. 建筑工程概预算与工程量清单[M]. 同济大学出版社，2005.

[27] 郭婧娟. 建筑工程定额与概预算[M]. 第二版. 清华大学出版社，2004.

[28] 许焕兴. 工程量清单与基础定额[M]. 中国建筑工业出版社，2005.